クロスセクショナル統計シリーズ

10

データ同化流体科学

流動現象のデジタルツイン

大林 茂・三坂孝志・加藤博司・菊地亮太
［著］

照井伸彦・小谷元子・赤間陽二・花輪公雄
［編］

共立出版

本シリーズの刊行にあたって

現代社会では，各種センサーによるデータがネットワークを経由して収集・アーカイブされることにより，データの量と種類とが爆発的と表現できるほど急激に増加している．このデータを取り巻く環境の劇変を背景として，学問領域では既存理論の検証や新理論の構築のための分析手法が格段に進展し，実務（応用）領域においては政策評価や行動予測のための分析が従来にも増して重要になってきている．その共通の方法が統計学である．

さらに，コンピュータの発達とともに計算環境がより一層身近なものとなり，高度な統計分析手法が机の上で手軽に実行できるようになったことも現代社会の特徴である．これら多様な分析手法を適切に使いこなすためには，統計的方法の性質を理解したうえで，分析目的に応じた手法を選択・適用し，なおかつその結果を正しく解釈しなければならない．

本シリーズでは，統計学の考え方や各種分析方法の基礎理論からはじめ，さまざまな分野で行われている最新の統計分析を領域横断的―クロスセクショナル―に鳥瞰する．各々の学問分野で取り上げられている「統計学」を論ずることは，統計分析の理解や経験を深めるばかりでなく，対象に関する異なる視点の獲得や理論・分析法の新しい組合せの発見など，学際的研究の広がりも期待できるものとなろう．

本シリーズの執筆陣には，東北大学において教育研究に携わる研究者を中心として配置した．すなわち，読者層を共通に想定しながら総合大学の利点を生かしたクロスセクショナルなチーム編成をとっている点が本シリーズを特徴づけている．

また，本シリーズでは，統計学の基礎から最先端の理論や適用例まで，幅広く扱っていることも特徴的である．さまざまな経験と興味を持つ読者の方々に，本シリーズをお届けしたい．そして「クロスセクショナル統計」を楽しんでいただけることを，編集委員一同願っている．

編集委員会　照井 伸彦
小谷 元子
赤間 陽二
花輪 公雄

まえがき

コンピュータの発展により，数値シミュレーション技術を製品の設計・製造に活用する計算機支援工学 (CAE) が実用化されている．身近な工学問題において水や空気の流れは重要な要素であり，流体工学は CAE を代表する分野となっている．しかしながら，さらなる設計要求の高度化・多様化から，CAE 技術に含まれる不確実性への対処が必要となってきている．筆者らは，流体工学の分野でより精度の高い現象解析および状態推定を実現するために，計測データを利用して数値シミュレーションの不確実性を低減するデータ同化に着目して研究を進めてきた．従来，データ同化は気象分野における時空間スケールの幅広い数値シミュレーションの精度を高めるために発展してきたが，筆者らはデータ同化が流体科学を利用した工学分野に広く適用できると考え，今回機会を得て本書『データ同化流体科学 —流動現象のデジタルツイン—』を出版することになった．

ここでは，筆者らの研究グループがデータ同化に着目するようになった経緯を紹介したい．東北大学流体科学研究所では，2003 年 4 月より附属流体融合研究センターを設置し，実験と数値シミュレーションを一体化した「次世代融合研究手法」の基礎研究と，流体科学を応用した異分野融合研究を両輪に，10 年間研究活動を行った．次世代融合研究手法では，流体科学研究所が推進する独創的な実験装置による実験研究とスーパーコンピュータシステムによる大規模数値シミュレーション研究を融合することが特徴である．これまでの実験流体力学 (EFD) や数値流体力学 (CFD) だけでは解決が困難だった複雑・多様化した流体科学の諸問題を解決するとともに，人類社会の永続的発展のため，環境・エネルギー，ライフサイエンス，情報通信技術，ナノテクノロジー，航空宇宙などの重点分野の異分野融合研究を推進した．

次世代融合研究手法の研究については，国立研究開発法人 宇宙航空研究開発機構 (JAXA) との連携により，2008 年から 2016 年まで EFD/CFD 融合ワークショップを開催し，さらに日本航空宇宙学会 流体力学講演会／航空宇宙数値シミュレーション技術シンポジウムにおいて特別企画セッション「EFD/CFD 融合技術」が毎年開催されるようになって航空宇宙分野での関心が広がり，2018 年からは特別企画セッション「航空宇宙流体データ科学の新展開」に発展している．2012 年には国際会議 5th Symposium on Integrating CFD and Experiments in Aerodynamics “Integration 2012” を JAXA と東北大学の共催で日本に招致し，我が国における先進的な取り組みを国際的にアピールすることができた．また，基礎研究の面においても，東北大学の早瀬らによって提案された計測融合シミュレーション法からデータ同化法へと統計的考え方を強化し，大学共同利用機関法人情報・システム研究機構 統計数理研究所と連携して，2010 年より毎年合同ワークショップを開催している．

異分野融合研究については，附属流体融合研究センターのウェブサイト[1)] に掲載したロードマップ［最終版］に示すように，エネルギー，ライフサイエンス，情報科学，ナノ・マイクロ，航空宇宙の各分野で成果を上げてきた．これらの成果は，日本機械学会での流体情報学の企画セッションや，2010 年 4 月に出版された日本機械学会編『フルードインフォマティクス』（技報堂出版）に示されている．2013 年 3 月には，附属流体融合研究センターの各研究分野の成果をもとに英語版の eBook「*Fluid Informatics*」をウェブサイトで公開した．

こうした組織的な取り組みの中で，データ同化と流体工学の融合が醸成され，2015 年 4 月から日本機械学会計算力学部門「設計に活かすデータ同化研究会」が活動を開始し，また本書の執筆につながった．このような活動により筆者らはデータ同化を工学問題に積極的に利用したデータ同化支援工学 (DAE) の実現を目指している．本書を通じて，多くの方に興味を持っていただき，議論に加わっていただければ幸いである．

本書は流体工学の知識を有する理工系学生・技術者を主な対象とし，計測データに基づいて CAE の精度を向上させるデータ同化の基礎から実装，そして，応

[1)] http://www.ifs.tohoku.ac.jp/tfi/j_index.html

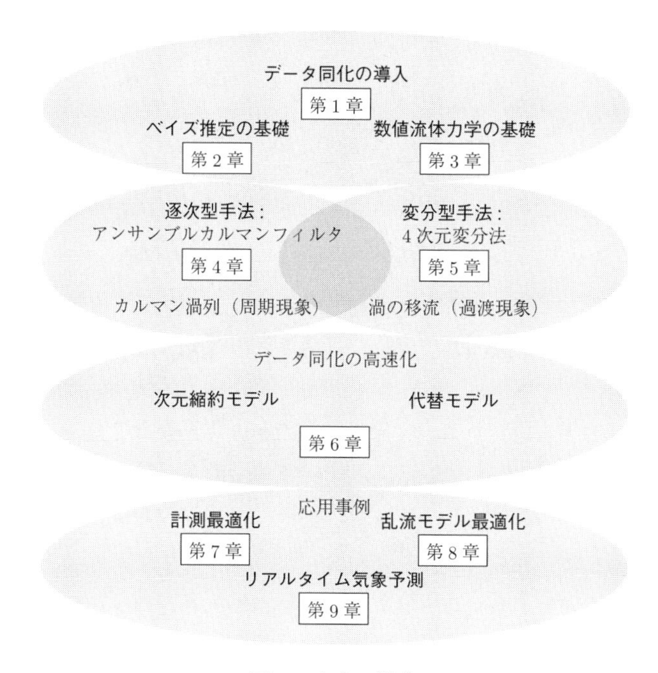

図 1　本書の構成

用までをバランスよく学ぶための教科書である．本書の内容はデータ同化の流体問題への適用に限定されているが，取り上げた手法や適用例を参考にして CAE が利用される他の工学分野に展開することも可能と考えられる．

本書の構成を図 1 に示す．第 1 章で述べるデータ同化の概要に続いて，第 2 章ではデータ同化の代表的な手法を概観する．ベイズの定理を出発点とすることで，逐次型や変分型などのデータ同化手法を俯瞰できるようにする．CFD に関しては，本書の議論に必要最低限の内容を第 3 章で説明することで，データ同化のアルゴリズムを学ぶ際にブラックボックスを残さないようにしている．第 4 章および第 5 章では具体的なデータ同化の適用方法を簡単な流体問題で学ぶ．これらの章で逐次型および変分型のデータ同化手法をそれぞれ説明するが，それら手法の共通点および相違点を流体現象のダイナミクスと関連づけつつ統一的に学ぶことができるのが本書の特徴の一つである．データ同化では条件を変えた複数ケースの CAE 解析が必要となるため，通常の CAE 解析と比較すると計算コストが大きくなる．そこで，第 6 章ではデータ同化を高速化するのに役立つ次元縮約モデルや代替モデルを説明する．第 7 章以降はより専門的な内容であり，データ同化の利用に向けたヒントとなれば幸いである．本書の第 4 章および第 5 章で用いたデータ同化プログラムは GitHub リポジトリ (https://github.com/DAE-Code/) を通して公開し，必要に応じて更新していく．本書の内容と対比しつつ，実際にデータ同化のプログラムを動かしてみることで，データ同化への理解が深まるはずである．

最後に，本書の執筆の機会と有益なご助言をくださった編集委員の先生方に感謝申し上げる．特定研究開発法人 理化学研究所の沓掛健太郎氏および株式会社 日立製作所の苗村伸夫氏には，全章に目を通していただき，本書の改善につながる有益なご助言をいただいた．また，東北大学流体科学研究所の焼野藍子助教と博士後期課程の吉村僚一氏には，多角的な視点から有益なコメントをいただいた．この場を借りてお礼を申し上げたい．そして，遅々として進まない原稿にもかかわらず，励ましていただいた共立出版の山内千尋氏および本書の仕上げにおいてご尽力いただいた菅沼正裕氏に感謝の意を表す．

2020 年 11 月
大林　茂

目　次

本書で利用する主な変数

本書で使用する変数はその都度説明を行っているが，主な変数の表記方法を以下に記す．気象分野のデータ同化論文においては Ide らの表記ルール [1] に従っているものが多い．また，本書ではデータ同化の書籍 [2–4] の記述も参考にしている．樋口ら [4] の付録ではこれらの書籍における表記の違いが触れられている．

一般にデータ同化では気象分野での利用を背景として観測という言葉が用いられ，データ同化アルゴリズムにおいても観測モデル，観測ベクトルなどの用語が用いられる．一方で，流体工学の分野では観測よりも計測という言葉が用いられる場合が多いため，本書ではデータ同化アルゴリズムや気象分野の議論においては観測，それ以外では計測という言葉を使うことにした．

$\boldsymbol{x}_t$	状態ベクトル
$\boldsymbol{y}_t$	観測相当ベクトル
$\boldsymbol{y}_t^{\mathrm{obs}}$	観測ベクトル
F_t	線形システムモデル
f_t	非線形システムモデル
H_t	線形観測モデル
h_t	非線形観測モデル
$\boldsymbol{v}_t$	システムノイズ
$\boldsymbol{w}_t$	観測ノイズ
σ_v	システムノイズ分散（正規ノイズ）
σ_w	観測ノイズ分散（正規ノイズ）
Q_t	システム誤差共分散行列
R_t	観測誤差共分散行列
$p(\alpha)$	確率密度関数
$p(\alpha\|\beta)$	条件付き確率密度関数
x, y	2 次元空間座標
$\boldsymbol{u} = [u, v]^{\mathrm{T}}$	2 次元流速ベクトル
p	圧力
τ	時間
I	単位行列
I_N	要素が $1/N$ の N 次正方行列

下付き添字

i, j	計算格子点
$k\ (1, \ldots, K)$	モード番号（固有直交分解，一部上付き添字で表示）
$l\ (1, \ldots, L)$	観測ベクトルの要素
$m\ (1, \ldots, M)$	状態ベクトルの要素
$t\ (1, \ldots, T)$	時刻（一部上付き添字で表示）

上付き添字

-1	逆行列
$n\ (1, \ldots, N)$	アンサンブルメンバー
$s\ (1, \ldots, S)$	反復回数（一部下付き添字で表示）
T	行列の転置，アジョイントモデル

第 I 部

基礎編

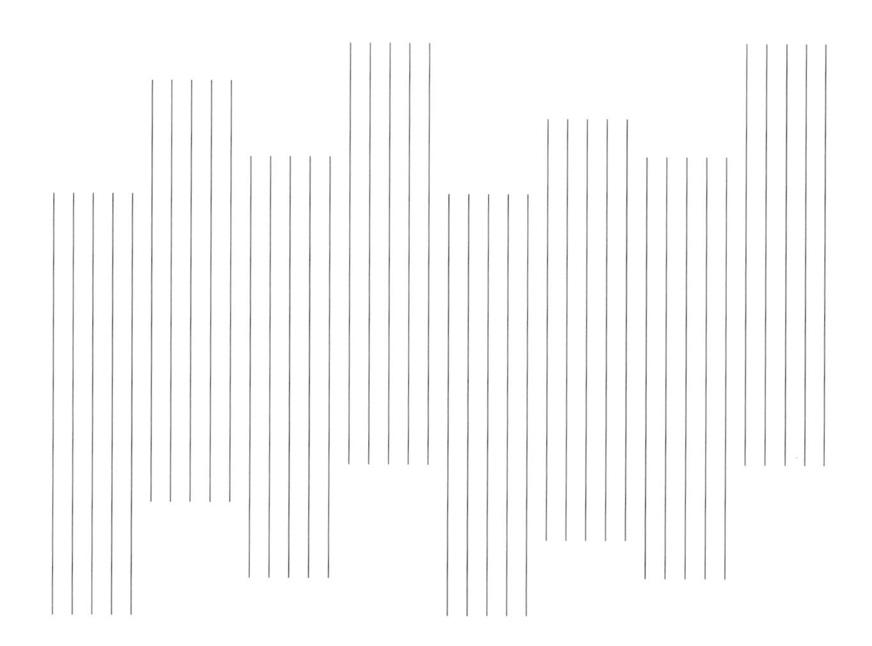

1

流体工学とデータ同化

数値シミュレーション技術と実験計測技術をデータ同化によって融合することで，それぞれの不確かさの低減や予測・計測情報の相互補完が期待できる．本章ではデータ同化の流体工学分野における適用例を紹介しつつ，その可能性を議論していく．

1.1 数値流体力学と実験流体力学

流体科学とは，気体・液体・固体の流れを連続体の流動として取り扱うマクロな視点と，分子・原子・荷電粒子の流動として取り扱うミクロな視点で，物質の流れのみならず熱・エネルギー，情報など，あらゆる流れを明らかにする学問領域である．流体科学分野では理論・実験・計算による研究が行われてきた．**計算機支援工学** (computer aided engineering, CAE) はコンピュータの発達とともに発展し，現在では研究・開発の現場において欠かせないものとなっている．特に筆者らが専門とする流体工学の分野では**数値流体力学** (computational fluid dynamics, CFD) がスーパーコンピュータの発達と時期を同じくして発展し，現在の流体・空力設計に欠かせないものとなっている．その一方で，実際の流動現象の観察に立脚した実験的な研究（**実験流体力学**, experimental fluid dynamics, EFD）が古くから行われてきている．数値シミュレーションが普及した現在においても，流動現象の解明や数値シミュレーション結果の検証において欠くことのできない存在である．例えば，航空機のように大きく高価な対象の場合には実機を用いて実験を行うことが難しいため，風洞と呼ばれる人工的な気流を生成する装置の中で縮尺模型を用いた空力性能の把握が行われる．縮尺模型を用いる場合には**レイノルズ数** (Reynolds number, Re) という無次元数を実機と合わせることで，流れのはく離や乱流遷移といった複雑な流動現象を再現することができる（レイノルズ数に関しては第3章でも説明する）．ここで，風洞実験自体も実現象を模擬したものである点には注意が必要である．

近年，より高度な設計開発のために数値シミュレーション技術の高精度化や非定常現象・複雑物理モデルに関する研究が進められているものの，それらの多くは計算機性能のさらなる向上に依存している．一方，流体計測技術に関しては，時間応答が高速な点計測やレーザーを用いた面計測により時空間的な計測データ量を増大させており，数値シミュレーションとの比較も容易になってきている．コンピュータの発達により数値シミュレーションが急速に普及し，製造，建築，医療等あらゆる分野で活用されているが，解析対象が実世界に近づいてきた現在，数値シミュレーションにおいて真に注目すべき課題は，物理モデルや計算手法の高度化のみではなく“不確かさ”の取り扱いであると考えられる．物理モデル，入力条件，計算格子など，数値シミュレーションには扱いが難しい不確かさが多く含まれており，それらを適切に扱わなければ実現象を再現することは難しい．これらの不確かさに対する取り組みとして，数値シミュレーション技術と実験計測技術を協調的に利用し，より精度の高い現象解析を実現するデータ同化への期待が高まっている（図1.1）．

1.2　データ同化の可能性

データ同化は，数値シミュレーションモデルの不確かな要因（初期・境界条件，モデルパラメータなど）を観測データにより統計的に修正する方法であり，これまで主に気象予測の精度向上を実現する手段として有用性が示されてきた [2]．一般に観測データは実現象から得られているため確度は高いが時空間的なデータ量が限られ，また，計測手法に依存した誤差やバイアスが含まれる場合がある．一方，数値シミュレーションでは十分な時空間情報が得られるものの，モデル・計算手法・計算条件の不適切な設定によって観測との大きな相違が生じる

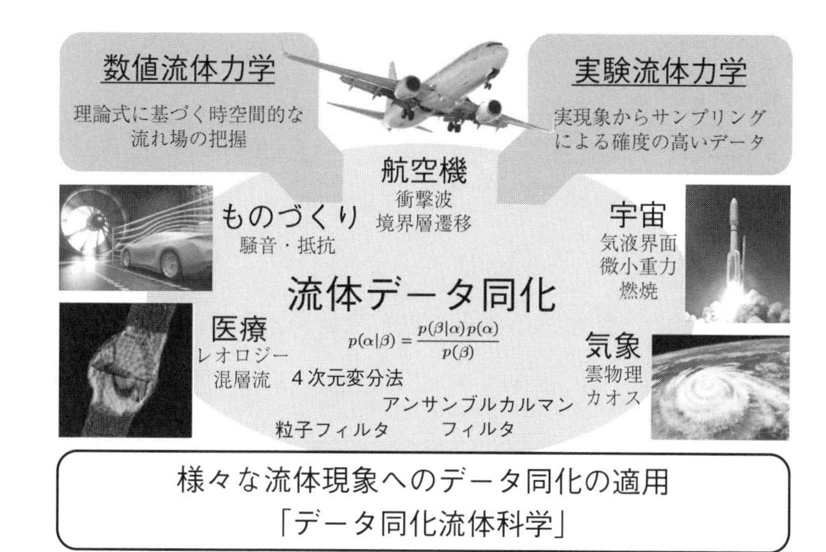

図 1.1 数値流体力学と実験流体力学をつなぐデータ同化

場合がある．また，使用している基礎方程式が必ずしも実現象を正しく再現できるとは限らない．気象分野では自然現象を扱うため，数値シミュレーションの初期・境界条件を設定することが難しく，それらを観測値と制御理論によって決定する手段としてデータ同化が発展してきた．

データ同化に関する研究は気象分野で古くから行われてきているが，このようなアプローチは工学分野においても有用であると考えられる．工学分野で扱う流体問題は気象分野における大気の流れとの共通点が少なくないが，データ同化を工学分野の流体問題に適用する際のノウハウは気象分野と比較すると十分とはいえない．工学分野におけるデータ同化が成熟することにより，図 1.2 に示すように，独立に行われている CAE 解析と実験計測がより有機的に融合し，ものづくりの現場や最終的な製品に新たな価値を生み出すことが期待される．気象海洋分野および統計分野のデータ同化研究者らによる良書 [3,4] によると，CAE におけるデータ同化の利用方法として以下が考えられる．

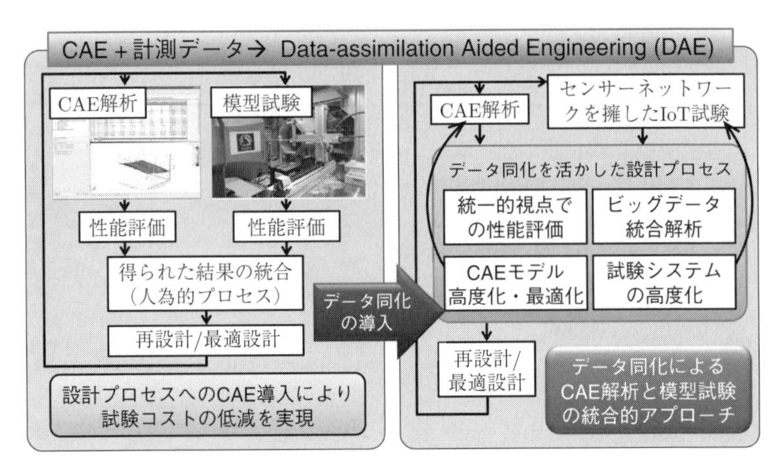

図 1.2　データ同化による設計・解析技術の革新

- CAE 解析に必要な初期・境界条件の推定（1.3 節）
- CAE 解析で経験的に与えられているパラメータの最適化（1.4 節）
- 感度解析による計測システムの評価と最適化（1.5 節）
- CAE 解析と計測データを融合した統合データセットの作成（1.6 節）

気象分野のデータ同化では数値気象予測のための初期条件推定が主な目的であるのに対して，工学データ同化では図 1.3 に示すように CAE で利用されるモデルや計測の改善・最適化を積極的に行うことが期待される．すなわち，CAE で用いられる多種多様な物理モデルや経験モデルを計測データに基づく推定によって改善したり，実験計測データや運用データを CAE 解析に同化する際に計測の有効性の事前検討や動的な計測方法の最適化をデータ同化の枠組みを用いて行うといったことが考えられる．このようにデータ同化を工学問題に積極的に利用することで，CAE の限界を超えた**データ同化支援工学** (data-assimilation aided engineering / data assimilation for engineering, DAE) の実現が期待される．計測に利用されるセンサーの小型化・汎用品化はとどまるところを知らず，また，高速通信の普及も相まって，各種計測データの計算サーバへの集約がさらに容易になっていくと考えられる．まさにデータ同化のようなアプローチを

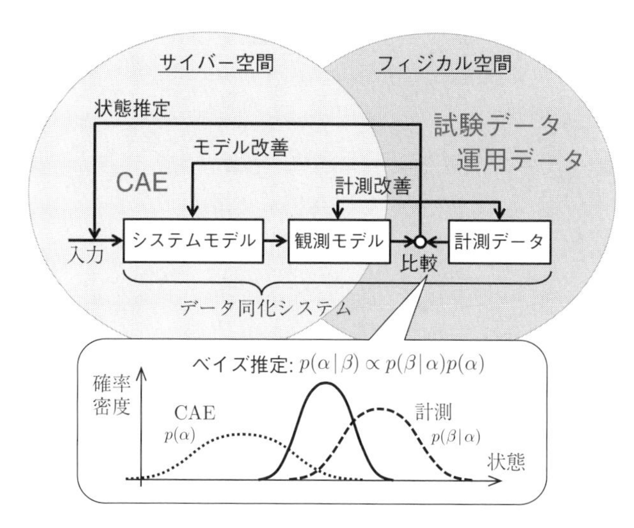

図 **1.3**　データ同化によるサイバーフィジカルシステムの実現

活用する機運が高まっているといえるかもしれない．また，CAE 解析と計測データを融合するデータ同化は，サイバー (cyber) ／バーチャル (virtual) 空間とフィジカル (physical) ／リアル (real) 空間をつなぐ枠組みとなることが期待され（図 1.3），CAE に基づく**デジタルツイン** (digital twin)[1)] を構築するための方法の一つと捉えることができる．

データ同化では，図 1.3 に示すような数値シミュレーション（図中のシステムモデルに相当）と計測データの比較に基づく推定において，数値シミュレーション結果を事前分布 $p(\alpha)$，計測と計算の差を尤度分布 $p(\beta|\alpha)$ とし，**ベイズの定理** (Bayes' theorem) によって推定分布として事後分布 $p(\alpha|\beta)$ を求める．このような統計的扱いにより，計測データを活用して CAE の不確かさに対処するアプローチの一つとしてデータ同化が利用できる．本書では，ベイズの定理に基づくデータ同化手法の具体例を第 2 章で解説し，第 4 章以降では簡単な流体問題を用いてその特性に迫る．特に流体現象のダイナミクスと関連づけて検討することで，対象とする問題に適したデータ同化手法を選択する際の参考とな

[1)] サイバーフィジカルシステム (CPS) やデジタルツインは様々な分野で多様な実現の形があると思われるが，ここでは CAE と計測データに基づくものを考えている．

図 1.4　ライダー計測に基づく後方乱気流の再現

るようにした．次節以降では，上述したデータ同化の様々な活用方法に関して具体例を紹介する．

1.3　計測データを用いた流れ場の再現

数値気象予測で行われているように，計測データを用いて CFD 解析において必要な初期・境界条件を推定したり，時々刻々変化する流れ場を計測データで補正しつつ予測したりするのがデータ同化の代表的な利用方法である．

図 1.4 は空港に設置された気流計測ライダー (light detection and ranging, Lidar)[2] によって得られた 2 次元風速情報から，飛行する航空機の後方に発生する後方乱気流と呼ばれる 3 次元的な渦構造を再現した例である [5]．ライダー計測においてレーザー光が走査する間の流れ場の時間変化を考慮しつつ，次章で説明する **4 次元変分法** (four-dimensional variational method, 4D-Var) という手法によって流れ場の初期条件を推定している．このように情報量の少ない計測データを CFD 解析に同化することで，計測されていない物理量や領域の情報を

[2] ライダーについては 222 ページの脚注 2 を参照.

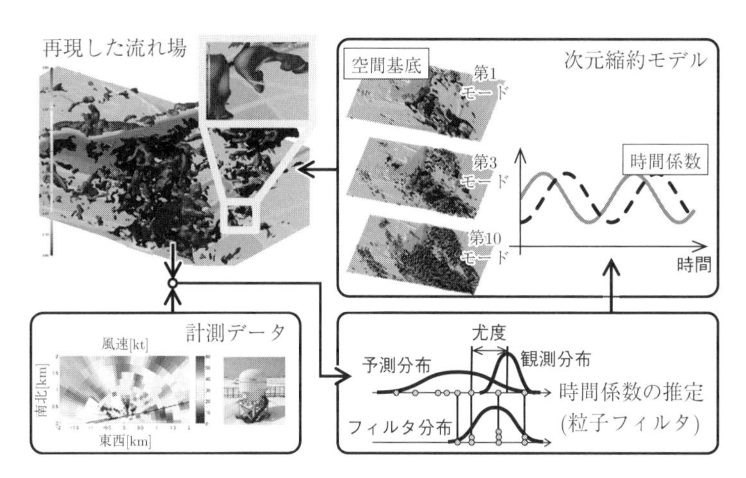

図 1.5 次元縮約モデルを用いた地形性乱気流の高速予測

得るといったデータ同化の使い方が考えられる．計測のない領域では CFD モデルがその推定精度を保証することになり，CFD 解析で用いた物理モデルによる計測データの時空間的な補間を行っていると考えることもできる．

CFD 解析の計算コストが無視できないような問題においては，データ同化を使った状態推定の計算コストが問題となりうる（詳細は次章以降で述べるが，データ同化では条件を変えた複数ケースの CFD 解析が必要となるため，通常の CFD 解析における手続きと比較すると計算コストは大きくなる）．例えば，数値気象予測ではデータ同化計算部分で計算格子点数の削減や物理モデルの簡略化を行うことにより計算コストを削減し，データ同化を現業利用している．

一方で，CFD 解析の計算コストを削減する汎用的な手段として**次元縮約モデル** (reduced-order model, ROM) の利用が考えられる．図 1.5 は空港周辺の丘陵後流における非定常な流れ場を，固有直交分解により流れ場の主要モードとそれらにかかる時間係数に分解して次元縮約モデルを構築した例である．データ同化においては，レーダー計測データに基づき時間係数に修正を加えることで，流れ場の再現精度を向上させている [6]．このように適切に縮約されたモデルを用いてデータ同化を行うことで，推定の高精度化と高速化が期待できる．また，次元縮約モデルにより計算コストを大幅に削減することで，粒子フィルタなど一般に計算コストの大きな非線形・非ガウス型のデータ同化手法を利用することができる．

1.4　CFD モデルの改善

CFD 解析の精度を左右するものとして乱流モデルがある．乱流モデルの多くは，これまでに蓄積された高精度な実験・計算データベースに基づき調整が行われているが，実際の航空機まわりで発生する複雑な流れ場に関する高精度データベースは存在せず，乱流モデルの予測性能は CFD 解析の不確かさの一つとして認識されている．

航空機まわりの流れはレイノルズ数が高く，境界層の大部分が乱流状態にある．そのような流れの CFD 解析においては乱流のモデル化が行われ，流体の支配方程式に加えて乱流モデルが利用される（詳細は第 8 章で説明する）．乱流モデルは理論的に導出されるものの，乱流モデル式に仮定をおいて導出された係数や平板境界層のような単純流れ場に対する数値実験によって定められた係数も多く，それらは乱流モデルを利用した CFD 解析の不確かさの原因の一つとなっている．乱流モデルに含まれる係数を吟味し，不確かな係数をデータ同化によって推定した例を図 1.6 に示す [7]．図 1.6 は航空機模型を上から見た図であり，上半分はオリジナルの乱流モデルで解析した結果，下半分はデータ同化により推定した係数を用いて解析した結果である．機体表面に描かれた黒線は表面近傍の流れを表す流線であり，また，胴体近くの主翼断面における圧力係数分布のグラフを実験値と比較しつつ，それぞれのケースに関して示している．図 1.6 は機体の迎角が比較的大きな条件下での解析結果であるが，データ同化で推定した係数を用いることで矢印で示した主翼上面における流れのはく離が無くなっていることがわかる．これにより，グラフに示すように圧力係数が実験値によく一致するようになる．この高迎角におけるはく離の有無によって機首上げ下げ方向の回転モーメントが逆転するため，航空機の空力設計の観点では大きな改善であることがわかる．ここで用いた手法の詳細は第 8 章で説明する．

乱流モデルの係数推定においては，ベイズ推定の枠組みを用いることで最尤

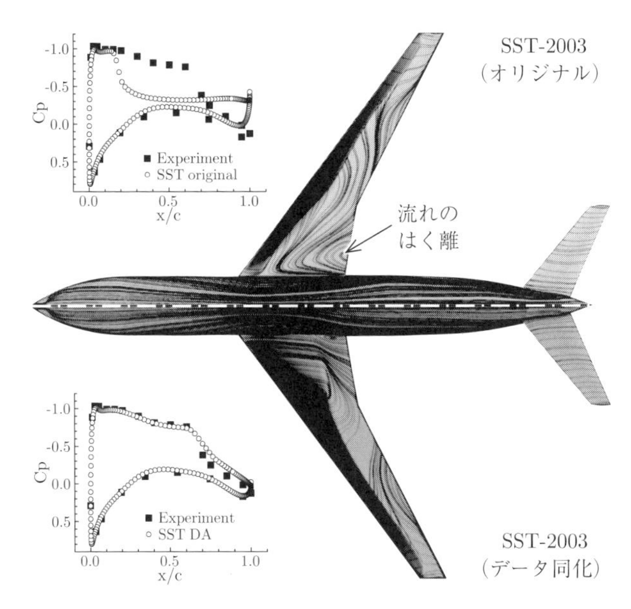

図 1.6 翼面圧力計測に基づく乱流モデル係数の最適化

係数値（最も尤度の高い係数値）とともに係数の確率分布を把握することができる．これにより計測値を再現するために最適な係数値のみならず，そのロバスト性や全体的な傾向を得ることができる．図 1.7 の例では，ガスタービン翼で用いられる翼冷却方法の一つであるフィルム冷却の流れ場を扱っている．実際のガスタービン翼では翼内部から翼表面に向かって多数の小孔（フィルム冷却孔）が開けられており，内部から低温の気流を流し，フィルム冷却孔を通じて翼表面にその低温流を広げることで，高温にさらされるタービン翼を冷却している．図 1.7 ではそのようなフィルム冷却孔一つと近傍の翼壁面のみを取り出した流れ場を示している．ここでは冷却効率の実験計測値から乱流モデルの係数を推定している [8]．グラフから係数の確率分布が多峰性を有していることが確認でき，破線で示す乱流モデルのオリジナル係数値と比較して，最尤係数値を用いることで冷却効率を左右する壁面の温度分布が変化していることがわかる．すなわち，最適な係数では低温領域（壁面の淡色部分）が冷却流に直交する方向に広がり，分布も滑らかになっている．

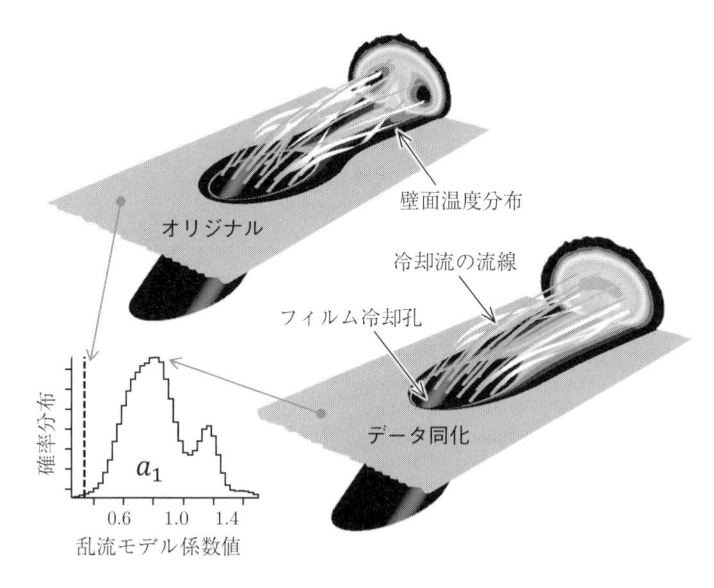

図 1.7　乱流モデル係数の確率密度と対応するフィルム冷却流れ場

1.5　CFD に基づく計測の最適化

データ同化の成否は計測データ量と数値シミュレーションモデルの自由度（推定変数の数）の比に大きく依存すると考えられる．限られた計測データを用いてより正確に大自由度モデルの状態変数を推定することは，気象分野のみならず一般のデータ同化問題においても重要な課題である．時空間的に状態が変化する流体問題においては，その特徴を把握するのに適切な計測位置・方法が存在すると考えられ，計測方法の有効性を調べる手順を形式化することができれば（図 1.8），データ同化の実問題への適用が容易になると考えられる．

図 1.9 は計測感度に基づく計測位置の最適化を風洞で実証実験した例である [9]．計測感度の解析を含むデータ同化システムを風洞内における物体後流計測に適用し，データ同化から得られる計測感度に基づきピトー管を支持したトラバース装置を動作させることにより，データ同化を核としたスーパーコンピュータと風洞計測装置の双方向連携システムとなっている．この実証実験では流体計算のコストが大きく，CFD 解析とデータ同化計算の結果を数分待った

図 1.8 データ同化に基づく計測の最適化

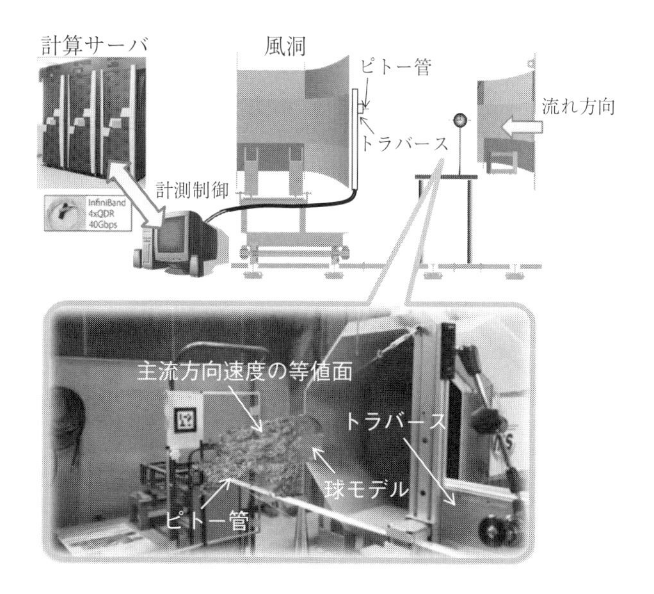

図 1.9 データ同化に基づく動的な後流計測の実験

後で次の計測点に移動するような形となった．図 1.9 下の写真では，実験風景を録画したものに拡張現実可視化ソフトウェアを用いて流体計算結果を重畳表示している．

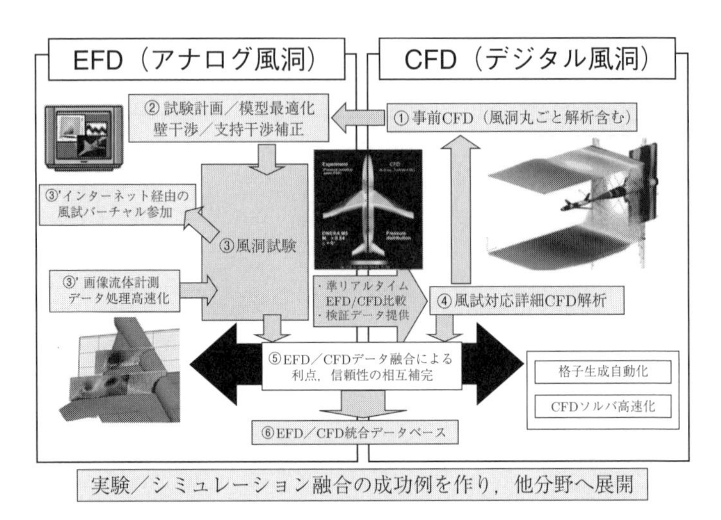

図 **1.10**　EFD/CFD 統合データベース DAHWIN の構成 [10]

1.6　EFD/CFD 統合データベース

EFD では実際の流れを計測するため，信頼性の高い計測データが得られるが，模型製作や風洞運用など実験実施にかかるコストが大きい．一方の CFD では流れ場に関する大量の情報が得られるものの，その信頼性の検証が必須となる．このような EFD と CFD の相互補完は，データ同化の強みを発揮できる課題であると考えられる．

宇宙航空研究開発機構 (Japan Aerospace Exploration Agency, JAXA) で開発された**デジタル／アナログ・ハイブリッド風洞** (digital/analog hybrid wind tunnel, DAHWIN) [10–12] は，EFD と CFD との融合を具現化するシステムであり，EFD に対して CFD を積極的に連携させることにより EFD/CFD 双方の効率化・高精度化を実現し，航空・宇宙機研究開発への直接的貢献を目指している（図 1.10）．DAHWIN では主に EFD と CFD の統合データベースとしての機能が実装されており，さらにフライトデータを加えることにより実機空力特性を推算するための環境整備が進められている．

1.7 CFD におけるデータ同化の課題

データ同化は気象海洋分野での歴史が長く，計測方法や各種データ同化手法の適用方法が成熟している．しかしながら，流体工学分野において，ある流体現象を考えたとき，どのような計測を行い，どのようなデータ同化手法を適用すべきかに関する統一的な知見は，流体力学の幅広い現象に対して得られていない．流体力学の支配方程式は**ナビエ・ストークス方程式** (Navier-Stokes equations) であり，対象とする流れの速度に応じて，圧縮性流体と非圧縮性流体に分けることができる．また，血液の流れは水や空気の流れとは異なる性質を持ち，レオロジーという学問分野で扱われる．さらに，気体と液体の界面は，川や海の流れなど自然界にありふれた存在であるが，これを工学的に制御することは非常に難しい．このようにナビエ・ストークス方程式は豊富な流体現象を記述し，それゆえに，流体現象のデータ同化は多種多様な形で実現されると考えられる．また，一般には流体は空間を満たしているわけであるから，疎な計測（点計測）よりは，密な計測（面，体積計測）が有効である．計測値の時空間密度がデータ同化の結果にどのように影響を与えるかという問題は，上記のナビエ・ストークス方程式の性質と複合的に関係している．

データ同化手法の詳細に関しては次章以降で解説するが，気象分野の代表的手法である 4 次元変分法や**アンサンブルカルマンフィルタ** (ensemble Kalman filter, EnKF) に加え，オブザーバ，**粒子フィルタ** (particle filter, PF) などが流体工学分野で利用されている [5–8,13–16]．ナビエ・ストークス方程式のダイナミクスを重視する 4 次元変分法などの変分型データ同化手法は，計測値が時間または空間的に疎な場合のデータ同化に向いている．一方で，ナビエ・ストークス方程式の予測を計測値によって積極的に修正するアンサンブルカルマンフィルタなどの逐次型データ同化は，計測値の急激な時間変化への追従性がよく，時間または空間的に密な計測値が得られる場合に有効な場合が多い．このようなデータ同化手法の性質の違いは対象とする流体現象に合わせて考慮する必要があり，それを可能な限り解説することが本書の目的の一つである．

1.8　おわりに

CAE と計測データを融合するデータ同化の応用可能性は広がりつつある．工学分野の様々な課題に適用可能であると考えられるが，そのためには基本的なデータ同化手法に関してその性質を理解しておく必要がある．以降の章ではデータ同化手法および数値流体力学の基礎に触れ，さらにそれらに基づくデータ同化の流体問題における具体例を検討することで基礎的な知識を学ぶ．

2

データ同化理論の導入

本章では，データ同化の基礎となる状態空間モデルとベイズの定理を導入し，ベイズ推定を実現する計算手法について一変数（スカラー変数）の微分方程式を通して学ぶ．その後，それらのベイズ推定手法を実問題で利用されるような多次元変数（ベクトル変数）に発展させる形で代表的な逐次型および変分型データ同化手法を導入する．本章の最後では，工学分野で長い歴史を持つ逆問題や最適化とデータ同化との類似点および相違点を整理する．

データ同化は制御理論にその基礎を置くが，気象モデルなど大自由度モデルへの適用の必要性から，特に次元の大きな変数の扱いに関して制御理論から独自の発展を遂げている．データ同化においては数値シミュレーションで扱う変数を確率分布で表現する．制御分野でよく用いられる**カルマンフィルタ** (Kalman filter, KF) は，変数の確率分布に正規分布を仮定し，正規分布を規定する平均と分散を時間発展させるアルゴリズムとなっている．代表的な逐次型データ同化手法であるアンサンブルカルマンフィルタ (EnKF) においては，カルマンフィルタにおける平均および分散を多数の数値シミュレーション結果で近似的に表現（これをアンサンブル近似と呼ぶ）することで，大自由度モデルへのカルマンフィルタの適用を可能にしている．さらに，アンサンブルカルマンフィルタで仮定している正規分布や線形観測モデルの制限を取り払うことのできる手法として粒子フィルタ (PF) がある．一方で，変分型の代表的手法としては，いくつかの時刻で得られている計測データに数値シミュレーションの結果が時空間的に一致するような初期・境界条件を推定する 4 次元変分法 (4D-Var) がある．

加えて，サンプリングに基づくベイズ推定手法としては**マルコフ連鎖モンテカルロ法** (Markov-chain Monte-Carlo method, MCMC) が有名である．これら手法の詳細は本章で解説される．

日本語で書かれたデータ同化に関する書籍は複数出版されている．気象海洋分野の著者よるアンサンブルカルマンフィルタから 4 次元変分法までを網羅した書籍 [3]，気象データ同化のノウハウも得られる書籍 [2]，統計的な基礎が充実し，アンサンブルカルマンフィルタや粒子フィルタなどの逐次型データ同化手法の解説が詳しい書籍 [4] が代表的である．本章ではこれらの書籍を参考にしつつ，データ同化の主要なアルゴリズムを流体問題に適用する際に必要となる事項を説明する．

2.1　状態空間モデルの構成

いま，推定すべき状態変数のベクトルを $\boldsymbol{x}_t$ とし，その**状態ベクトル** (state vector) を時間的に発展させる演算子として数値シミュレーションモデルを表現すると，

$$\boldsymbol{x}_t = f_t(\boldsymbol{x}_{t-1}, \boldsymbol{v}_t) \tag{2.1}$$

ここで下付き添字 t は離散的な時刻を表す．データ同化では f_t を**システムモデル** (system model) と呼ぶ．状態ベクトル $\boldsymbol{x}_t$ は数値流体科学 (CFD) の場合には，流れ場の変数（各格子点の流速ベクトル，圧力，密度など，離散化されたナビエ・ストークス方程式の変数）を縦ベクトルで表記したものに対応する．定常 CFD 解析において，行列の反復解法による収束計算を行うような場合には，上記時刻を反復ステップ数と読み替えればよい．式 (2.1) に含まれるベクトル $\boldsymbol{v}_t$ はシステムの状態の不確かさを表現するための**システムノイズ** (system noise) である．カルマンフィルタでは**正規乱数ベクトル** $\boldsymbol{v}_t \sim N(\boldsymbol{0}, Q_t)$（確率密度関数が平均ベクトル $\boldsymbol{0}$，共分散行列 Q_t の**多変量正規分布** (multivariate normal distribution) で表される乱数ベクトル，ガウスノイズとも呼ばれる）が用いられる場合が多い．通常，CFD では 1 つの条件（初期・境界条件，パラメータ）に対して 1 つの数値解（すなわち流れ場）が求まるが，データ同化のシステムモデルとしては，推定すべき状態ベクトル（流れ場，初期・境界条件，モデルパラメータ）に対して不確かさが存在するモデルを想定する．

データ同化に不可欠なもう一つの要素として**観測モデル** (observation model) がある．観測モデルは式 (2.2) に示すようにシステムモデルの状態ベクトル $\boldsymbol{x}_t$ を，観測データを並べた**観測ベクトル** (observation vector) $\boldsymbol{y}_t^{\mathrm{obs}}$ と同じ次元の観測相当ベクトル $\boldsymbol{y}_t$ に変換する演算子（観測演算子，observation operator）である．

$$\boldsymbol{y}_t = h_t(\boldsymbol{x}_t, \boldsymbol{w}_t) \tag{2.2}$$

観測モデルは実際の計測プロセスを数値シミュレーションモデル空間内で模擬したものと考えることができる．例えば，風洞実験において物体表面における圧力係数や物体に働く力が得られている場合には，これらの量を CFD の流れ場変数から計算して計測結果を比較できるような形にする処理が観測モデルに相当する．データ同化では状態ベクトルの次元が観測ベクトルの次元よりも非常に大きくなる場合が多い．例えば，通常 CFD では数百から数千万点程度の計算格子が用いられるのに対して，実験流体科学 (EFD) では体積計測を行ったとしても状態ベクトルよりも数桁次元の小さな観測ベクトルを扱うことになる．式 (2.2) の観測モデルでは，式 (2.1) と同様に**観測ノイズ** (observation noise) $\boldsymbol{w}_t$ が考慮される．観測ノイズに関しても正規乱数ベクトル $\boldsymbol{w}_t \sim N(\boldsymbol{0}, R_t)$ を用いる場合が多いが，観測誤差の統計的性質が既知の場合にはそれに従う．ここで，R_t は**観測誤差共分散行列**である．

これらのシステムモデルと観測モデルを合わせて，**状態空間モデル** (state space model) を構成する [4]．図 2.1 に状態空間モデルの模式図を示す．システムモデルは数値シミュレーションモデルに相当し，サイバー／バーチャル空間で実現象を再現する．観測モデルはシステムモデル内で実際の計測プロセスを模擬することで，数値シミュレーションの結果をフィジカル／リアル空間と結びつける役割を持つ．観測モデルを通して，フィジカル空間の情報をサイバー空間内の数値シミュレーションに反映させることで，数値シミュレーションの不確かさを低減するのがデータ同化である．

2.2 ベイズの定理とそのいくつかの実装

数値シミュレーションモデルと計測データによって定義された状態空間モデ

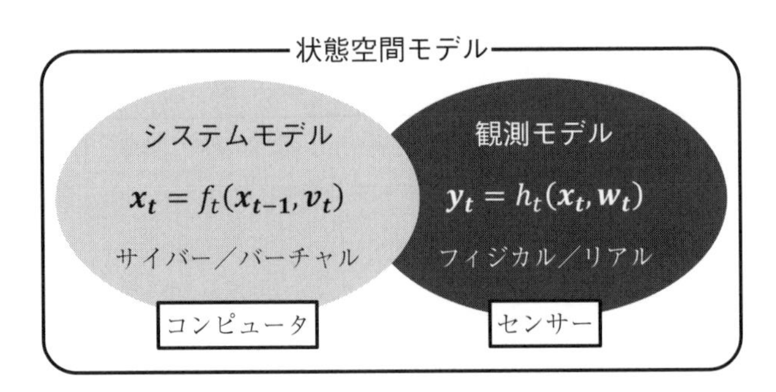

図 2.1　データ同化に用いる状態空間モデル

ルを用いて状態推定を行うための枠組みとして，ベイズの定理を導入する．事象 α が与えられたときの事象 β の**条件付き確率** (conditional probability) を $p(\beta|\alpha)$ とし，事象 α および β の確率がそれぞれ $p(\alpha)$ および $p(\beta)$ で与えられるとき，条件付き確率 $p(\alpha|\beta)$ は，

$$p(\alpha|\beta) = \frac{p(\beta|\alpha)p(\alpha)}{p(\beta)} \tag{2.3}$$

と表される [4]．ここで $p(\cdot)$ は確率密度関数を示している．α および β は確率変数であるが，条件付き確率密度関数 $p(\beta|\alpha)$ においては α が所与であることから α は確率変数ではなく確定値である．$p(\alpha|\beta)$ に関しても同様に β が確定値である．事象 β が与えられたときの事象 α の条件付き確率密度関数が，事象 α が与えられたときの事象 β の条件付き確率密度関数から計算できる点にベイズの定理の有用性がある．

このようなベイズの定理をデータ同化に利用するにあたっては，確率変数 α を推定しようとしているシステムモデルの状態ベクトル $\boldsymbol{x}_t$，そして，β をあらかじめ計測によって得られている観測ベクトル $\boldsymbol{y}_t$ と置き換えることで，観測ベクトル $\boldsymbol{y}_t$ が与えられたときの状態ベクトル $\boldsymbol{x}_t$ の条件付き確率を求める．すなわち，

$$p(\boldsymbol{x}_t|\boldsymbol{y}_{1:t}) = \frac{p(\boldsymbol{y}_t|\boldsymbol{x}_t)p(\boldsymbol{x}_t|\boldsymbol{y}_{1:t-1})}{p(\boldsymbol{y}_t|\boldsymbol{y}_{1:t-1})} \tag{2.4}$$

ここで，$p(\boldsymbol{x}_t|\boldsymbol{y}_{1:t-1})$ は状態ベクトル $\boldsymbol{x}_t$ の確率密度関数であり，システムモデルによる予測に対応する**事前分布** (prior distribution) である．ここでは式 (2.4) が繰り返し適用されているような状況を想定し，事前分布には過去の計測情報

$\boldsymbol{y}_{1:t-1}$ が反映されていると考えるため，$p(\boldsymbol{x}_t|\boldsymbol{y}_{1:t-1})$ のように計測 $\boldsymbol{y}_{1:t-1}$ が与えられたときの $\boldsymbol{x}_t$ に関する条件付き確率密度関数で表記する．下付き添字の $1:t-1$ は1から $t-1$ までの時刻を示す．したがって，$p(\boldsymbol{x}_t|\boldsymbol{y}_{1:t-1})$ は時刻1から $t-1$ までの計測データ $\boldsymbol{y}_1, \boldsymbol{y}_2, \ldots, \boldsymbol{y}_{t-1}$ が同化されたシステムモデルの時刻 t における状態ベクトル $\boldsymbol{x}_t$ の確率密度関数を示している．

一方，$p(\boldsymbol{y}_t|\boldsymbol{x}_t)$ はシステムモデルの予測と計測データの近さ（尤（もっと）もらしさ）を表す**尤度関数** (likelihood function) である．事前分布と尤度関数の積で表現される式 (2.4) の左辺は**事後分布** (posterior distribution) と呼ばれ，事前分布に対して時刻 t の計測情報が尤度関数で与えられた際の状態ベクトル $\boldsymbol{x}_t$ の確率密度関数を表している．式 (2.4) では上述のように事前分布 $p(\boldsymbol{x}_t|\boldsymbol{y}_{1:t-1})$ を通して過去の計測情報も反映されていることから事後分布が $p(\boldsymbol{x}_t|\boldsymbol{y}_{1:t})$ となっている．式 (2.4) の分母は分子を積分したものであり，確率分布を規格化するための定数となっている．

$$p(\boldsymbol{y}_t|\boldsymbol{y}_{1:t-1}) = \int_{-\infty}^{\infty} p(\boldsymbol{y}_t|\boldsymbol{x}_t)p(\boldsymbol{x}_t|\boldsymbol{y}_{1:t-1})d\boldsymbol{x}_t = \text{定数} \tag{2.5}$$

したがって，ベイズの定理を以下のように表現する場合もある．

$$p(\boldsymbol{x}_t|\boldsymbol{y}_{1:t}) \propto p(\boldsymbol{y}_t|\boldsymbol{x}_t)p(\boldsymbol{x}_t|\boldsymbol{y}_{1:t-1}) \tag{2.6}$$

ここで $\propto$ は右辺と左辺が比例関係にあることを示しており，式 (2.4) の分母が定数となることを利用している．式 (2.5) の $p(\boldsymbol{y}_t|\boldsymbol{y}_{1:t-1})$ は観測値が説明されている度合いであるから**エビデンス** (evidence) と呼ばれる．

ベイズの定理はデータ同化のみならず**機械学習** (machine learning) や最適化など様々な分野で現れる汎用性の高い定理であり，その応用範囲は気象や工学分野に留まらない [17]．ここではベイズの定理に関する詳細な議論を避け，データ同化アルゴリズムを理解するために必要な知識を得ることに集中する．以降では簡単な微分方程式を例にとり，変分型および逐次型，そして，サンプリングによるベイズ推定がどのように実現されるかを見ていく．

2.2.1　スカラー変数のシステムモデル

まず，スカラー変数 x に関する微分方程式を式 (2.7) で定義する．

$$\frac{dx}{d\tau} = a \tag{2.7}$$

ここで x は τ（ここでは時間とする）の関数であり，a は定数である．この微分方程式は適当な初期条件（$\tau = 0$ のとき $x = b$）のもとで解く（積分する）ことができ，

$$x = a\tau + b \tag{2.8}$$

という直線の式が得られる．いま，式 (2.7) の時間微分項を現在と過去の時刻における変数値の差で近似する（このような近似を有限差分近似といい，第3章で詳細を述べる）．変数 x を一定時間間隔の離散値で表現し，現在値 x_t と過去の値 x_{t-1} が得られた時刻の差を $\Delta\tau = \tau_t - \tau_{t-1}$ とすると，

$$\frac{dx}{d\tau} = a \to \frac{x_t - x_{t-1}}{\Delta\tau} = a \to x_t = x_{t-1} + a\Delta\tau \tag{2.9}$$

という差分式が得られる．これにシステムノイズ v_t を加えたものを以下のようなシステムモデルと考える．

$$x_t = f_t(x_{t-1}, v_t) = x_{t-1} + a\Delta\tau + v_t \tag{2.10}$$

システムノイズ v_t は平均 0，分散 σ_v^2 の正規乱数 $N(0, \sigma_v^2)$ で生成されているとする．式 (2.10) のシステムモデルは数値シミュレーションに用いる離散式にシステムノイズを加えたものであり，式 (2.7) のような微分方程式から導出されている．CFD の場合にも支配方程式とそれを離散化した式に関して，同様の扱いによりシステムモデルを構築する．このようなシステムモデルによる予測は図 2.2(b) に示すようになる．図 2.2(a) に示す $v_t = 0$ に相当する直線の式と比較すると，システムノイズにより時刻を進めるたびにシステムモデルの予測値が上下にずれる．このようにシステムノイズを考えることで，システムモデルの予測が幅を持つことになり，この幅が予測の不確かさを表現する．すなわち，通常の数値シミュレーションモデルでは予測される変数値が唯一の値をとるのに対し，データ同化のシステムモデルでは予測値がある確率密度関数から発生していると考えることができる．

一方で，式 (2.2) で表現される観測モデルはシステムモデルの状態変数がそ

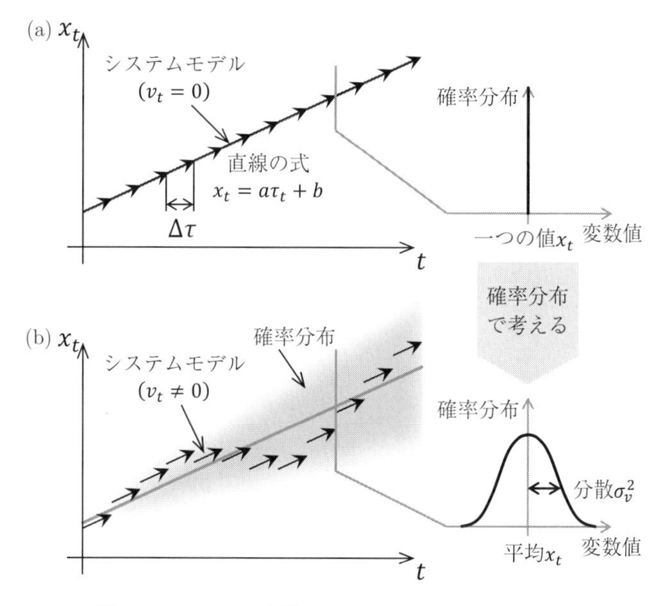

図 **2.2** スカラー変数のシステムモデルによる予測

のまま計測されるとして,

$$y_t = h_t(x_t, w_t) = x_t + w_t \tag{2.11}$$

とする.ここで y_t は観測相当変数,w_t は観測ノイズである.ただし,時間方向には疎な計測値が得られるとする(すなわち,システムモデルの時間発展の数時刻ステップごとに計測データ y_t が得られる).観測ノイズは平均 0,分散 σ_w^2 の正規乱数 $N(0, \sigma_w^2)$ とする.データ同化では通常状態ベクトルの次元が観測ベクトルの次元より大きい問題 $(\dim(\boldsymbol{x}_t) \gg \dim(\boldsymbol{y}_t))$ を考えるため,変数の次元を合わせるために観測モデル h_t が必要であるが,ここではどちらも一次元(スカラー)変数であるため省略している.

2.2.2 逐次型ベイズ推定

ベイズの定理を利用するにあたり,式 (2.10) のシステムモデルおよび式 (2.11) の観測モデルを確率分布で表現する.システムモデルを確率分布で書くと,

$$p(x_t|x_{t-1}) = \delta(x_t - x_{t-1} - a\Delta\tau - v_t) \tag{2.12}$$

となる．ここで δ はディラックのデルタ関数であり，x_t の時間発展が $x_{t-1} + a\Delta\tau + v_t$ という値しかとりえないことを表現している．システムノイズ v_t が正規分布に従う場合，$x_t - x_{t-1} - a\Delta\tau \sim N(0, \sigma_v^2) \to x_t \sim N(x_{t-1} + a\Delta\tau, \sigma_v^2)$ と考えると，式 (2.12) は正規分布を用いて以下のように表現することもできる．

$$p(x_t|x_{t-1}) = \frac{1}{\sqrt{2\pi\sigma_v^2}} \exp\left[-\frac{(x_t - x_{t-1} - a\Delta\tau)^2}{2\sigma_v^2}\right] \tag{2.13}$$

システムノイズ v_t による予測の不確実性がここでは平均 $x_{t-1} + a\Delta\tau$，分散 σ_v^2 の正規分布で表現されている．前述のとおり，ここでは x_t が確率変数となり，条件付き確率密度関数における所与の x_{t-1} は確定値である．

式 (2.13) を利用して，状態変数の確率密度関数を時間発展させる式を導こう．ある時刻における状態変数 x_t に関する確率分布を $p(x_t|y_{1:t-1})$ とする．二つの事象 α および β がどちらも起こる確率である同時確率 $p(\alpha, \beta)$ に関する加法定理 $p(\alpha) = \int p(\alpha, \beta) d\beta$（$\beta$ に関する周辺化）と，乗法定理 $p(\alpha, \beta) = p(\alpha|\beta)p(\beta)$ を用いると，

$$p(x_t|y_{1:t-1}) = \int p(x_t, x_{t-1}|y_{1:t-1}) dx_{t-1} = \int p(x_t|x_{t-1}) p(x_{t-1}|y_{1:t-1}) dx_{t-1} \tag{2.14}$$

という $p(x_t|y_{1:t-1})$ の漸化式が得られる [4]．$p(x_{t-1}|y_{1:t-1})$ は1時刻前である $t-1$ における状態変数 x_{t-1} の確率分布，$p(x_t|x_{t-1})$ は式 (2.13) で導入した状態変数の時間発展に関する確率分布である．さて，ある時刻の状態変数 x_{t-1} に関する確率分布 $p(x_{t-1}|y_{1:t-1})$ が正規分布であると仮定すると，

$$p(x_{t-1}|y_{1:t-1}) = \frac{1}{\sqrt{2\pi\sigma_{t-1|t-1}^2}} \exp\left[-\frac{(x_{t-1} - x_{t-1|t-1})^2}{2\sigma_{t-1|t-1}^2}\right] \tag{2.15}$$

ここで $x_{t-1|t-1}$ は確率変数ではなく確定値である．下付き添字の | で区切った左側の $t-1$ はシステムモデルの時刻，右側の $t-1$ は同化された計測値の時刻であり，時刻1から $t-1$ までの計測データ $y_{1:t-1}$ が反映されていることを示している．分散 $\sigma_{t-1|t-1}^2$ はその時刻における状態の不確かさを表している．式 (2.13)

および (2.15) の確率分布を用いると，式 (2.14) から 1 時刻先の $p(x_t|y_{1:t-1})$ を計算することができる．

$$
\begin{aligned}
p(x_t|y_{1:t-1}) &= \int p(x_t|x_{t-1})p(x_{t-1}|y_{1:t-1})dx_{t-1} \\
&= \frac{1}{2\pi\sigma_v\sigma_{t-1|t-1}}\int \exp\left[-\frac{(x_t-x_{t-1}-a\Delta\tau)^2}{2\sigma_v^2}-\frac{(x_{t-1}-x_{t-1|t-1})^2}{2\sigma_{t-1|t-1}^2}\right]dx_{t-1} \\
&= \frac{1}{\sqrt{2\pi(\sigma_v^2+\sigma_{t-1|t-1}^2)}}\exp\left[-\frac{(x_t-x_{t-1|t-1}-a\Delta\tau)^2}{2(\sigma_v^2+\sigma_{t-1|t-1}^2)}\right] \\
&= \frac{1}{\sqrt{2\pi\sigma_{t|t-1}^2}}\exp\left[-\frac{(x_t-x_{t|t-1})^2}{2\sigma_{t|t-1}^2}\right] \qquad (2.16)
\end{aligned}
$$

式 (2.16) の 2 番目から 3 番目の等号では，x_{t-1} に関して整理した後，ガウス積分の公式を利用している [4]．システムモデルによる時間発展前後の確率分布である式 (2.15) と (2.16) を見比べるといくつかのことがわかる．まず，初期分布が正規分布だった場合には 1 時刻ステップだけ時間発展させた分布も正規分布になる．これはシステムモデルが線形であることによる．また，その正規分布を規定する平均および分散が，それぞれ $x_{t-1|t-1} \to x_{t-1|t-1}+a\Delta\tau(=x_{t|t-1})$ および $\sigma_{t-1|t-1}^2 \to \sigma_v^2+\sigma_{t-1|t-1}^2(=\sigma_{t|t-1}^2)$ となっていることがわかる．すなわち，平均はシステムモデルの時間発展に従い，分散はシステムノイズの寄与分だけ大きくなっている．このような特性はシステムモデルによる時間発展の基本的特性であり，特にアンサンブルカルマンフィルタによるデータ同化ではこのようなシステムを扱うことを想定している．

計測データが得られる時刻までは上記の時間発展を繰り返す．計測データが得られた時刻では，式 (2.11) の観測モデルに関しても $y_t-x_t \sim N(0,\sigma_w^2) \to y_t \sim N(x_t,\sigma_w^2)$ から，以下のような尤度関数を考える．

$$
p(y_t|x_t) = \frac{1}{\sqrt{2\pi\sigma_w^2}}\exp\left[-\frac{(y_t-x_t)^2}{2\sigma_w^2}\right] \qquad (2.17)
$$

事前分布として先ほど求めた式 (2.16) を用いると，式 (2.4) に示したベイズの定理の分子を計算することができて，

$$
p(y_t|x_t)p(x_t|y_{1:t-1}) = \frac{1}{2\pi\sigma_w\sigma_{t|t-1}}\exp\left[-\frac{(y_t-x_t)^2}{2\sigma_w^2}-\frac{(x_t-x_{t|t-1})^2}{2\sigma_{t|t-1}^2}\right] \qquad (2.18)
$$

となる．ベイズの定理の分母は式 (2.18) を x_t に関して積分したものであり，それらを整理すると以下のような事後分布が得られる，

$$
\begin{aligned}
p(x_t|y_t) &= \frac{1}{\sqrt{2\pi(\sigma_{t|t-1}^2 - K_t\sigma_{t|t-1}^2)}} \exp\left[-\frac{[x_t - x_{t|t-1} - K_t(y_t - x_{t|t-1})]^2}{2(\sigma_{t|t-1}^2 - K_t\sigma_{t|t-1}^2)}\right] \\
&= \frac{1}{\sqrt{2\pi\sigma_{t|t}^2}} \exp\left[-\frac{(x_t - x_{t|t})^2}{2\sigma_{t|t}^2}\right]
\end{aligned}
\tag{2.19}
$$

ここでも式 (2.16) の導出と同様の計算を行っている．さて，式 (2.19) の事後分布は正規分布であり，平均および分散が事前分布に対して $x_{t|t-1} \to x_{t|t-1} + K_t(y_t - x_{t|t-1})(= x_{t|t})$ および $\sigma_{t|t-1}^2 \to \sigma_{t|t-1}^2 - K_t\sigma_{t|t-1}^2(= \sigma_{t|t}^2)$ と修正されていることがわかる．ここで $K_t = \sigma_{t|t-1}^2(\sigma_{t|t-1}^2 + \sigma_w^2)^{-1}$ とおいた．K_t はカルマンフィルタにおいて**カルマンゲイン** (Kalman gain) と呼ばれるものである．これらの平均および分散の修正に関する関係式はカルマンフィルタの標準的な導出方法である最小分散推定の考え方からも求めることができる [18].

式 (2.19) の確率密度関数における平均および分散は以下のように書き直すこともできる．

$$
x_{t|t} = \frac{\sigma_{t|t-1}^2}{\sigma_{t|t-1}^2 + \sigma_w^2} y_t + \frac{\sigma_w^2}{\sigma_{t|t-1}^2 + \sigma_w^2} x_{t|t-1}, \quad \sigma_{t|t}^2 = \frac{\sigma_{t|t-1}^2 \sigma_w^2}{\sigma_{t|t-1}^2 + \sigma_w^2}
\tag{2.20}
$$

これらの式から事後分布における平均がシステムモデルの予測値と計測値を事前分布および尤度関数の分散で重み付けしたものになっていることがわかる．このとき，分散は事前分布の値よりも小さくなる．図 2.3 ではシステムモデルによる3時刻ステップの予測を行うたびに計測データが得られ，計測データが同化されることで平均および分散が更新される様子を模式的に示している．

2.2.3　変分型ベイズ推定

もう一つの重要なアプローチとして，変分型推定手法がある．変分型推定手法ではある時間区間 $[1, T]$ を考えて，その区間内の複数時刻において得られている計測データにシステムモデルの予測が時空間的に一致するようにシステムモデルの初期値や境界条件を修正する．すなわち，計測データ $y_{1:T} = \{y_1, y_2, \ldots, y_T\}$ が

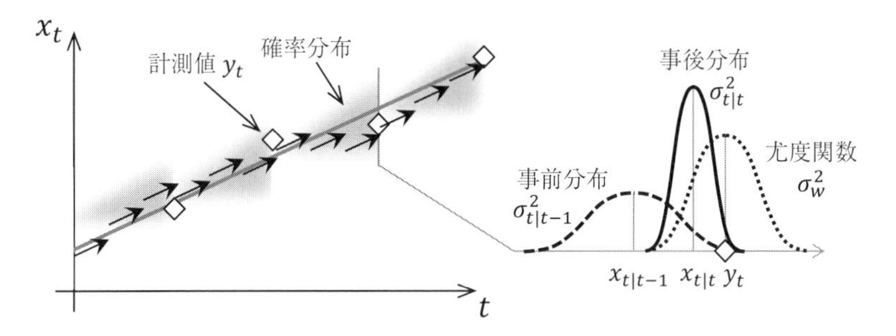

図 2.3　スカラー変数の状態空間モデルにおける逐次型ベイズ推定

与えられたときの状態変数 $x_{1:T} = \{x_1, x_2, \ldots, x_T\}$ の条件付き確率 $p(x_{1:T}|y_{1:T})$ を求めればよい．ここでは前項と異なり，システムモデルの各時刻で計測データが得られていると仮定している．このような推定はベイズの定理より，

$$p(x_{1:T}|y_{1:T}) = \frac{p(y_{1:T}|x_{1:T})p(x_{1:T})}{p(y_{1:T})} \tag{2.21}$$

と表すことができるので，式 (2.21) の分子に現れた尤度関数と事前分布に関して，いま扱っているスカラー変数の状態空間モデルの場合を考えていく．事前分布に関しては，上述の乗法定理を用いると，

$$\begin{aligned} p(x_{1:T}) &= p(x_T, x_{T-1}, \ldots, x_1) \\ &= p(x_T|x_{T-1}, \ldots, x_1)p(x_{T-1}, \ldots, x_1) \\ &= p(x_T|x_{T-1})p(x_{T-1}, \ldots, x_1) \\ &\ \ \vdots \\ &= p(x_1)\prod_{t=2}^{T} p(x_t|x_{t-1}) \end{aligned} \tag{2.22}$$

と表すことができる．式 (2.22) の 2 番目から 3 番目の等号へは，状態変数のマルコフ性を利用している．ここでマルコフ性とは状態変数が式 (2.10) に示したようなシステムモデルによって時間発展するので時刻 T の x_T は時刻 $T-1$ の x_{T-1} から決まり，$x_{1:T-2}$ とは無関係であるため，$p(x_T|x_{T-1}, \ldots, x_1)$ を $p(x_T|x_{T-1})$ と表記できることを指している．事前分布を式 (2.12) のようにデルタ関数で表

記すると，

$$p(x_{1:T}) = \delta(x_1 - b) \prod_{t=2}^{T} \delta(x_t - x_{t-1} - a\Delta\tau) \tag{2.23}$$

となる．ここではシステムノイズを考えない（システムモデルの不確かさを考慮しない）．これは4次元変分法でよく用いられる仮定である（いわゆる強拘束の4次元変分法であり，システムノイズを考慮した弱拘束の4次元変分法も存在する）．一方，尤度関数に関しても以下のように乗法定理を使った書き換えを行っていく．

$$\begin{aligned}
p(y_{1:T}|x_{1:T}) &= p(y_T, y_{1:T-1}|x_{1:T}) \\
&= p(y_T|y_{1:T-1}, x_{1:T})p(y_{1:T-1}|x_{1:T}) \\
&= p(y_T|x_T)p(y_{1:T-1}|x_{1:T-1}) \\
&\ \ \vdots \\
&= \prod_{t=1}^{T} p(y_t|x_t)
\end{aligned} \tag{2.24}$$

式 (2.24) の2番目から3番目の等号へは，各時刻の観測ノイズ w_t に相関がないことを仮定し，尤度関数 $p(y_T|y_{1:T-1}, x_{1:T})$ が $y_{1:T-1}$ および $x_{1:T-1}$ に依存せず，また，$p(y_{1:T-1}|x_{1:T})$ においては x_T が独立であることを利用している．尤度関数として観測誤差分散が σ_w^2 の正規分布を用いると，

$$\begin{aligned}
p(y_{1:T}|x_{1:T}) &= \prod_{t=1}^{T} \frac{1}{\sqrt{2\pi\sigma_w^2}} \exp\left[-\frac{(y_t - x_t)^2}{2\sigma_w^2}\right] \\
&= \frac{1}{(\sqrt{2\pi\sigma_w^2})^T} \prod_{t=1}^{T} \exp\left[-\frac{(y_t - x_t)^2}{2\sigma_w^2}\right]
\end{aligned} \tag{2.25}$$

となる．ここでは観測誤差分散 σ_w^2 が時間変化しないと仮定している．以上より，事後分布 $p(x_{1:T}|y_{1:T})$ を特に式 (2.21) の分子に関して書くと，

$$\begin{aligned}
p(x_{1:T}|y_{1:T}) &\approx p(y_{1:T}|x_{1:T})p(x_{1:T}) \\
&= \frac{1}{(\sqrt{2\pi\sigma_w^2})^T} \exp\left[-\frac{(y_1 - x_1)^2}{2\sigma_w^2}\right] \delta(x_1 - b) \\
&\quad \times \prod_{t=2}^{T} \exp\left[-\frac{(y_t - x_t)^2}{2\sigma_w^2}\right] \delta(x_t - x_{t-1} - a\Delta\tau)
\end{aligned}$$

$$
\begin{aligned}
&= \frac{1}{(\sqrt{2\pi\sigma_w^2})^T} \exp\left[-\frac{(y_1-b)^2}{2\sigma_w^2}\right] \prod_{t=2}^{T} \exp\left[-\frac{(y_t - x_{t-1} - a\Delta\tau)^2}{2\sigma_w^2}\right] \\
&= \frac{1}{(\sqrt{2\pi\sigma_w^2})^T} \exp\left[-\frac{(y_1-b)^2}{2\sigma_w^2} - \sum_{t=2}^{T} \frac{(y_t - x_{t-1} - a\Delta\tau)^2}{2\sigma_w^2}\right]
\end{aligned}
\tag{2.26}
$$

となる．

変分型ベイズ推定では事後確率が最大となる状態変数の実現値を求める（**最大事後確率推定**：maximum a posteriori estimation，または，MAP 推定）．ここで式 (2.23) から明らかなように，システムモデルの予測は初期の状態変数 x_1 を与えると時間区間 $[1,T]$ の状態変数 $x_1 \sim x_T$ が一意に定まる初期値問題となっている．したがって，事後確率を最大化する初期条件 x_1 を求めればよい．すなわち，

$$
x_1^{\mathrm{MAP}} = \arg\max_{x_1} \left[p(x_{1:T}|y_{1:T})\right] \approx \arg\max_{x_1} \left[p(y_{1:T}|x_{1:T})p(x_{1:T})\right] \tag{2.27}
$$

事後分布 $p(x_{1:T}|y_{1:T})$ の最大化には $p(y_{1:T})$ が定数であることを考慮すると式 (2.26) の指数関数の引数を最大化すればよいので，式 (2.26) の対数をとって符号を反転した**評価関数** (cost function) $J(x_1)$，

$$
J(x_1) = -\log[p(y_{1:T}|x_{1:T})p(x_{1:T})] = \frac{(y_1-b)^2}{2\sigma_w^2} + \sum_{t=2}^{T} \frac{(y_t - x_{t-1} - a\Delta\tau)^2}{2\sigma_w^2} \tag{2.28}
$$

を定義し，これを最小化するような x_1 を求めればよい．ところで，式 (2.28) の右辺を陽に書き下し，式 (2.23) のシステムモデルを用いて x_t を消去していくと以下のようになる．

$$
\begin{aligned}
J(x_1) &= \frac{1}{2\sigma_w^2}\left[(y_1-b)^2 + (y_2 - x_1 - a\Delta\tau)^2 + (y_3 - x_2 - a\Delta\tau)^2 + \cdots\right] \\
&= \frac{1}{2\sigma_w^2}\left[(y_1-b)^2 + (y_2 - b - a\Delta\tau)^2 + (y_3 - b - 2a\Delta\tau)^2 + \cdots\right]
\end{aligned}
\tag{2.29}
$$

したがって，$\tau_t = (t-1)\Delta\tau$ とすると，式 (2.28) は以下のように書くこともできる．

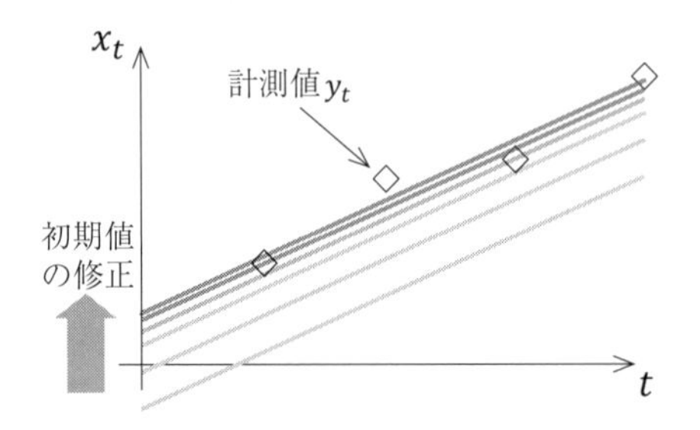

図 **2.4**　スカラー変数の状態空間モデルにおける変分型ベイズ推定

$$J(x_1) = \sum_{t=1}^{T} \frac{(y_t - a\tau_t - b)^2}{2\sigma_w^2} \tag{2.30}$$

式 (2.30) は直線の式を計測値に当てはめる最小二乗法と同じ形をしており，変分型ベイズ手法では実際にそのような推定を行っていることになる（図 2.4）．ここでは直線の傾き a を固定したまま初期値 $x_1 = b$ をパラメータとして推定する変則的な最小二乗法となっている点に注意が必要である．

上記の導出ではシステムモデルの各時刻で計測データが得られていると仮定した．前項と同様にシステムモデルを 3 時刻ステップ進めるたびに計測データが得られる場合には，計測データがある時刻で $h_t = 1$，ない時刻で $h_t = 0$ となるような観測モデルを陽に考慮すればよい．式 (2.28) においてそのような観測モデル h_t を考慮すると，

$$\begin{aligned} J(x_1) &= \frac{[y_1 - h_1(b)]^2}{2\sigma_w^2} + \sum_{t=2}^{T} \frac{[y_t - h_t(x_{t-1} + a\Delta\tau)]^2}{2\sigma_w^2} \\ &= \frac{(y_1 - b)^2}{2\sigma_w^2} + \sum_{t=4,7,10,\ldots}^{T} \frac{(y_t - x_{t-1} - a\Delta\tau)^2}{2\sigma_w^2} \end{aligned} \tag{2.31}$$

となり，計測データのない時刻における計測値と予測値の比較を単純に飛ばした形となる．

図 2.3 と図 2.4 を見比べてみるとわかるように，逐次型推定法と変分型推定法では推定された状態変数を振り返って見たときの様子が異なる．逐次型推定法では計測データが得られるたびにシステムモデルに強く拘束されることなく予測値が修正され，計測データのない区間ではシステムモデルによる状態変数の

時間発展が行われるため，計測データが同化された時刻で推定値が不連続になる．一方，変分型推定ではある時間区間の計測データに対して，その区間のシステムモデルの予測が最小二乗法のように一致する初期条件を求めている．したがって，計測データが新たに得られるたびにシステムモデルの予測を修正し，過去の予測との力学的な整合性が重要でない場合には逐次型推定が向いている．一方，時空間的にシステムモデルを満足した状態変数の履歴を得ることが目的ならば変分型手法を利用するのがよい．

流体問題を考える場合，逐次型推定法は計測値の急激な時間変化への追従性がよく，時間方向に密な計測点が得られる場合に有効であるといえる．CFD においては有限の時間刻みを用いるので，これと同程度の時間間隔で計測データが得られているならば，逐次的に計測データが同化された流れ場の時間変化は十分滑らかになるはずである．また，計測データの同化による不連続を解消するために，時間逆方向にも観測情報を伝播させる**カルマンスムーザ** (Kalman smoother) を用いることもできる．一方，変分型推定手法は気象分野のデータ同化で行われているのと同様に，CFD の初期・境界条件を推定するのに適している．特に過渡現象を推定する場合には，変分型手法により現象の時間変化に関する計測情報を有効に利用することができる．システムモデルを真として時空間的な計測データとの一致を目指す変分型ではシステムモデルの拘束が強すぎる場合もあるが，そのような場合にはモデル誤差を考慮した弱拘束の変分型推定を行うことができる．このような推定手法の性質の違いも対象とする流体現象に合わせて考慮する必要がある．以上のベイズ推定に基づく逐次型および変分型状態推定の考え方を身につければ，2.3 節以降の逐次型および変分型データ同化手法の理解は容易である．

2.2.4　サンプリング型ベイズ推定

もう一つのベイズ推定手法として，サンプリングに基づく方法を導入しておく．いま考えている直線の式において未知のパラメータは a と b であり，例えば，ランダムにそれらのパラメータ値を生成して直線と計測データとの一致度合いを評価しつつ，それらが最もよく一致するときのパラメータとして a および b を推定することができそうである（この例題は持橋らの書籍 [19] を参考に

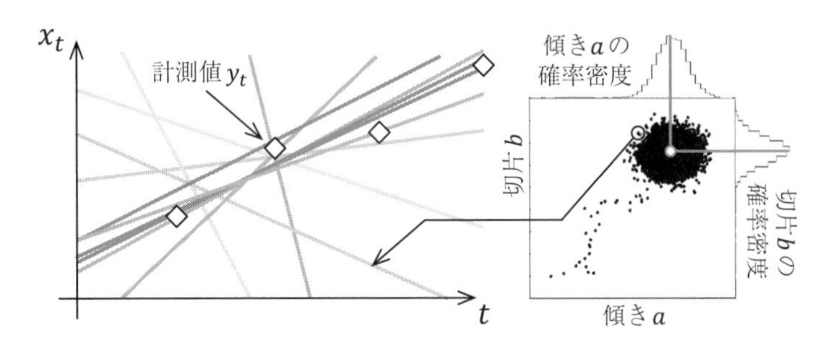

図 2.5　サンプリングによる状態空間モデルのパラメータ推定

した）．式 (2.30) の評価関数を再び尤度関数の形で表すと，

$$p(y_{1:T}|a,b)=\prod_{t=1}^{T}\frac{1}{\sqrt{2\pi\sigma_w^2}}\exp\left[-\frac{(y_t-a\tau_t-b)^2}{2\sigma_w^2}\right] \tag{2.32}$$

となる．ここでは a および b が尤度関数のパラメータとなる．このような尤度関数を用い，a および b を事前分布 $p(a,b)$ から生成すると，ベイズの定理からパラメータの事後分布が $p(a,b|y_{1:T}) \propto p(y_{1:T}|a,b)p(a,b)$ のように求められる．詳細なアルゴリズムは次節で紹介するが，事前分布 $p(a,b)$ によりパラメータを連続的に発生して得られた直線と計測データから尤度 $p(y_{1:T}|a,b)$ を評価し，尤度がより高くなるようなパラメータを優先的に選択していくと図 2.5 のようなパラメータ空間の点群が得られる．このような点群で表現される密度分布はパラメータの事後分布 $p(a,b|y_{1:T})$ となっている．このように尤度の高いものだけを選ぶという行為を多数回行うことで，パラメータの確率分布を逆に推定できてしまうというのは面白い．統計的に有意な分布を得るためには多くの試行回数を必要とするため計算コストの小さなモデルとの組み合わせが必要であるが，簡単なアルゴリズムで複雑な確率分布（正規分布に限らない）を推定することができる強力な手法である．

ここまでベイズの定理から逐次型および変分型推定手法がどのように導かれるのかを簡単な状態空間モデルを通して見てきた．加えて，サンプリングによる推定結果も例示した．次節では，これらの手法を多次元の状態変数（状態ベクトル）に発展させたデータ同化アルゴリズムとして紹介する．

2.3　逐次型データ同化手法

2.3.1　アンサンブルカルマンフィルタ

逐次型データ同化の代表的手法であるアンサンブルカルマンフィルタは，制御分野でよく利用されるカルマンフィルタを基礎とする手法である．そこで，はじめにカルマンフィルタの計算アルゴリズムを導入する．基本的には 2.2.2 項の結果を用いることになるが，ここでは状態変数が多次元の状態ベクトルとなる点が大きな違いである．システムモデルを以下のように定義する．

$$\boldsymbol{x}_{t|t-1} = F_t \boldsymbol{x}_{t-1|t-1} + \boldsymbol{v}_t \tag{2.33}$$

ここで F_t は状態ベクトル $\boldsymbol{x}_{t-1|t-1}$ を時間発展させる演算子（状態遷移行列）であり，線形のシステムモデルを仮定するカルマンフィルタでは行列となる．システムノイズ $\boldsymbol{v}_t \sim N(\boldsymbol{0}, Q_t)$ もベクトルとなり，システムノイズによる外力項の大きさや相関を指定するために一般には $G_t \boldsymbol{v}_t$ のようになるが，ここでは行列 G_t を省略する．下付き添字の記法は前節と同じである．状態ベクトル $\boldsymbol{x}_{t-1|t-1}$ は前述のように CFD の場合には各格子点の速度や圧力などの変数を一つのベクトルの形にまとめたものになる．流れ場変数に加えてモデルパラメータ等を同時に推定する場合には，状態ベクトルを拡大してパラメータのベクトルを流れ変数と並べて状態ベクトルに格納する（そのような例は第 8 章で述べる）．次に観測モデルを用意する．式 (2.33) と同様に観測相当量をベクトル量とすれば，

$$\boldsymbol{y}_t = H_t \boldsymbol{x}_{t|t-1} + \boldsymbol{w}_t \tag{2.34}$$

となる．観測モデルにも線形性を仮定し，H_t は行列となる．非線形なシステムモデルおよび観測モデルの扱いに関しては第 4 章で述べる．

さて，カルマンフィルタにおいては上記の状態空間モデルに加えて，計測データが得られたときの状態ベクトルの修正式が必要である．これらはベイズの定理や最小分散推定の理論から導出することができるが，その詳細は関連書籍 [4,18] を参考にしていただきたい．ここではスカラー変数の状態空間モデルの場合にベイズの定理から導出した式 (2.19) の事後分布における平均と分散の更新式をベクトル変数に置き換えることで「機械的に」カルマンフィルタの更新式を導出

する．状態変数および観測変数は，$x_{t|t} \to H_t\boldsymbol{x}_{t|t}$, $x_{t|t-1} \to H_t\boldsymbol{x}_{t|t-1}$, $y_t \to \boldsymbol{y}_t^{\rm obs}$ のようにベクトル変数に置き換えることとする．状態ベクトルに関しては観測モデルによって観測ベクトルの次元に変換している．一方，分散に関しては状態変数がベクトルとなることに対応して共分散行列となる．共分散行列も観測ベクトルの次元にする必要があり，$\sigma^2_{t|t-1} \to H_tV_{t|t-1}H_t^{\rm T}$ となる．観測誤差分散 σ_w^2 は観測誤差共分散行列 R_t となる．観測ベクトルに関しては，観測モデルで計算される観測相当ベクトル $\boldsymbol{y}_t$ と実際の観測値からなるベクトル $\boldsymbol{y}_t^{\rm obs}$ を区別している．これらの変更を式 (2.19) の平均の更新式に反映させると以下のようになる[1]．

$$H_t\boldsymbol{x}_{t|t} = H_t\boldsymbol{x}_{t|t-1} + \frac{H_tV_{t|t-1}H_t^{\rm T}}{H_tV_{t|t-1}H_t^{\rm T} + R_t}(\boldsymbol{y}_t^{\rm obs} - H_t\boldsymbol{x}_{t|t-1}) \tag{2.35}$$

ここで観測モデル H_t の逆行列を左から掛ける．

$$\begin{aligned}\boldsymbol{x}_{t|t} &= \boldsymbol{x}_{t|t-1} + \frac{V_{t|t-1}H_t^{\rm T}}{H_tV_{t|t-1}H_t^{\rm T} + R_t}(\boldsymbol{y}_t^{\rm obs} - H_t\boldsymbol{x}_{t|t-1}) \\ &= \boldsymbol{x}_{t|t-1} + K_t(\boldsymbol{y}_t^{\rm obs} - H_t\boldsymbol{x}_{t|t-1})\end{aligned} \tag{2.36}$$

式 (2.36) がカルマンフィルタにおける状態ベクトルの更新式であり，カルマンゲインを $K_t = V_{t|t-1}H_t^{\rm T}(H_tV_{t|t-1}H_t^{\rm T} + R_t)^{-1}$ とおいている．観測誤差共分散行列 R_t については異なる位置における計測の誤差に相関がないと仮定することが多く，対角成分が計測誤差の分散となるような行列とすると扱いが簡単になる．同様にして，式 (2.19) の分散の更新式は以下のような共分散行列の更新式となる．

$$V_{t|t} = \left(I - \frac{V_{t|t-1}H_t^{\rm T}H_t}{H_tV_{t|t-1}H_t^{\rm T} + R_t}\right)V_{t|t-1} = (I - K_tH_t)V_{t|t-1} \tag{2.37}$$

ここで I は単位行列である．式 (2.36) および (2.37) で共分散行列 $V_{t|t-1}$ が導入されたので，$V_{t|t-1}$ の時間発展式も必要である．これは式 (2.16) の $\sigma^2_{t|t-1} = \sigma_v^2 + \sigma^2_{t-1|t-1}$ に相当するものであり，以下のようになる．

[1] ここでは式 (2.19) の平均の更新式 $x_{t|t} = x_{t|t-1} + K_t(y_t - x_{t|t-1})$, $K_t = \sigma^2_{t|t-1}(\sigma^2_{t|t-1} + \sigma_w^2)^{-1}$ と対応させるために形式的に $H_tV_{t|t-1}H_t^{\rm T} + R_t$ の逆行列を分数の分母として表記している．式 (2.36) および (2.37) も同様．

$$V_{t|t-1} = F_t V_{t-1|t-1} F_t^{\mathrm{T}} + Q_t \tag{2.38}$$

ここでは $\sigma_{t|t-1}^2 \to V_{t|t-1}$, $\sigma_{t-1|t-1}^2 \to F_t V_{t-1|t-1} F_t^{\mathrm{T}}$, $\sigma_v^2 \to Q_t$ という置き換えを行っている．式 (2.16) で考えたシステムモデルが単純だったため，陽に現れなかった時間発展演算子 F_t が必要となる．

上記をまとめると，状態ベクトルおよび共分散行列の更新式は以下のようになる．

システムの一期先予測

$$\boldsymbol{x}_{t|t-1} = F_t \boldsymbol{x}_{t-1|t-1} + \boldsymbol{v}_t \tag{2.39}$$

$$V_{t|t-1} = F_t V_{t-1|t-1} F_t^{\mathrm{T}} + Q_t \tag{2.40}$$

フィルタリング

$$\boldsymbol{x}_{t|t} = \boldsymbol{x}_{t|t-1} + K_t(\boldsymbol{y}_t^{\mathrm{obs}} - H_t \boldsymbol{x}_{t|t-1}) \tag{2.41}$$

$$V_{t|t} = (I - K_t H_t) V_{t|t-1} \tag{2.42}$$

カルマンゲイン

$$K_t = V_{t|t-1} H_t^{\mathrm{T}} (H_t V_{t|t-1} H_t^{\mathrm{T}} + R_t)^{-1} \tag{2.43}$$

カルマンゲインは計測点における計測値と対応するシステムモデル予測値の差を，状態ベクトルにどのように反映させるかを決めている．データ同化では，状態ベクトルの更新量 $K_t(\boldsymbol{y}_t^{\mathrm{obs}} - H_t \boldsymbol{x}_{t|t-1})$ は解析インクリメント，そして，ベクトル $\boldsymbol{y}_t^{\mathrm{obs}} - H_t \boldsymbol{x}_{t|t-1}$ はイノベーションと呼ばれる．データ同化が行われる $\dim(\boldsymbol{x}_t) \gg \dim(\boldsymbol{y}_t^{\mathrm{obs}})$ の状況を考えると，イノベーションはカルマンゲインによって解析インクリメントの次元に拡大されていることになる．カルマンゲインはシステムモデルの共分散行列によって計算されているので，カルマンフィルタでは共分散行列 $V_{t|t-1}$ の情報を用いて，状態ベクトル要素間の相関を考慮しつつ計測データに基づいた状態ベクトルの修正を行っていることがわかる．

標準的なカルマンフィルタではシステムモデルおよび観測モデルの線形性を

仮定しているため，そのまま非線形のシステムモデルや観測モデルに適用することはできない．非線形システムモデルを扱う手法としては**拡張カルマンフィルタ** (extended Kalman filter, EKF) がある．拡張カルマンフィルタではシステムモデルを線形化することでカルマンフィルタでの扱いを可能にしているが，非線形性の強いシステムモデルや高次元の状態ベクトルは拡張カルマンフィルタによる扱いが難しい．カルマンフィルタのもう一つの難点は，状態ベクトルの次元を持つ共分散行列を含むカルマンゲインの計算である．特に CFD への応用を考えると数百万×数百万の要素を持つ共分散行列を扱う必要が出てくるが，そのようなカルマンフィルタは現実的ではない．これらの課題を克服する手法として，アンサンブルカルマンフィルタが提案された [20]．アンサンブルカルマンフィルタではカルマンフィルタの共分散行列をアンサンブル近似することで，大規模で非線形なシステムモデルへの対応を可能としている．

共分散行列のアンサンブル近似は具体的に以下のように行われる．流れ場，初期・境界条件，パラメータなど「推定したい量」に関して摂動を与えて生成した流れ場からなる状態ベクトルをアンサンブルメンバー $\boldsymbol{x}^n_{t|t-1}$ とするアンサンブルから，アンサンブル平均 $\hat{\boldsymbol{x}}_{t|t-1}$ および分散 $\hat{V}_{t|t-1}$ が以下のように計算できる．

$$\hat{\boldsymbol{x}}_{t|t-1} = \frac{1}{N}\sum_{n=1}^{N} \boldsymbol{x}^n_{t|t-1} \tag{2.44}$$

$$\hat{V}_{t|t-1} = \frac{1}{N-1}\sum_{n=1}^{N} \left(\boldsymbol{x}^n_{t|t-1} - \hat{\boldsymbol{x}}_{t|t-1}\right)\left(\boldsymbol{x}^n_{t|t-1} - \hat{\boldsymbol{x}}_{t|t-1}\right)^{\mathrm{T}} \tag{2.45}$$

ここで，上付き添字 n はアンサンブルメンバーを識別する番号であり，アンサンブルは N メンバーからなるとしている．アンサンブルカルマンフィルタでは推定したい量に関する適切なアンサンブルの生成が非常に重要であり，流体問題の例に関しては第 4 章で議論する．さて，アンサンブルカルマンフィルタにおいては共分散行列の時間発展を各アンサンブルメンバーの時間発展で近似するため，式 (2.40) に示した共分散行列の時間発展式が必要ない．式 (2.45) で計算される共分散行列を用いれば，式 (2.43) からカルマンゲインを計算することができる．計測データを使ったフィルタリングは式 (2.41) に基づき各アンサンブルメンバーに対して行われるが，観測ベクトルに観測ノイズを

$$\boldsymbol{y}_t^n = \boldsymbol{y}_t^{\mathrm{obs}} + \boldsymbol{w}_t^n \tag{2.46}$$

のように加えることで（**摂動観測法**，perturbed observation method），フィルタリング後のアンサンブルから計算した共分散行列を式 (2.42) に対応させる．ここで $\boldsymbol{w}_t^n$ はアンサンブルごとに生成した観測ノイズベクトルである．式 (2.34) では観測モデルに観測ノイズが現れているが，ここでは実計測データの方に観測ノイズを加えるような表記となっている点に注意されたい．以上をまとめると，

システムの一期先予測

$$\boldsymbol{x}_{t|t-1}^n = f_t(\boldsymbol{x}_{t-1|t-1}^n, \boldsymbol{v}_t), \qquad n = 1, \ldots, N \tag{2.47}$$

フィルタリング

$$\boldsymbol{x}_{t|t}^n = \boldsymbol{x}_{t|t-1}^n + \hat{K}_t(\boldsymbol{y}_t^n - H_t \boldsymbol{x}_{t|t-1}^n), \qquad n = 1, \ldots, N \tag{2.48}$$

カルマンゲイン

$$\hat{K}_t = \hat{V}_{t|t-1} H_t^{\mathrm{T}} (H_t \hat{V}_{t|t-1} H_t^{\mathrm{T}} + R_t)^{-1} \tag{2.49}$$

となり，共分散行列の時間発展やフィルタリングを陽に行うことなく，カルマンフィルタを実行できることがわかる．式 (2.47) および (2.48) の計算はアンサンブルメンバーの数だけ繰り返し行うが，式 (2.49) のカルマンゲインの計算はフィルタリングに際して一度でよい．また，式 (2.44)–(2.49) の計算ではシステムモデルが線形である必要がない（状態遷移行列 F_t が陽に現れない）．そのためアンサンブルカルマンフィルタでは非線形のシステムモデル f_t をそのまま利用することができる．第 4 章で詳しく説明するが非線形の観測モデルも工夫によって扱うことができるため，アンサンブルカルマンフィルタは非常に汎用性の高い手法であるといえる．一方で，アンサンブルカルマンフィルタでは，有限のアンサンブルから式 (2.45) によって共分散行列を近似するため，共分散行列を正しく表現するようにアンサンブルを生成することが重要である．アンサンブルカルマンフィルタではカルマンゲインの計算において式 (2.49) に示すよ

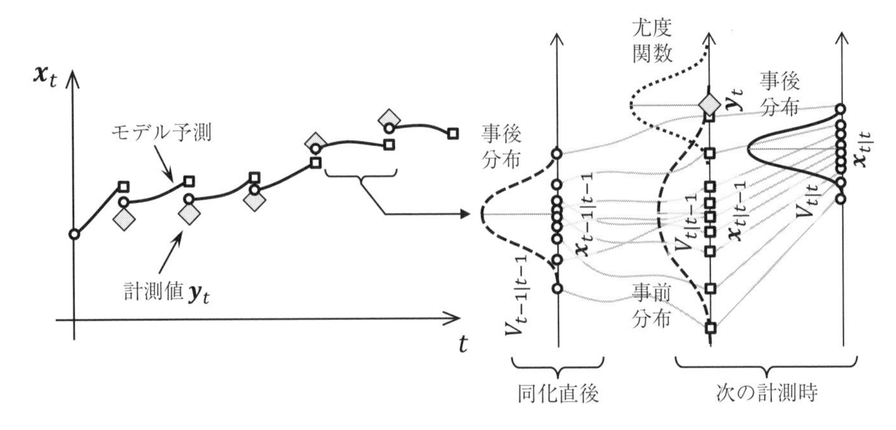

図 2.6　アンサンブルカルマンフィルタによる状態推定の模式図

うに観測ベクトルの次元を持つ行列の反転を行うことになるが，第 8 章でアンサンブルメンバー数の次元の行列反転によるカルマンゲインの計算に触れる．これまでの内容をまとめると，アンサンブルカルマンフィルタのアルゴリズムは以下のようになる．

アルゴリズム 2.1　アンサンブルカルマンフィルタ

---

1. 初期アンサンブルを生成: $\boldsymbol{x}^n_{0|0}$,　$n = 1, \ldots, N$
2. 式 (2.47) で計測時刻まで各アンサンブルメンバーを時間発展
3. 式 (2.49) でカルマンゲインを計算
4. 式 (2.48) で各アンサンブルメンバーをフィルタリング
5. 2. に戻って繰り返す

図 2.6 にアンサンブルカルマンフィルタによるデータ同化の様子を模式的に示す．ここでは横軸方向に時間発展するシステムモデルの状態ベクトルを縦軸の点として表しており，状態ベクトルの時間発展は曲線として表現される．黒線は状態ベクトルのアンサンブル平均の軌跡を表している．アンサンブルカルマンフィルタでは，前節で説明した逐次型推定手法と同様に，計測データが得られるたびに状態ベクトルが計測データによって修正される．このとき状態ベクトルのアンサンブル平均の履歴は不連続に変化する．

2.3.2 粒子フィルタ

もう一つのアンサンブルベースの逐次型データ同化手法として粒子フィルタがある [4]．アンサンブルカルマンフィルタは推定すべき確率分布に正規分布を仮定し，正規分布を規定する平均および分散を計測データによって修正しつつ，システムモデルで時間発展させるアルゴリズムであった．また，アンサンブルカルマンフィルタではカルマンゲインの計算における制約から線形の観測モデル（すなわち，観測行列）が仮定されていた．粒子フィルタはこれらの制約に縛られない手法となっている．粒子フィルタの具体的なアルゴリズムは以下のようになる．

アルゴリズム **2.2** 粒子フィルタ

---

1. 初期粒子を生成: $\boldsymbol{x}^n_{0|0}$, $n = 1, \ldots, N$
2. 計測時刻まで各粒子を時間発展: $\boldsymbol{x}^n_{t|t-1} = f_t(\boldsymbol{x}^n_{t-1|t-1}, \boldsymbol{v}_t)$, $n = 1, \ldots, N$
3. 各粒子の尤度 λ^n_t を計算
4. 各粒子に関して $\beta^n_t = \lambda^n_t / (\sum_{k=1}^N \lambda^k_t)$ を計算
5. $\boldsymbol{x}^n_{t|t-1} (n = 1, \ldots, N)$ から各粒子 $\boldsymbol{x}^n_{t|t-1}$ を β^n_t の確率で抽出して $\boldsymbol{x}^n_{t|t}$ を生成
6. 2. に戻って繰り返す

ステップ 1. および 2. における初期粒子の生成や各粒子の時間発展は，アンサンブルカルマンフィルタと同様である．ステップ 3. における各粒子の尤度は以下のような式で評価することができる．

$$\begin{aligned}\lambda^n_t &= p(\boldsymbol{y}^{\mathrm{obs}}_t | \boldsymbol{x}^n_{t|t-1}) \\ &= \frac{1}{\sqrt{(2\pi)^L |R_t|}} \exp\left[-\frac{1}{2}[\boldsymbol{y}^{\mathrm{obs}}_t - h_t(\boldsymbol{x}^n_{t|t-1})]^{\mathrm{T}} R^{-1}_t [\boldsymbol{y}^{\mathrm{obs}}_t - h_t(\boldsymbol{x}^n_{t|t-1})]\right]\end{aligned} \tag{2.50}$$

ここで，$|R_t|$ は観測誤差共分散行列 R_t の行列式，L は観測ベクトルの次元である．式 (2.50) では尤度関数として正規分布を仮定しているが，粒子フィルタでは任意の尤度関数を用いることができる．また，尤度関数の中に現れる観測モデルに関しても $\boldsymbol{y}_t = h_t(\boldsymbol{x}_t)$ のような非線形観測モデルを利用することができる．ステップ 5. の抽出では尤度の高い個体は複製し，尤度の低い個体は消去さ

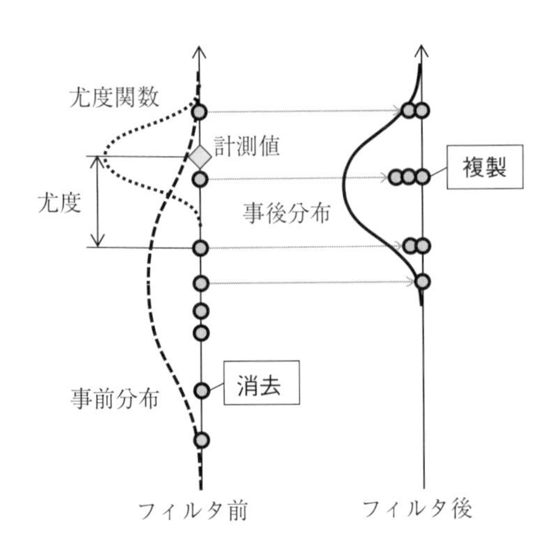

図 2.7　粒子フィルタによる状態推定の様子

れるため，同じ粒子が何度も抽出されることを許している（図 2.7）．

アンサンブルカルマンフィルタではアンサンブルメンバーから平均と分散を計算し，確率分布はそれらから定まる正規分布となっていたのに対し，粒子フィルタでは図 2.7 に示すように粒子の数密度自体が確率分布を表現する．したがって，確率分布に対する表現自由度が高いのと同時に，滑らかな確率分布を得るためには十分な粒子数が必要である．また，粒子フィルタでは計測データによるフィルタリングが各粒子の尤度に基づく粒子の複製・消去によって行われるため，特定の粒子の尤度が極端に高い場合には，その粒子が大量に複製されることになり，状態の確率分布を表現している粒子群の縮退（表現自由度の喪失）が起こってしまう．そのような事態を防ぐためにも多くの粒子が必要である．しかしながら，アルゴリズムが単純でカルマンゲインのような行列演算を必要としないのは利点である．また，縮退を防いだり少数の粒子群で推定精度を向上させたりする方法が多く提案されている [21]．粒子フィルタの応用例は第 9 章で述べる．

2.4　変分型データ同化手法

2.4.1　4 次元変分法

代表的な変分型データ同化手法として 4 次元変分法がある．4 次元変分法では 2.2.3 項で説明した変分型推定手法と同様に事前分布と尤度関数の積から計測データが与えられた際の事後分布を考え，事後確率が最大となる実現値を求める（MAP 推定）．事前分布は，事前情報として推定したい場に近いと考えられる場 $\boldsymbol{x}_b$（背景場や第一推定値と呼ばれる）が存在し，その誤差情報を表す**背景誤差共分散行列**を B_0 とすると，多変量正規分布によって以下のように表される．

$$p(\boldsymbol{x}_0) = \frac{1}{\sqrt{(2\pi)^M |B_0|}} \exp\left[-\frac{1}{2}(\boldsymbol{x}_0 - \boldsymbol{x}_b)^{\mathrm{T}} B_0^{-1} (\boldsymbol{x}_0 - \boldsymbol{x}_b)\right] \tag{2.51}$$

ここで，M は状態ベクトルの次元である．一方，尤度関数はある時間区間 $[0, T]$（データ同化ウィンドウと呼ぶ）において以下のように定義する．

$$p(\boldsymbol{y}_{0:T}^{\mathrm{obs}}|\boldsymbol{x}_0) = \frac{1}{\left(\sqrt{(2\pi)^L |R_t|}\right)^{T+1}} \exp\left[-\frac{1}{2}\sum_{t=0}^{T} [\boldsymbol{y}_t^{\mathrm{obs}} - h_t(\boldsymbol{x}_t)]^{\mathrm{T}} R_t^{-1} [\boldsymbol{y}_t^{\mathrm{obs}} - h_t(\boldsymbol{x}_t)]\right] \tag{2.52}$$

事前分布と尤度分布の積から事後分布は，

$$\begin{aligned} p(\boldsymbol{x}_0|\boldsymbol{y}_{0:T}^{\mathrm{obs}}) &\propto p(\boldsymbol{y}_{0:T}^{\mathrm{obs}}|\boldsymbol{x}_0) p(\boldsymbol{x}_0) \\ &\propto \exp\left[-\frac{1}{2}(\boldsymbol{x}_0 - \boldsymbol{x}_b)^{\mathrm{T}} B_0^{-1} (\boldsymbol{x}_0 - \boldsymbol{x}_b)\right. \\ &\qquad \left. -\frac{1}{2}\sum_{t=0}^{T} [\boldsymbol{y}_t^{\mathrm{obs}} - h_t(\boldsymbol{x}_t)]^{\mathrm{T}} R_t^{-1} [\boldsymbol{y}_t^{\mathrm{obs}} - h_t(\boldsymbol{x}_t)]\right] \end{aligned} \tag{2.53}$$

となる．この事後確率を最大化するような状態ベクトル $\boldsymbol{x}_0$ は，式 (2.53) 右辺の対数をとって符号を反転した以下の評価関数を最小化することで求められる．

$$\begin{aligned} J(\boldsymbol{x}_0) &= \frac{1}{2}(\boldsymbol{x}_0 - \boldsymbol{x}_b)^{\mathrm{T}} B_0^{-1} (\boldsymbol{x}_0 - \boldsymbol{x}_b) \\ &\quad + \frac{1}{2}\sum_{t=0}^{T} [\boldsymbol{y}_t^{\mathrm{obs}} - h_t(\boldsymbol{x}_t)]^{\mathrm{T}} R_t^{-1} [\boldsymbol{y}_t^{\mathrm{obs}} - h_t(\boldsymbol{x}_t)] \end{aligned} \tag{2.54}$$

式 (2.54) では右辺第 1 項を背景誤差項，第 2 項を観測誤差項と呼ぶ．ここで評価関数の最小化における変数となるのは初期の状態ベクトル $\boldsymbol{x}_0$ である．4 次元変分法では，式 (2.54) に示すように異なる時刻 t で得られる計測値から評価関数を計算するために，それらの計測時刻を含むデータ同化ウィンドウでシステムモデルの時間発展を行う．状態ベクトルから実際の計測プロセスを模擬することにより観測相当ベクトル $h_t(\boldsymbol{x}_t)$ を生成し，これと実際の観測ベクトル $\boldsymbol{y}_t^{\mathrm{obs}}$ との差を共分散行列 R_t で重み付けして評価関数が定義される．加えて，事前情報（事前分布）として何かしらの流れ場が与えられる場合には式 (2.54) 右辺第 1 項のような背景誤差項を考慮することができる．式 (2.54) を勾配法によって最小化する場合には勾配情報が必要であるが，微分すべき変数 $\boldsymbol{x}_0$ に関しては，その後の時刻の状態ベクトル $\boldsymbol{x}_t$ との依存関係が存在し，評価関数の値はシステムモデルで時間発展される状態ベクトルの履歴（関数）の関数（汎関数）となっているため複雑である．

ここでは評価関数の勾配を求めるために**ラグランジュ未定乗数法** (Lagrange multiplier method) [2] を用いる．ラグランジュ未定乗数法では未定乗数ベクトル $\boldsymbol{\lambda}_i$ を導入し，システムモデルを拘束条件としてラグランジアンを構成する．すなわち，

$$
\begin{aligned}
L &= J(\boldsymbol{x}_0) + \sum_{t=1}^{T}[f_{t-1}(\boldsymbol{x}_{t-1}) - \boldsymbol{x}_t]^{\mathrm{T}}\boldsymbol{\lambda}_t \\
&= \frac{1}{2}(\boldsymbol{x}_0 - \boldsymbol{x}_b)^{\mathrm{T}} B_0^{-1}(\boldsymbol{x}_0 - \boldsymbol{x}_b) \\
&\quad + \frac{1}{2}\sum_{t=0}^{T}[\boldsymbol{y}_t^{\mathrm{obs}} - h_t(\boldsymbol{x}_t)]^{\mathrm{T}} R_t^{-1}[\boldsymbol{y}_t^{\mathrm{obs}} - h_t(\boldsymbol{x}_t)] \\
&\quad + \sum_{t=1}^{T}[f_{t-1}(\boldsymbol{x}_{t-1}) - \boldsymbol{x}_t]^{\mathrm{T}}\boldsymbol{\lambda}_t
\end{aligned}
\tag{2.55}
$$

式 (2.54) のように評価関数では $T+1$ ステップ分の予測結果と計測を比較しているが，拘束条件としても T ステップ分の数値モデル時間発展を考える．式 (2.55) において $\boldsymbol{x}_t$ と $\boldsymbol{\lambda}_t$ に関する第一変分を考えると，

$$
\begin{aligned}
\delta L = \delta \boldsymbol{x}_0^{\mathrm{T}} B_0^{-1}(\boldsymbol{x}_0 - \boldsymbol{x}_b) - \sum_{t=0}^{T} \delta \boldsymbol{x}_t^{\mathrm{T}} H_t^{\mathrm{T}} R_t^{-1} [\boldsymbol{y}_t^{\mathrm{obs}} - h_t(\boldsymbol{x}_t)] \\
+ \sum_{t=1}^{T} (F_{t-1}\delta \boldsymbol{x}_{t-1} - \delta \boldsymbol{x}_t)^{\mathrm{T}} \boldsymbol{\lambda}_t + \sum_{t=1}^{T} [f_{t-1}(\boldsymbol{x}_{t-1}) - \boldsymbol{x}_t]^{\mathrm{T}} \delta \boldsymbol{\lambda}_t
\end{aligned}
\quad (2.56)
$$

となる．ここで $H_t = \partial h_t / \partial \boldsymbol{x}_t$ は h_t を線形化した観測モデル（行列）であり，H_t^{T} はその転置行列である．また，システムモデル f_t を線形化したものを $F_t = \partial f_t / \partial \boldsymbol{x}_t$ で表している．式 (2.56) を時刻で整理すると，

$$
\begin{aligned}
\delta L = \delta \boldsymbol{x}_0^{\mathrm{T}} \left[F_0^{\mathrm{T}} \boldsymbol{\lambda}_1 + B_0^{-1}(\boldsymbol{x}_0 - \boldsymbol{x}_b) - H_0^{\mathrm{T}} R_0^{-1} [\boldsymbol{y}_0^{\mathrm{obs}} - h_0(\boldsymbol{x}_0)] \right] \\
+ \sum_{t=1}^{T-1} \delta \boldsymbol{x}_t^{\mathrm{T}} \left[-\boldsymbol{\lambda}_t + F_t^{\mathrm{T}} \boldsymbol{\lambda}_{t+1} - H_t^{\mathrm{T}} R_t^{-1} [\boldsymbol{y}_t^{\mathrm{obs}} - h_t(\boldsymbol{x}_t)] \right] \\
+ \delta \boldsymbol{x}_T^{\mathrm{T}} \left[-\boldsymbol{\lambda}_T - H_T^{\mathrm{T}} R_T^{-1} [\boldsymbol{y}_T^{\mathrm{obs}} - h_T(\boldsymbol{x}_T)] \right] \\
+ \sum_{t=1}^{T} [f_{t-1}(\boldsymbol{x}_{t-1}) - \boldsymbol{x}_t]^{\mathrm{T}} \delta \boldsymbol{\lambda}_t
\end{aligned}
\quad (2.57)
$$

となる．ここで F_t^{T} はシステムモデルを線形化し転置した**アジョイントモデル**（随伴モデル，adjoint model）であり，アジョイントモデルで時間発展される変数 $\boldsymbol{\lambda}_t$ はアジョイント変数である．アジョイントモデルを用いることから 4 次元変分法はアジョイント法や随伴変数法とも呼ばれる．したがって，$\boldsymbol{x}_t$ がシステムモデルの時間発展式を満たし（上式の右辺第 4 項がゼロ），$\boldsymbol{\lambda}_t = F_t^{\mathrm{T}} \boldsymbol{\lambda}_{t+1} - H_t^{\mathrm{T}} R_t^{-1} [\boldsymbol{y}_t^{\mathrm{obs}} - h_t(\boldsymbol{x}_t)]$ および $\boldsymbol{\lambda}_T = -H_T^{\mathrm{T}} R_T^{-1} [\boldsymbol{y}_T^{\mathrm{obs}} - h_T(\boldsymbol{x}_T)]$（上式の右辺第 2 項および第 3 項がゼロ）ならば，

$$
\frac{\partial L}{\partial \boldsymbol{x}_0} = F_0^{\mathrm{T}} \boldsymbol{\lambda}_1 + B_0^{-1}(\boldsymbol{x}_0 - \boldsymbol{x}_b) - H_0^{\mathrm{T}} R_0^{-1} [\boldsymbol{y}_0^{\mathrm{obs}} - h_0(\boldsymbol{x}_0)] \quad (2.58)
$$

となる．このとき，$L, \boldsymbol{x}_t$ および $\boldsymbol{\lambda}_t$ が $\boldsymbol{x}_0$ の関数であることから連鎖律により，

$$
\nabla_{\boldsymbol{x}_0} L = \frac{\partial L}{\partial \boldsymbol{x}_0} + \sum_{t=1}^{T} \left(\frac{\partial L}{\partial \boldsymbol{x}_t} \frac{\partial \boldsymbol{x}_t}{\partial \boldsymbol{x}_0} + \frac{\partial L}{\partial \boldsymbol{\lambda}_t} \frac{\partial \boldsymbol{\lambda}_t}{\partial \boldsymbol{x}_0} \right) \quad (2.59)
$$

であるが，上で述べた条件（式 (2.57) の第 2〜4 項がゼロ，これらはシステムモデルおよびアジョイントモデルによって時間発展することで満たされる）から

$\partial L/\partial \boldsymbol{x}_t = \partial L/\partial \boldsymbol{\lambda}_t = 0$ $(1 \leq t \leq T)$ である．また式 (2.55) よりシステムモデルが時間発展式を満たすとき $L = J$ であるから，評価関数の $\boldsymbol{x}_0$ に関する勾配は，

$$\begin{aligned}\nabla_{\boldsymbol{x}_0} J = \nabla_{\boldsymbol{x}_0} L = \frac{\partial L}{\partial \boldsymbol{x}_0} \\ = F_0^{\mathrm{T}} \boldsymbol{\lambda}_1 + B_0^{-1}(\boldsymbol{x}_0 - \boldsymbol{x}_b) - H_0^{\mathrm{T}} R_0^{-1} [\boldsymbol{y}_0^{\mathrm{obs}} - h_0(\boldsymbol{x}_0)]\end{aligned} \tag{2.60}$$

となる．上式は最終的には以下のように整理できる．

$$\boldsymbol{\lambda}_T = -H_T^{\mathrm{T}} R_T^{-1} [\boldsymbol{y}_T^{\mathrm{obs}} - h_T(\boldsymbol{x}_T)] \tag{2.61}$$

$$\boldsymbol{\lambda}_t = F_t^{\mathrm{T}} \boldsymbol{\lambda}_{t+1} - H_t^{\mathrm{T}} R_t^{-1} [\boldsymbol{y}_t^{\mathrm{obs}} - h_t(\boldsymbol{x}_t)], \qquad t = T-1,\ T-2,\ \ldots,\ 0 \tag{2.62}$$

$$\nabla_{\boldsymbol{x}_0} J(\boldsymbol{x}_0) = \boldsymbol{\lambda}_0 + B_0^{-1}(\boldsymbol{x}_0 - \boldsymbol{x}_b) \tag{2.63}$$

式 (2.62) の $t = T-1, T-2, \ldots, 0$ はアジョイントモデルを逆方向に時間発展させることを示している．したがって，評価関数の初期流れ場に関する勾配は計測値と対応する数値シミュレーションモデル予測の差を外力項としたアジョイントモデルを時間逆方向に積分することによって得られることがわかる．ここではシステムモデルの各時刻で計測データが存在するような扱いとなっているが，2.2.3 項でも述べたように計測データがない $(\boldsymbol{y}_t^{\mathrm{obs}} = 0)$ 時刻では，単に観測モデルを $h_t(\boldsymbol{x}_t) = 0$ とすればよい．

アジョイントモデルのコード導出を含めた具体例は第5章で示すが，通常，アジョイントモデルの計算コストはシステムモデル（アジョイントモデルに対してフォワードモデルとも呼ばれる）の時間発展に要する計算コストの数倍となる．一方で，多変数の評価関数の勾配を単純な**有限差分法** (finite difference method, FDM) で求めようとすると，各変数に関する有限差分を以下のように評価する必要がある．

$$\nabla_{\boldsymbol{x}_0} J(\boldsymbol{x}_0) \approx \begin{bmatrix} \dfrac{J(\boldsymbol{x}_0 + \boldsymbol{\Delta}_0) - J(\boldsymbol{x}_0 - \boldsymbol{\Delta}_0)}{2\delta} \\ \vdots \\ \dfrac{J(\boldsymbol{x}_0 + \boldsymbol{\Delta}_M) - J(\boldsymbol{x}_0 - \boldsymbol{\Delta}_M)}{2\delta} \end{bmatrix} \tag{2.64}$$

ここで，$\boldsymbol{\Delta}_m (m = 1, \ldots, M)$ は m 番目の要素が δ であり，それ以外の要素がゼ

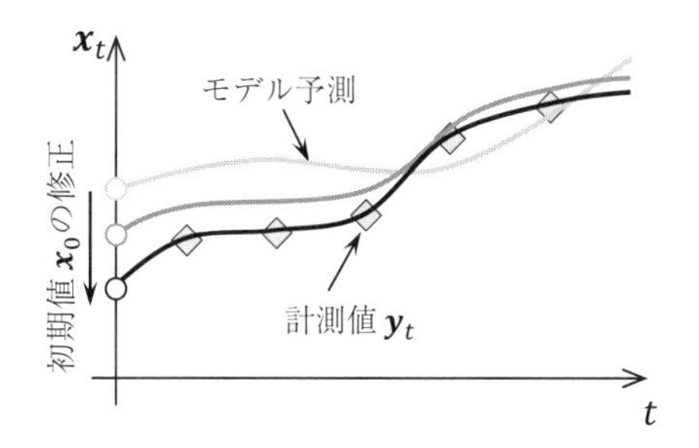

図 2.8　4 次元変分法による初期流れ場の推定

ロであるような摂動ベクトルである．摂動 δ は小さな正数である．式 (2.64) に示すように有限差分法による評価関数の勾配計算では，状態ベクトルの要素数の 2 倍（CFD の場合には数百万 $\times 2$）の評価関数の計算（すなわち，システムモデルの計算）が必要となる．このような有限差分評価と比較するとアジョイントモデルの利用は大幅な計算コスト削減になる．また，有限差分法では摂動 δ の設定が必要であり，勾配の計算結果が摂動の大きさの影響を受ける点にも注意が必要である．以上のような理由から，自由度の大きな気象モデルを用いる数値気象予測ではアジョイント法が現業に用いられている．

図 2.8 に 4 次元変分法による初期値推定の様子を図 2.6 と同様の模式図で示す．灰色曲線は推定途中の軌跡，黒実線が最終的な推定の結果を表している．4 次元変分法では，データ同化ウィンドウでシステムモデルの時間発展を繰り返して行い，その区間にある計測データとシステムモデル予測との差の二乗和が最小となるように，初期・境界条件やパラメータを修正する．まさに，最小二乗法を複雑なシステムモデルに対して行っていることになる．特に，図 2.6 に示したアンサンブルカルマンフィルタによる推定の様子との違いに注目していただきたい．

式 (2.63) から評価関数の勾配ベクトルが得られると，**最急降下法** (steepest descent method) や**準ニュートン法** (quasi-Newton method) によって評価関数の最小化を行うことができ，得られた $\boldsymbol{x}_0$ が式 (2.53) の事後確率を最大化するような状態ベクトルとなる．4 次元変分法のアルゴリズムは例えば最急降下法を用いると以下のようになる．

アルゴリズム 2.3　4 次元変分法

1. 初期条件の設定: $\boldsymbol{x}_0$
2. データ同化ウィンドウ内で評価関数を計算しつつ時間積分: $\boldsymbol{x}_t = f_t(\boldsymbol{x}_{t-1})$（このとき流れ場変数 $\boldsymbol{x}_t$ を保存）
3. 式 (2.61)-(2.63) で評価関数の勾配を計算（保存した $\boldsymbol{x}_t$ を利用）
4. $\boldsymbol{x}_0^{s+1} = \boldsymbol{x}_0^s + \gamma \nabla_{\boldsymbol{x}_0^s} J(\boldsymbol{x}_0^s)$ で状態ベクトルを更新
5. 評価関数値が閾値より小さくなるまで 2. に戻って繰り返す ($s = 1, \ldots, S$, S は反復の最大回数)

ここで γ は状態ベクトルの修正量を調整するパラメータである．最適化手法としてより高度な準ニュートン法や**共役勾配法** (conjugate gradient method) を用いることで，評価関数の最小化を効率的に行うことができる．

2.4.2　3 次元変分法

3 次元変分法 (three-dimensional variational method, 3D-Var) は，4 次元変分法におけるデータ同化ウィンドウを 1 時刻ステップにしたものであり，アンサンブルカルマンフィルタのように計測データが得られるたびに逐次適用されるため逐次型のデータ同化手法といえるが，ここでは 4 次元変分法との類似性から変分型データ同化手法の一つとして説明する．

事前分布は，4 次元変分法と同様に多変量正規分布によって以下のように表される．

$$p(\boldsymbol{x}_{t|t-1}) = \frac{1}{\sqrt{(2\pi)^M |B_t|}} \exp\left[-\frac{1}{2}(\boldsymbol{x}_{t|t-1} - \boldsymbol{x}_b)^{\mathrm{T}} B_t^{-1} (\boldsymbol{x}_{t|t-1} - \boldsymbol{x}_b)\right] \tag{2.65}$$

ここで B_t は背景誤差共分散行列である．また，$\boldsymbol{x}_b$ としてはデータ同化を行う時刻におけるシステムモデルの予測値が用いられる．一方，尤度関数は式 (2.52) において 1 時刻の計測のみを考慮して，

$$p(\boldsymbol{y}_t^{\mathrm{obs}} | \boldsymbol{x}_{t|t-1}) = \frac{1}{\sqrt{(2\pi)^L |R_t|}} \exp\left[-\frac{1}{2}[\boldsymbol{y}_t^{\mathrm{obs}} - h_t(\boldsymbol{x}_{t|t-1})]^{\mathrm{T}} R_t^{-1} [\boldsymbol{y}_t^{\mathrm{obs}} - h_t(\boldsymbol{x}_{t|t-1})]\right] \tag{2.66}$$

となる．ここで R_t は観測誤差共分散行列である．事前分布と尤度分布の積から事後分布は，

$$p(\boldsymbol{x}_{t|t}|\boldsymbol{y}_t^{\mathrm{obs}}) \propto \exp\left[-\frac{1}{2}(\boldsymbol{x}_{t|t-1}-\boldsymbol{x}_b)^{\mathrm{T}}B_t^{-1}(\boldsymbol{x}_{t|t-1}-\boldsymbol{x}_b)\right.$$
$$\left.-\frac{1}{2}[\boldsymbol{y}_t^{\mathrm{obs}}-h_t(\boldsymbol{x}_{t|t-1})]^{\mathrm{T}}R_t^{-1}[\boldsymbol{y}_t^{\mathrm{obs}}-h_t(\boldsymbol{x}_{t|t-1})]\right] \quad (2.67)$$

と表される．この事後確率を最大化するような状態ベクトル $\boldsymbol{x}_{t|t-1}$ を求めるには，式 (2.67) 右辺の対数をとって符号を反転した

$$J(\boldsymbol{x}_{t|t-1}) = \frac{1}{2}(\boldsymbol{x}_{t|t-1}-\boldsymbol{x}_b)^{\mathrm{T}}B_t^{-1}(\boldsymbol{x}_{t|t-1}-\boldsymbol{x}_b)$$
$$+\frac{1}{2}[\boldsymbol{y}_t^{\mathrm{obs}}-h_t(\boldsymbol{x}_{t|t-1})]^{\mathrm{T}}R_t^{-1}[\boldsymbol{y}_t^{\mathrm{obs}}-h_t(\boldsymbol{x}_{t|t-1})] \quad (2.68)$$

を最小化すればよい．このように定義した評価関数は単目的の最適化ルーチンなどによって最小化することができる．一般に状態ベクトル $\boldsymbol{x}_{t|t-1}$ が CFD の流れ場変数であるとすると，その次元は数百万程度になることが予想される．そのような多変数問題に対しては，解析的に求めた式 (2.68) の勾配に基づき，各種勾配法を利用するのがよい．式 (2.68) の $\boldsymbol{x}_{t|t-1}$ に関する微分を考えると，

$$\nabla_{\boldsymbol{x}_{t|t-1}}J(\boldsymbol{x}_{t|t-1}) = B_t^{-1}(\boldsymbol{x}_{t|t-1}-\boldsymbol{x}_b) - H_t^{\mathrm{T}}R_t^{-1}[\boldsymbol{y}_t^{\mathrm{obs}}-h_t(\boldsymbol{x}_{t|t-1})] \quad (2.69)$$

となる．ここで H_t は h_t を線形化した観測モデルであり，H_t^{T} はその転置を示す．式 (2.69) のように評価関数の勾配ベクトルが得られると，4 次元変分法の場合と同様に以下のようなアルゴリズムでの事後確率を最大化するような状態ベクトルを求めることができる．

アルゴリズム **2.4**　3 次元変分法

---

1. 初期条件の設定: $\boldsymbol{x}_{0|0}$
2. 観測値の時刻まで数値モデルによる時間発展: $\boldsymbol{x}_{t|t-1} = f_t(\boldsymbol{x}_{t-1|t-1})$
3. 式 (2.68) の評価関数の計算し，閾値よりも小さければ 2. に戻る
4. 式 (2.69) で評価関数の勾配を計算
5. $\boldsymbol{x}_{t|t-1}^{s+1} = \boldsymbol{x}_{t|t-1}^{s} + \gamma\nabla_{\boldsymbol{x}_{t|t-1}^{s}}J(\boldsymbol{x}_{t|t-1}^{s})$ で状態ベクトルを更新して 3. に戻る

以上のようなアルゴリズムで 3 次元変分法は実装されるが，その解析インクリメントは背景誤差共分散行列 B_t の設計にかかっている．評価関数が最小（極小）となる点において，式 (2.69) がゼロとなることから，

$$B_t^{-1}(\boldsymbol{x}_{t|t-1} - \boldsymbol{x}_b) - H_t^{\mathrm{T}} R_t^{-1}[\boldsymbol{y}_t^{\mathrm{obs}} - h_t(\boldsymbol{x}_{t|t-1})] = 0 \tag{2.70}$$

より，

$$\boldsymbol{x}_{t|t-1} = \boldsymbol{x}_b - B_t H_t^{\mathrm{T}} R_t^{-1}[\boldsymbol{y}_t^{\mathrm{obs}} - h_t(\boldsymbol{x}_{t|t-1})] \tag{2.71}$$

となる．例えば，計測点が 1 点の場合には要素の一つだけが 1，それ以外は 0 となるような観測モデル H_t を考えることができ，$R_t^{-1}[\boldsymbol{y}_t^{\mathrm{obs}} - h_t(\boldsymbol{x}_{t|t-1})]$ はスカラー値になるため，解析インクリメントの分布は背景誤差共分散行列 B_t によって決まっていることがわかる．気象データ同化における背景誤差共分散行列 B_t の具体例は文献 [2] を参考にされたい．一般の流体問題における背景誤差共分散行列の設定方法に関しては十分な知見が得られているとは言い難い．4 次元変分法において背景誤差項を考慮した例は第 5 章で紹介する．

2.5　サンプリングに基づくベイズ推定

2.5.1　マルコフ連鎖モンテカルロ法

これまでアンサンブルカルマンフィルタなどの逐次型データ同化手法および 4 次元変分法に代表される変分型データ同化手法を解説してきたが，ここではそれらと異なったアプローチで状態ベクトルの事後分布を求める方法を説明する．

すでに 2.2.4 項で述べたように，ある確率分布でパラメータを生成して尤度を評価し，尤度の高いものを優先的に残すといったサンプリングを行うことで，パラメータの事後分布を求めることができる．このような手法をマルコフ連鎖モンテカルロ法と呼ぶ [22]．図 2.9 に示すように，ある関数に対して多数回の試行により入力分布を与え，出力分布を評価するようなモンテカルロ法による感度解析を順問題と考えると，マルコフ連鎖モンテカルロ法は特定の分布を実現するような入力分布を推定する逆問題に相当すると考えることができる．手法を理解するために，まず，マルコフ連鎖モンテカルロ法の代表的なアルゴリズムを以下に示す．

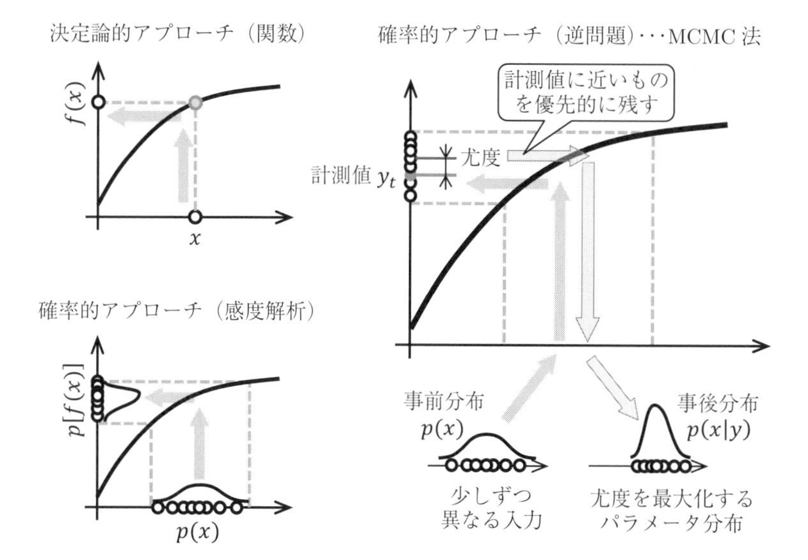

図 **2.9**　マルコフ連鎖モンテカルロ法による事後分布の推定

アルゴリズム **2.5**　マルコフ連鎖モンテカルロ法 (Metropolis algorithm)

---

1. 初期パラメータの設定: $\boldsymbol{x}_0$
2. 新しいパラメータの提案: $\boldsymbol{x}_t = \boldsymbol{x}_{t-1} + \boldsymbol{v}_t$，ここで $\boldsymbol{v}_t \sim N(\boldsymbol{0}, Q_t)$
3. 遷移確率の計算: $\zeta = \min[1, p(\boldsymbol{x}_t)/p(\boldsymbol{x}_{t-1})]$
4. $\zeta > \mathrm{rand}[0,1]$ なら $\boldsymbol{x}_{t-1} \leftarrow \boldsymbol{x}_t$，そうでなければ $\boldsymbol{x}_{t-1}$ を更新しない
5. 2. に戻って繰り返す

ここで $\boldsymbol{x}_t$ および $\boldsymbol{x}_{t-1}$ は推定すべき状態ベクトルに相当し，下付き添字 t は時刻ではなくマルコフ連鎖モンテカルロ法における反復回数を示している．ステップ2. では何かしら確率分布に従い，新しいパラメータを生成する．ここでは $\boldsymbol{x}_{t-1}$ を中心とした正規分布を仮定している．遷移確率の計算では，式 (2.50) のような式で評価した尤度 $p(\boldsymbol{x}_{t-1})$ および $p(\boldsymbol{x}_t)$ を評価する．そして，遷移確率 ζ が 0 から 1 の一様乱数 rand[0,1] よりも大きい場合にパラメータの更新 $\boldsymbol{x}_{t-1} \leftarrow \boldsymbol{x}_t$ を行う．

このアルゴリズムからわかるように，マルコフ連鎖モンテカルロ法は非常に簡単に実装することができる．任意の数値シミュレーションモデルや計測データに対して，尤度の評価さえ行うことができれば，多数回のサンプリングにより状態ベクトルの事後分布を求めることができる．一方で，有意な事後分布を得るためには非常に多くの尤度評価回数が必要となるため，尤度を評価するための数値シミュレーションの計算コストが大きい場合には不向きであり，第6章で説明するように代替モデルとの併用が現実的である．尤度によってリサンプルを行うという点では粒子フィルタと似ているが，粒子フィルタが時間変化する状態ベクトルを逐次的に推定していくのに対して，通常，マルコフ連鎖モンテカルロ法は時間非依存の状態ベクトルを推定するために用いられる．図2.5（右）に示した2変数の状態ベクトルの例では，左下の初期値から連続してパラメータを生成し尤度を評価することで右上の推定値へと点が移動しつつ，この付近で多くの点が密集している様子がわかる．この一点一点で尤度評価を行い，尤度の高いものを残しながらもステップ4.のようにランダム性を取り入れることで，推定値のまわりにサンプルが分布する．図2.5のヒストグラムはこのような点群の数密度から描いたものであり，これが事後分布を表現することになる．

マルコフ連鎖モンテカルロ法では，変数の次元 M が大きくなるにつれて探索しなければならない空間が指数関数的に大きくなっていくため，利用は状態ベクトルの次元が小さく尤度評価の計算コストが小さい場合に限られる．マルコフ連鎖モンテカルロ法の「マルコフ連鎖」とは，2.2.3項でも触れたように次の状態が前の状態に依存して決まることであり，データ同化で用いるシステムモデルもマルコフ連鎖を表現している．マルコフ連鎖モンテカルロ法では，あるパラメータに関する尤度が大きかった場合には，そのパラメータ値を少し変えたときの尤度も大きいはずであるということを仮定している．

2.6　関連手法との比較

2.6.1　逆問題とデータ同化

計算機支援工学 (CAE) 分野における逆問題は演繹的に支配方程式を解く通常の数値シミュレーション（順問題）に対して，観測結果から現象を支配する法則・原因を定めるものであり [23]，計測値から尤もらしい状態ベクトルを推定するデータ同化を含む考え方である．数値シミュレーションとの関わりにおいては，特に非適切な問題の解を求めることを指す場合が多い．一例として，以下の一般化逆行列を考える．

$$\underset{\text{順問題}}{\boldsymbol{y} = C\boldsymbol{x}} \;\rightarrow\; \underset{\text{逆問題}}{\boldsymbol{x} = C^{*}\boldsymbol{y}} \tag{2.72}$$

ここでは入力ベクトル $\boldsymbol{x}$ の次元が出力ベクトル $\boldsymbol{y}$ の次元よりも大きく $(\dim(\boldsymbol{x}) \gg \dim(\boldsymbol{y}))$，行列 C が正則ではない場合を考える．逆問題では情報の少ない出力ベクトル $\boldsymbol{y}$ から入力ベクトル $\boldsymbol{x}$ を求めるのが目的であるが，このような行列 C の逆行列 C^{-1} は一意に定まらないため一般化逆行列 C^{*} を考えることになる．一般化逆行列 C^{*} によって適切な解を得るためには正則化が行われる．よく知られているものに以下の**ティホノフ正則化** (Tikhonov regularization) がある [24].

$$J(\boldsymbol{x}) = |C\boldsymbol{x} - \boldsymbol{y}|^2 + \alpha|\boldsymbol{x}|^2 \tag{2.73}$$

式 (2.73) のような評価関数を最小化することで所望の解 $\boldsymbol{x}$ を求めるわけであるが，これは上で述べた 3 次元変分法や 4 次元変分法において導入した評価関数と類似している．式 (2.73) の右辺第 1 項が計測値と数値シミュレーションモデル予測の差で定義される観測誤差項，右辺第 2 項の正則化項は背景誤差項，すなわち，事前情報に相当する．実際，式 (2.73) では一意に定まらない入力ベクトル $\boldsymbol{x}$ に対して，L_2 ノルムを評価関数に加えることで $\boldsymbol{x}$ の L_2 ノルムが小さくなるような解に限定して求めている．右辺第 1 項だけでは次元の大きな入力ベクトル $\boldsymbol{x}$ を一意に決められないため，このような正則化が行われており，変分型データ同化においても同じような事情により背景誤差項が導入されている．正則化項を L_1 ノルム $|\boldsymbol{x}|$ にしたものとして，スパースモデリングで利用される **LASSO**(least absolute shrinkage and selection operator) がある．L_1 ノルムで正則化を行うことで，式 (2.73) の最小化において影響の小さな入力ベクトル $\boldsymbol{x}$ の要素がゼロとなる．このような性質を利用して，LASSO は入力ベクトル $\boldsymbol{x}$ の次元削減にも利用される [24].

一般化逆行列に基づく逆問題とデータ同化との比較の一例を図 2.10 に示す．

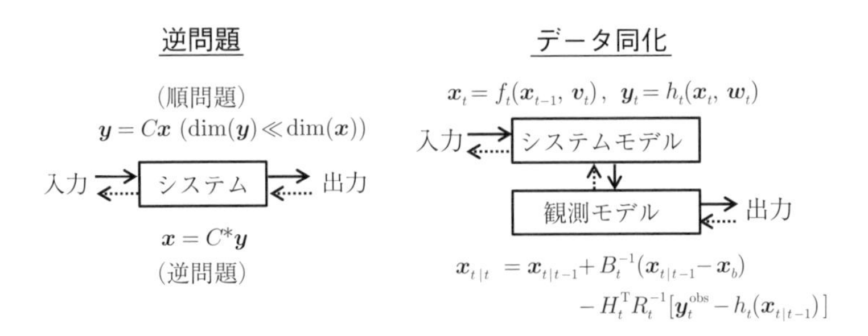

図 **2.10**　逆問題とデータ同化

順方向の変数の流れを実線矢印で，逆方向の変数の流れを破線矢印で模式的に示している．一般化逆行列に基づく逆問題では，推定すべきベクトル $\boldsymbol{x}$ に関する条件を手動で設計して正則化項として取り入れることで所望の解を得ることになる．一方，変分型データ同化ではシステムモデルと観測モデルから状態空間モデルを構成し，システムモデルが事前情報（拘束条件，正則化項）として明確になっている．しかしながら，これらの手法で重複する部分は多く，データ同化で行っていることは広い意味で逆問題解析である．

2.6.2　制御とデータ同化

データ同化で用いられる状態空間モデルは現代制御で利用されているものである．そもそも気象分野のデータ同化は，気象モデルと制御理論の組み合わせに端を発しているといわれている．いわゆる制御との違いは，データ同化がナビエ・ストークス方程式のような大自由度の強非線形モデルを扱う点にある．データ同化があらゆる分野のモデルを扱うようになるに従ってその境界は曖昧となっているが，データ同化の発展によってアンサンブルカルマンフィルタのような手法による高次元の非線形システムモデルの扱いが高度化したということはできそうである．図 2.11 に示すように，制御分野で利用されるシステムモデルでは状態ベクトルを制御するための外力項 $B\boldsymbol{u}_t$ が存在する．一方で，データ同化におけるシステムモデルではそのような外力項が明記されていないが，例えば，式 (2.47) および (2.48) を以下のように書き直すと，

現代制御

$$\left.\begin{array}{ll} \text{システムモデル} & \boldsymbol{x}_t = A\boldsymbol{x}_{t-1} + B\boldsymbol{u}_t + \boldsymbol{v}_t \\ \text{観測モデル} & \boldsymbol{y}_t = C\boldsymbol{x}_t + \boldsymbol{w}_t \end{array}\right\} \text{状態空間モデル}$$

データ同化

$$\left.\begin{array}{ll} \text{システムモデル} & \boldsymbol{x}_t = f_t(\boldsymbol{x}_{t-1}, \boldsymbol{v}_t) \\ \text{観測モデル} & \boldsymbol{y}_t = h_t(\boldsymbol{x}_t, \boldsymbol{w}_t) \end{array}\right\} \text{状態空間モデル}$$

図 2.11 現代制御とデータ同化

$$\boldsymbol{x}^n_{t|t} = f_t(\boldsymbol{x}^n_{t-1|t-1}, \boldsymbol{v}_t) + \hat{K}_t(\boldsymbol{y}^n_t - H_t\boldsymbol{x}^n_{t|t-1}) \tag{2.74}$$

となり，計測データと数値シミュレーションモデル予測の差が外力項となるようなシステムモデルを考えていることがわかる．

2.6.3 最適化とデータ同化

最適化では単数または複数の目的関数を最大・最小化する（単目的または多目的最適化問題）．このときパラメータとなるのが設計変数であり，制約条件が課されることがある．データ同化は 3 次元変分法や 4 次元変分法を考えると，計測データと数値シミュレーションモデル予測の差を目的関数とした単目的最小化問題である．例えば，最適化では勾配法と進化計算が主な手法として用いられているが，データ同化においてこれらに相当するのが変分法およびアンサンブル手法である．変分法で用いられるアジョイント法による目的関数の勾配評価は最適化でもよく用いられる手法であるし，粒子フィルタは尤度により粒子の複製・消去を行っており，最適化アルゴリズムの一つである**遺伝的アルゴリズム** (genetic algorithm, GA) と類似点が多い [25]．相違点を挙げるとすれば，最適化では最適な解を求めるのが目的であるが，データ同化では設計変数の確率分布を正しく得ることを目的としている．しかしながら，多目的最適化では目的関数や設計変数から設計空間の探査が行われ，また，変分型データ同化では最終的に MAP 解が採用されることから類似点は多い（図 2.12）．

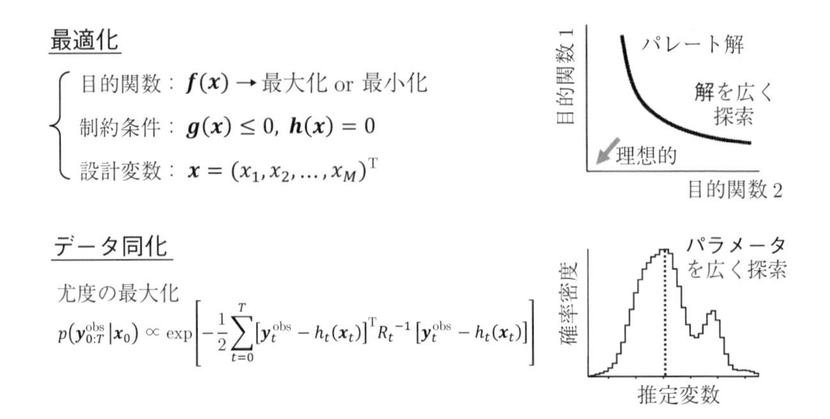

図 **2.12**　最適化とデータ同化

2.6.4　手法比較のまとめ

本章で説明したデータ同化手法と関連手法の比較を図 2.13 に示す．一覧するために多少厳密性を欠く比較となっているが，それぞれの関係を理解する手助けになれば幸いである．機械学習や**深層学習** (deep learning) に関しては章末のコラム，次元縮約モデルに用いられる**モード分解** (mode decomposition) に関しては第 6 章で言及する．

2.7　おわりに

本章では，データ同化で用いられる基本的な手法群をベイズの定理から導出することで，それぞれの概要と違いを説明した．アンサンブルカルマンフィルタは数値シミュレーションモデルの予測による事前分布と計測値による尤度分布から事後分布を求める枠組みとなっており，それぞれに正規分布を仮定していた．そして，粒子フィルタではそれらに正規分布という制限を課すことなしに事後分布を求めることができた．一方，3 次元変分法や 4 次元変分法では事後分布を定義し，事後確率が最大となる状態ベクトルを求めていた．加えて，マルコフ連鎖モンテカルロ法のように，サンプリングによって事後分布を求める方法を説明した．式を追いかけるだけでは，実際の計算方法を想像するのが難

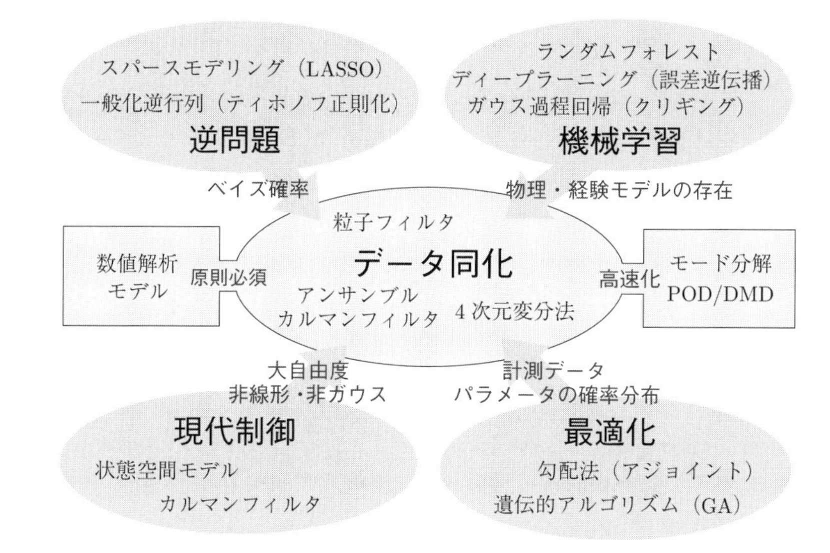

図 2.13 データ同化から見た関連手法との関係

しいかもしれないが，より具体的な例は第 3 章で簡単な CFD 解析手法を導入した後，第 4 章および第 5 章において述べる．

コラム（データ同化と機械学習，そして，AI）

ここでは「AI とデータ同化，いったいどこが違うのか？」「AI とデータ同化の役割の違いは？」という観点から，類似点・相違点について考えてみる．データ同化は，大自由度の数値シミュレーション（CFD や数値気象予測など）と，計測・観測データ（風洞試験や気象観測）の両方を用いて，未知の初期・境界条件やパラメータを推定し，高精度な予測を行うための手法である．このとき，数値シミュレーションでは物理法則を記述する支配方程式に基づき予測が行われる．一方，機械学習では大量の計算・計測データに基づいて，機械学習モデルの予測と実データによる正解の差である評価関数（損失関数）を最小化するように機械学習モデルに含まれる膨大な数のパラメータを推定し，最終的には最適化されたパラメータを用いて機械学習モデルによる予測を行う．

まず，データ同化と機械学習の類似点について考えてみよう．どちらも与えられたデータを用いてシステムモデルまたは機械学習モデルに含まれるパラメータを推定・学習するという点は共通である．特に 4 次元変分法などの変分型データ同化手法においては，アジョイント方程式を解くことにより評価関数の勾配を求め，勾配法によりその最小化を行うことで，初期・境界条件などの未知パラメータを推定している．各時刻において評価関数から誤差を求めつつ，逆方向に時間積分することで初期・境界条件の修正方向を示す勾配を得ることができる．この時間を遡って勾配を求めてパラメータを修正する部分は，機械学習でよく用いられる人工ニューラルネットワーク (artificial neural network, ANN) の学習方法である誤差逆伝播とほぼ同様である．人工ニューラルネットワークでは，出力層（予測結果が入る最終層）での誤差を，入力層に向けて逆方向に伝播させ，各ニューロンにおける誤差の勾配を求め，それに基づいて未知パラメータを学習している．この観点に立つならば，4 次元変分法とニューラルネットワークの学習方法は同じであることがわかる（例えば，図 5.11 は機械学習の文献で見られる計算グラフとほぼ同じである）．

では，データ同化と機械学習の相違点について考えてみよう．CFD を例にデータ同化をする際の計測データの量について考えてみる．CFD で扱う状態ベクトルの自由度は数百万から数千万程度であるが，風洞試験で取得できる計測データは数点から数万程度の場合が多い．状態ベクトルの自由度から見ると，疎な計測データしか利用できないことになる．つまり，データ同化においては状態ベクトルの自由度を全て抑えるほどの計測データを使用していないにもかかわらず，適切に未知パラメータを学習することができていることになる．一方，機械学習における画像識別のタスクである ImageNet を例に挙げると，ImageNet のコンペティション ILSVRC で優秀な性能を示した Residual Network(ResNet)-152 の総パラメータ数は 6 千万程度である．それらのパラメータの学習には 120 万枚の画像を利用している．一方は画像であり他方は物理現象の計測値であるため直接的な比較はできないが，直感的にも機械学習で必要なデータ数はデータ同化と比べて膨大であることがわかる．

データ同化では，物理現象に基づく支配方程式が状態ベクトルの要素間の関係を拘束しているため（例えば近傍場の作用である拡散など），状態ベクトルの次元が数百万から数千万程度であったとしても実際の自由度はそれよりも小さくなっている．そのため，計測データ量が少ない場合にも，物理現象の実際の自由度を適切に拘束できるような計測データが与えられるならば，効率的に未知パラメータが推定できることになる．一方，人工ニューラルネットワークにおいてはネットワーク構造自体に流体の支配方程式のような物理現象を規定する要素がないため，ネットワークが扱うことのできるデータの自由度が高いのと同時に，それらの自由度を対象に応じて規定する（最適化する）ために大量のデータを必要とする．

3 数値流体力学の導入

第 4 章以降で流体問題へのデータ同化の適用方法を解説するにあたって，本章では数値流体力学 (CFD) に関する簡単な説明を行う．現在では市販およびオープンソースの CFD ソフトウェアが普及しており，CFD コードを自ら作成することはあまりないと考えられるが、データ同化アルゴリズムの詳細を理解するために CFD コードの中身をおおまかに理解しておくのが有用である．

3.1 CFD の概要

空気や水の流れ，電磁場，材料の弾性変形などを支配する法則は偏微分方程式によって記述することができる．これらの偏微分方程式は質点の運動方程式のように「解析的に」解くことは一般にはできない．特定の条件を仮定した簡単化によって偏微分方程式の解を $\sin, \cos, \exp$ のような初等関数やガンマ関数などの特殊関数によって構成できる場合があるが，解析対象の形状や物理過程が複雑になると偏微分方程式の数値解法に頼ることになる．本書で扱う数値シミュレーションとは，このような偏微分方程式の数値解法により現象の模擬を行うことである．計算機性能の飛躍的な向上とともに多くの分野で数値シミュレーション技術が発達し，スーパーコンピュータを用いた大規模解析からパーソナルコンピュータを用いた小規模の解析まで，数値シミュレーションがものづくりの現場で欠かせないものとなっている．

流体現象は連続体仮定が成り立つ範囲においてはナビエ・ストークス方程式

と呼ばれる偏微分方程式によって記述される．一方で，連続体仮定が成り立たない流体現象の例としては宇宙空間の希薄気体流れがある．われわれの身の回りの空気や水の流れは**非圧縮性流れ** (incompressible flow) と呼ばれ，流体が有する圧縮性を無視することのできる流れに相当する．一方で，流体の圧縮性が無視できない流れの代表的なものとしては航空機や大気に突入する隕石まわりの流れがあり，**圧縮性流れ** (compressible flow) と呼ばれる．非圧縮性流れは圧縮性ナビエ・ストークス方程式において密度変動がないと仮定することで得られ，本書でもこの非圧縮性ナビエ・ストークス方程式を用いる．ナビエ・ストークス方程式やそれを簡略化した方程式の解を数値解法によって求めるのがCFD解析である．

CFD解析の流れを図3.1に示す．物体まわりの流れでは解析対象となる物体形状，内部流れでは流路内部の形状が必要であるが，解析対象の形状が決まると流体の存在する領域を離散化する．解析領域の離散化はこの領域を六面体や四面体などの格子セルで埋めつくすことによって行われ，これを格子生成という．計算格子の質はCFD解析の結果に大きく影響するため格子生成は重要なステップである．一方，ナビエ・ストークス方程式は生成した計算格子上で解くことができるように離散化され，その変数は各格子セルに関連づけられることになる．ナビエ・ストークス方程式の離散化は，例えば方程式に含まれる微分を計算格子上での差分などで近似し，計算機が扱うことのできる四則演算に落とし込むことによって行われる．格子生成が解析対象に応じて行う前処理で

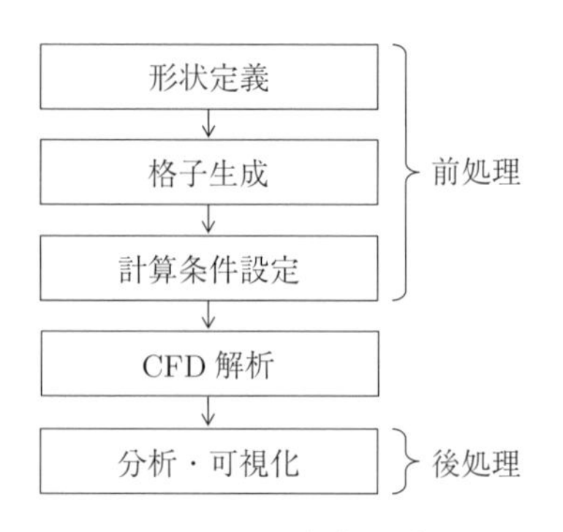

図 3.1　CFD解析の手順

あるのに対して，ナビエ・ストークス方程式の離散化は解くべき支配方程式が変わらない限りは基本的に一度行えばよい作業である．CFD 解析を行うためのコードが準備できれば，計算条件の設定を行った後，計算機を用いて離散化した式を解くことになる．CFD 解析の後処理としては，可視化ソフトウェアによる可視化や出力結果の分析が行われる．格子生成やナビエ・ストークス方程式の離散化に関しては，多くの手法がこれまでに研究・開発されてきているので，詳細は関連の書籍を参照いただきたい（例えば [26]）．また現在は，上記の手続きを市販あるいはオープンソースのソフトウェアによって行うことができる．

3.2 CFD の具体例

3.2.1 2 次元非圧縮性流体の支配方程式

上述のように流体現象を記述する支配方程式はナビエ・ストークス方程式である．流れの性質は，流れの速さ，流れに影響を与える物体の大きさ（代表長さ），そして，物性値としての密度および粘性係数によって支配される．これらの影響をまとめた流体の性質を表す重要な無次元数として，レイノルズ数が以下のように定義される．

$$\mathrm{Re} = \frac{\rho U L}{\mu} \sim \frac{\text{慣性力}}{\text{粘性力}} \tag{3.1}$$

ここで，U は代表速度，L は代表長さ，ρ は密度，μ は粘性係数である．このレイノルズ数は流体に働く慣性力と粘性力の比を表しており，その大小によって流れの性質が変化する．水あめやオイルの流れはレイノルズ数の小さな流れであり，さらさらした水や空気の流れはレイノルズ数の大きな流れである．圧縮性流れでは上記に加えて，流速と音速の比で定義される**マッハ数** (Mach number) が重要な無次元パラメータとなるが，詳細は専門書を参考にされたい [27].

さて，ここではデータ同化の具体例を考えるために，2 次元非圧縮性ナビエ・ストークス方程式を導入する．上記のような代表速度および代表長さを用いてナビエ・ストークス方程式を無次元化すると以下のような偏微分方程式が得られる．

$$\frac{\partial u}{\partial \tau} + u\frac{\partial u}{\partial x} + v\frac{\partial u}{\partial y} = -\frac{\partial \tilde{p}}{\partial x} + \frac{1}{\mathrm{Re}}\left(\frac{\partial^2 u}{\partial x^2} + \frac{\partial^2 u}{\partial y^2}\right) \tag{3.2}$$

$$\frac{\partial v}{\partial \tau} + u\frac{\partial v}{\partial x} + v\frac{\partial v}{\partial y} = -\frac{\partial \tilde{p}}{\partial y} + \frac{1}{\mathrm{Re}}\left(\frac{\partial^2 v}{\partial x^2} + \frac{\partial^2 v}{\partial y^2}\right) \tag{3.3}$$

$$\frac{\partial u}{\partial x} + \frac{\partial v}{\partial y} = 0 \tag{3.4}$$

式 (3.2) および (3.3) は速度成分 u および v に関する運動量保存式，式 (3.4) は連続の式（流体の質量保存式）である．速度成分 u および v は直交する x および y 座標方向に対応する．$\tilde{p} = p/\rho$ は圧力を密度で割ったものである．非圧縮性ナビエ・ストークス方程式では密度が至るところで一定であることを仮定しており，上記のような無次元化を行うと密度が方程式に陽に現れない．式 (3.2) および (3.3) の左辺第1項は時間微分項，左辺第2項および第3項は対流項または移流項と呼ばれる．右辺第1項は圧力勾配項，そして，右辺第2項は粘性項である．無次元化されたこれらの式では都合よくレイノルズ数が粘性項にかかっており，流れの性質はレイノルズ数により粘性項の影響を増減させることで表現されていることがわかる．レイノルズ数が大きくなると粘性項の影響が他の項に対して小さくなり，粘度の低い流れを表現する．一方，レイノルズ数が小さくなった場合には，粘性項の影響が他の項よりも大きくなり，粘度の高い流れになる．対流項は速度成分の積のために非線形となっており，これがナビエ・ストークス方程式を解析的に解くことができない原因となっている．式 (3.4) の連続の式は質量保存が速度ベクトル場の発散ゼロによって実現されることを表しており，非圧縮性流体であるための条件である．

非圧縮性ナビエ・ストークス方程式は運動量（流速）の時間発展に関して規定するものの，圧力の時間発展を定める方程式が陽に現れてこない．圧力の時間発展式は以下のようにして求める．式 (3.2) を x で微分したものと，式 (3.3) を y で微分したものを加えることで（これは速度ベクトル $\boldsymbol{u} = [u, v]^{\mathrm{T}}$ の発散をとることに相当），以下のような式が得られる．

$$\frac{\partial^2 \tilde{p}}{\partial x^2} + \frac{\partial^2 \tilde{p}}{\partial y^2} = -\frac{\partial D}{\partial \tau} + \nabla \cdot (\text{対流項}) + \nabla \cdot (\text{粘性項}) \tag{3.5}$$

ここで，$D = \partial u/\partial x + \partial v/\partial y$ は式 (3.4) で定義される速度場の発散である．また，$\cdot$ は内積を示しており，$\nabla\cdot$ は発散をとる演算である．式 (3.5) は圧力に関するポアソン方程式となっており，ある時刻の速度場から式 (3.5) の右辺を定めると，ポアソン方程式の解法を適用することで，その時刻の圧力場を得ることができる．特に，$\partial D/\partial \tau \approx (D^{t+1} - D^t)/\Delta\tau \approx -D^t/\Delta\tau$ として，$D^{t+1} = 0$ となるように工夫したものは marker-and-cell (MAC) 法と呼ばれ，非圧縮性流れの代表的な解法として知られている．第 2 章とは異なり，本章では時刻 t を上付き添字として記すことにするので注意いただきたい．

3.2.2 ナビエ・ストークス方程式の離散化

ナビエ・ストークス方程式を計算機で解くためには離散化が必要である．CFD でよく用いられるのは有限差分法 (FDM)，**有限要素法** (finite element method, FEM)，**有限体積法** (finite volume method, FVM) である．比較的単純な有限差分法では式 (3.2) – (3.4) のような偏微分方程式に含まれる微分を差分に置き換えることで，偏微分方程式を四則演算で表現し，計算機で解くことのできる式に置き換える．一方で，有限要素法や有限体積法は複雑な形状を扱うことができる手法であり，市販 CFD ソフトウェアではそれらの手法が用いられている．加えて，非圧縮性か圧縮性かによっても離散化手法が異なる．圧縮性流れでは衝撃波と呼ばれる物理量の不連続を安定かつ高精度に扱う必要があり，非圧縮性流れとは異なる離散化手法が発達している [26]．CFD 手法に関しては書籍が多く存在するので，詳細はそれらの書籍を参照されたい．ここでは，有限差分法を用いた非圧縮性流れの解析に焦点を絞る．

有限差分法では速度成分や圧力の変数が時空間内の離散的な格子点で定義される．簡単のため，時間微分項に関して図 3.2 のように 1 次元で考える．図 3.2 では横軸が時間，縦軸が変数の値であり，横軸の時間方向に等間隔の計算格子点が配置されている．速度成分や圧力の変数は格子点の存在する時刻でのみ定義されていることになる．このように離散点に存在する変数を使って，時間方向の変数の微分（傾き）を近似する最も素直な方法は，

$$\frac{\partial u}{\partial \tau} \approx \frac{u_{i,j}^{t+1} - u_{i,j}^{t}}{\Delta\tau} \tag{3.6}$$

である．このような近似を有限差分近似と呼んでおり，格子点の変数の差を格子幅で割ったもので微分を近似していることになる．下付き添字 i, j は後ほど空間差分で利用するが，空間的格子点に対応する．このような近似の精度はテイラー展開を用いて，$u_{i,j}^{t+1} = u_{i,j}^{t} + \Delta\tau \frac{\partial u}{\partial \tau} + O(\Delta\tau^2)$ を式 (3.6) に代入すること

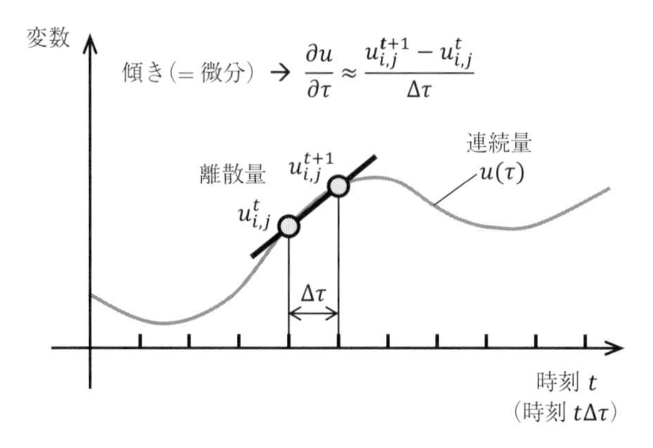

図 3.2　微分の差分による近似の例

で，1次精度であることが確かめられる．すなわち，

$$\frac{\partial u}{\partial \tau} \approx \frac{u_{i,j}^{t+1} - u_{i,j}^{t}}{\Delta \tau} + O(\Delta \tau) \tag{3.7}$$

ここで $O(\Delta\tau)$ は $\Delta\tau$ に関する1次以上の項を表している．

空間微分の差分化には少し工夫が必要である．非圧縮性流れの解析では速度成分と圧力の定義点を図3.3のようにずらすことで安定に解析を行うことができる．すなわち，ある格子セルを考えたときに，セルの中心に圧力を定義し，セルの境界線中心に x および y 方向の速度成分を定義する．これを**スタガード格子** (Staggered mesh) と呼ぶ．このような変数配置においても差分近似自体は上記と同様にできて，圧力勾配項は以下のようになる．

$$\left.\frac{\partial \tilde{p}}{\partial x}\right|_{i+\frac{1}{2},j}^{t} \approx \frac{\tilde{p}_{i+1,j}^{t} - \tilde{p}_{i,j}^{t}}{\Delta x} + O(\Delta x) \tag{3.8}$$

ここではセル境界の格子点位置を $\pm 1/2$ で表しており，変数 $u_{i+\frac{1}{2},j}^{t}$ の位置を中心に差分式を考えている．粘性項に現れる2階微分の離散化は1階微分に対する差分を2度行えばよい．すなわち，

$$\left.\frac{\partial^2 u}{\partial x^2}\right|_{i+\frac{1}{2},j}^{t} \approx \frac{\frac{u_{i+\frac{3}{2},j}^{t} - u_{i+\frac{1}{2},j}^{t}}{\Delta x} - \frac{u_{i+\frac{1}{2},j}^{t} - u_{i-\frac{1}{2},j}^{t}}{\Delta x}}{\Delta x}$$

$$= \frac{u_{i+\frac{3}{2},j}^{t} - 2u_{i+\frac{1}{2},j}^{t} + u_{i-\frac{1}{2},j}^{t}}{(\Delta x)^2} + O(\Delta x^2) \tag{3.9}$$

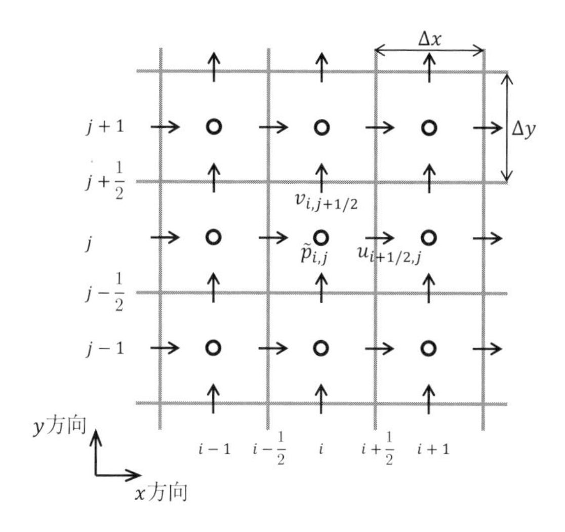

図 **3.3** スタガード格子における変数の配置

のような 2 次精度の差分式となる．

対流項は流速変数同士の掛け算のため非線形であり，計算の安定性に大きく影響するため差分化には注意が必要である．ここでは幅広い流れ場に対して安定であることが知られている 3 次精度の風上差分を用いる．この風上差分というのは，局所的な流れの向きに応じて風上側の格子点で差分式を構成する方法であり，CFD 解析を安定化させるための常套手段である．流れの情報は風上側から来るので，このような方法は理にかなっている．

$$u\frac{\partial u}{\partial x}\bigg|_{i+\frac{1}{2},j}^{t} \approx \begin{cases} u_{i+\frac{1}{2},j}^{t}\dfrac{2u_{i+\frac{3}{2},j}^{t}+3u_{i+\frac{1}{2},j}^{t}-6u_{i-\frac{1}{2},j}^{t}+u_{i-\frac{3}{2},j}^{t}}{6\Delta x} \\ \qquad\qquad\qquad\qquad (u_{i+\frac{1}{2},j}^{t}\geq 0) \\ u_{i+\frac{1}{2},j}^{t}\dfrac{-u_{i+\frac{3}{2},j}^{t}+6u_{i+\frac{1}{2},j}^{t}-3u_{i-\frac{1}{2},j}^{t}-2u_{i-\frac{3}{2},j}^{t}}{6\Delta x} \\ \qquad\qquad\qquad\qquad (u_{i+\frac{1}{2},j}^{t}< 0) \end{cases} \tag{3.10}$$

式 (3.10) のように流れの向きに応じた差分式の変更をそのままプログラム化すると `if` 文による条件分岐が必要となるが，プログラムでよく用いられる絶対値演算 `abs` を用いるとこれらの式をまとめて書くことができて，

$$u\frac{\partial u}{\partial x}\bigg|_{i+\frac{1}{2},j}^{t} \approx u_{i+\frac{1}{2},j}^{t}\frac{-u_{i+\frac{5}{2},j}^{t}+8(u_{i+\frac{3}{2},j}^{t}-u_{i-\frac{1}{2},j}^{t})+u_{i-\frac{3}{2},j}^{t}}{12\Delta x}$$
$$+\frac{|u_{i+\frac{1}{2},j}^{t}|(\Delta x)^3}{4}\frac{u_{i+\frac{5}{2},j}^{t}-4u_{i+\frac{3}{2},j}^{t}+6u_{i+\frac{1}{2},j}^{t}-4u_{i-\frac{1}{2},j}^{t}+u_{i-\frac{3}{2},j}^{t}}{(\Delta x)^4} \tag{3.11}$$

となる．ここで，$|u_{i+\frac{1}{2},j}|$ は $u_{i+\frac{1}{2},j}$ の絶対値をとる演算 abs を示している．

式 (3.7)–(3.9) および (3.11) を式 (3.2) に代入してそれぞれの項を置き換えると，若干冗長ではあるが以下のように $u_{i+\frac{1}{2},j}^{t}$ の差分式が得られる．

$$\frac{u_{i+\frac{1}{2},j}^{t+1}-u_{i+\frac{1}{2},j}^{t}}{\Delta\tau} = -u_{i+\frac{1}{2},j}^{t}\frac{-u_{i+\frac{5}{2},j}^{t}+8(u_{i+\frac{3}{2},j}^{t}-u_{i-\frac{1}{2},j}^{t})+u_{i-\frac{3}{2},j}^{t}}{12\Delta x}$$
$$-\frac{|u_{i+\frac{1}{2},j}^{t}|}{4}\frac{u_{i+\frac{5}{2},j}^{t}-4u_{i+\frac{3}{2},j}^{t}+6u_{i+\frac{1}{2},j}^{t}-4u_{i-\frac{1}{2},j}^{t}+u_{i-\frac{3}{2},j}^{t}}{\Delta x}$$
$$-v_{i+\frac{1}{2},j}^{t}\frac{-u_{i+\frac{1}{2},j+2}^{t}+8(u_{i+\frac{1}{2},j+1}^{t}-u_{i+\frac{1}{2},j-1}^{t})+u_{i+\frac{1}{2},j-2}^{t}}{12\Delta y}$$
$$-\frac{|v_{i+\frac{1}{2},j}^{t}|}{4}\frac{u_{i+\frac{1}{2},j+2}^{t}-4u_{i+\frac{1}{2},j+1}^{t}+6u_{i+\frac{1}{2},j}^{t}-4u_{i+\frac{1}{2},j-1}^{t}+u_{i+\frac{1}{2},j-2}^{t}}{\Delta y}$$
$$-\frac{\tilde{p}_{i+1,j}^{t}-\tilde{p}_{i,j}^{t}}{\Delta x}$$
$$+\frac{1}{\mathrm{Re}}\left[\frac{u_{i+\frac{3}{2},j}^{t}-2u_{i+\frac{1}{2},j}^{t}+u_{i-\frac{1}{2},j}^{t}}{(\Delta x)^2}+\frac{u_{i+\frac{1}{2},j+1}^{t}-2u_{i+\frac{1}{2},j}^{t}+u_{i+\frac{1}{2},j-1}^{t}}{(\Delta y)^2}\right] \tag{3.12}$$

同様にして，$v_{i,j+\frac{1}{2}}^{t}$ の差分式は以下のようになる．

$$\frac{v_{i,j+\frac{1}{2}}^{t+1}-v_{i,j+\frac{1}{2}}^{t}}{\Delta t} = -u_{i,j+\frac{1}{2}}^{t}\frac{-v_{i+2,j+\frac{1}{2}}^{t}+8(v_{i+1,j+\frac{1}{2}}^{t}-v_{i-1,j+\frac{1}{2}}^{t})+v_{i-2,j+\frac{1}{2}}^{t}}{12\Delta x}$$
$$-\frac{|u_{i,j+\frac{1}{2}}^{t}|}{4}\frac{v_{i+2,j+\frac{1}{2}}^{t}-4v_{i+1,j+\frac{1}{2}}^{t}+6v_{i,j+\frac{1}{2}}^{t}-4v_{i-1,j+\frac{1}{2}}^{t}+v_{i-2,j+\frac{1}{2}}^{t}}{\Delta x}$$
$$-v_{i,j+\frac{1}{2}}^{t}\frac{-v_{i,j+\frac{5}{2}}^{t}+8(v_{i,j+\frac{3}{2}}^{t}-v_{i,j-\frac{1}{2}}^{t})+v_{i,j-\frac{3}{2}}^{t}}{12\Delta y}$$
$$-\frac{|v_{i,j+\frac{1}{2}}^{t}|}{4}\frac{v_{i,j+\frac{5}{2}}^{t}-4v_{i,j+\frac{3}{2}}^{t}+6u_{i,j+\frac{1}{2}}^{t}-4u_{i,j-\frac{1}{2}}^{t}+u_{i,j-\frac{3}{2}}^{t}}{\Delta y}$$
$$-\frac{\tilde{p}_{i,j+1}^{n}-\tilde{p}_{i,j}^{t}}{\Delta y}$$

$$+\frac{1}{\mathrm{Re}}\left[\frac{v^t_{i+1,j+\frac{1}{2}}-2v^t_{i,j+\frac{1}{2}}+v^t_{i-1,j+\frac{1}{2}}}{(\Delta x)^2}+\frac{v^t_{i,j+\frac{3}{2}}-2v^t_{i,j+\frac{1}{2}}+v^t_{i,j-\frac{1}{2}}}{(\Delta y)^2}\right]$$

(3.13)

ここで，図 3.3 に示すように $v^t_{i,j+\frac{1}{2}}$ は $u^t_{i+\frac{1}{2},j}$ とは異なる位置で定義されていることに注意が必要である．式 (3.12) および (3.13) はそれぞれ $u^{t+1}_{i+\frac{1}{2},j}=\cdots$ および $v^{t+1}_{i,j+\frac{1}{2}}=\cdots$ の形に書き直すことで，時刻 t における速度および圧力を用いて時刻 $t+1$ の速度を求めることができる．

圧力のポアソン方程式も原則としては式 (3.5) を差分化すればよいのであるが，ここでは MAC 法の発展形である highly simplified marker-and-cell (HSMAC) 法と呼ばれる圧力と速度の同時修正法により，流れ場の発散を小さく保ちつつ圧力場を求める．まず，式 (3.12) および (3.13) より得られた速度成分を一旦 $\tilde{u}^s_{i+\frac{1}{2},j}$ および $\tilde{v}^s_{i,j+\frac{1}{2}}$ とおき，そのときの圧力を $\tilde{p}^s_{i,j}$ とする．これらの流速変数を用いると流れ場の発散は，

$$\tilde{D}^s_{i,j}\approx\frac{\tilde{u}^s_{i+\frac{1}{2},j}-\tilde{u}^s_{i-\frac{1}{2},j}}{\Delta x}+\frac{\tilde{v}^s_{i,j+\frac{1}{2}}-\tilde{v}^s_{i,j-\frac{1}{2}}}{\Delta y} \tag{3.14}$$

と計算される．ここで上付き添字 s は圧力と速度の同時修正における反復回数を示している．この $\tilde{D}^s_{i,j}$ を用いて，圧力の修正量を以下のように計算する．

$$\delta\tilde{p}^s_{i,j}=-\frac{\beta\tilde{D}^s_{i,j}}{2\Delta\tau\left[\frac{1}{(\Delta x)^2}+\frac{1}{(\Delta y)^2}\right]} \tag{3.15}$$

ここでは β は緩和係数である．この $\delta\tilde{p}^s_{i,j}$ を用いて，圧力および速度場を以下のように修正する．

$$\tilde{p}^{s+1}_{i,j}=\tilde{p}^s_{i,j}+\delta\tilde{p}^s_{i,j} \tag{3.16}$$

$$\tilde{u}^{s+1}_{i+\frac{1}{2},j}=\tilde{u}^s_{i+\frac{1}{2},j}+\frac{\Delta\tau}{\Delta x}\delta\tilde{p}^s_{i,j},\qquad \tilde{u}^{s+1}_{i-\frac{1}{2},j}=\tilde{u}^s_{i-\frac{1}{2},j}-\frac{\Delta\tau}{\Delta x}\delta\tilde{p}^s_{i,j} \tag{3.17}$$

$$\tilde{v}^{s+1}_{i,j+\frac{1}{2}}=\tilde{v}^s_{i,j+\frac{1}{2}}+\frac{\Delta\tau}{\Delta y}\delta\tilde{p}^s_{i,j},\qquad \tilde{v}^{s+1}_{i,j-\frac{1}{2}}=\tilde{v}^s_{i,j-\frac{1}{2}}-\frac{\Delta\tau}{\Delta y}\delta\tilde{p}^s_{i,j} \tag{3.18}$$

式 (3.14) – (3.18) は流れ場の発散 $\tilde{D}^s_{i,j}$ が事前に設定した閾値よりも小さくなるまで反復される．収束後に得られた $\tilde{u}^s_{i+\frac{1}{2},j}$，$\tilde{v}^s_{i,j+\frac{1}{2}}$ および $\tilde{p}^s_{i,j}$ を，次の時刻の流れ場変数 $u^{t+1}_{i+\frac{1}{2},j}$，$v^{t+1}_{i,j+\frac{1}{2}}$ および $\tilde{p}^{t+1}_{i,j}$ とする．HSMAC 法では流れ場の発散が

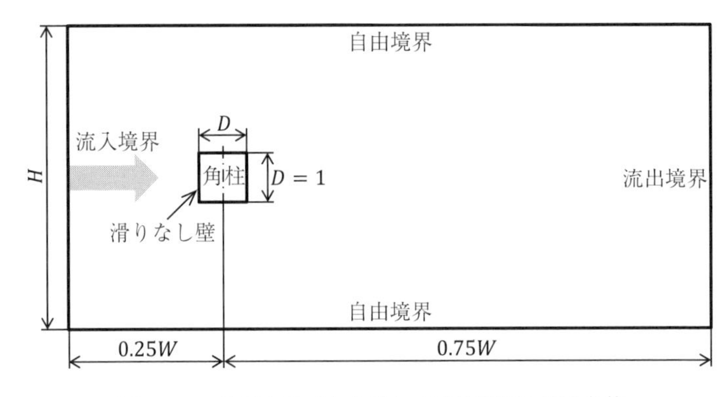

図 3.4 2次元角柱まわり流れの計算領域と境界条件

閾値以下になるまで反復を行うため，流れ場の発散を閾値以下に保ちつつ流れ場の時間発展を計算することができる．

3.2.3 計算領域と境界条件の設定

本書では計算領域として図 3.4 に示すような長方形領域を考える．領域中に物体を表現する四角の領域があり，この四角まわりの2次元流れを解析することになる．この四角領域は無限に長いと仮定した角柱の断面を考えていることに相当することから，ここでは角柱まわり流れと呼ぶ．図 3.4 に示すように流れは左から右に向かうとする．このような計算領域で式 (3.12) – (3.18) を繰り返し解くことで，速度場および圧力場の時間発展を求めることができるのであるが，離散化された偏微分方程式を解くためのもう一つの重要なステップとして，境界条件の設定がある．差分式においては式 (3.12) – (3.18) からわかるように，ある格子点の変数を更新する際にはまわりの点の変数値を参照する必要がある．計算領域の境界付近ではまわりの点の値を参照できないから，境界付近では差分式ではなく別の条件から変数値を与える必要がある．

領域外側における流速の境界条件としては，図 3.4 の左側面では流速を一定とした流入境界（**ディリクレ境界条件**：Dirichlet boundary condition）とし，右側面の流出境界は流速の微分をゼロとする**ノイマン境界条件** (Neumann boundary condition) を与える．一方，圧力に関しては，流入境界で圧力の微分がゼロのノイマン境界条件，流出境界で圧力をゼロとするディリクレ境界条件を与える．

また，上下の境界に関しては流れ場への影響を抑えるために速度および圧力に対して変数値の微分をゼロとするノイマン境界条件を与える．まとめると以下のようになる．

$$u = 1.0, \quad v = 0, \quad \frac{\partial \tilde{p}}{\partial x} = 0 \quad \cdots \ \text{左側面の流入境界条件} \tag{3.19}$$

$$\frac{\partial u}{\partial x} = 0, \quad \frac{\partial v}{\partial x} = 0, \quad \tilde{p} = 0 \quad \cdots \ \text{右側面の流出境界条件} \tag{3.20}$$

$$\frac{\partial u}{\partial y} = 0, \quad \frac{\partial v}{\partial y} = 0, \quad \frac{\partial \tilde{p}}{\partial y} = 0 \quad \cdots \ \text{上下面の境界条件} \tag{3.21}$$

境界条件の離散化においては，ディリクレ境界条件のように変数値の決まっている境界の場合には境界付近の格子点に値を直接与えればよい．ここでは，差分式 (3.12) および (3.13) から境界付近の 2 点に境界条件を与える必要がある．流入境界条件に関しては，ナビエ・ストークス方程式の無次元化によって代表速度である流入速度は $u^t_{\frac{1}{2},j} = u^t_{\frac{3}{2},j} = 1.0$ とすることができる．また，流入が一様流であることから $v^t_{1,j+\frac{1}{2}} = v^t_{2,j+\frac{1}{2}} = 0$ とする．一方，ノイマン境界条件は例えば式 (3.19) の圧力に関する微分を差分近似して，$(\tilde{p}^t_{i,j} - \tilde{p}^t_{i-1,j})/\Delta x = 0$ から，$\tilde{p}^t_{i-1,j} = \tilde{p}^t_{i,j}$ とすることができる．これにより，$\tilde{p}^t_{2,j} = \tilde{p}^t_{3,j}$ のように計算領域内部で更新された変数値を境界付近の格子点に代入 (外挿) するような処理となる．

角柱表面の境界条件に関しては，粘性流れを考えて粘着条件（壁面での滑りなし境界条件，壁面で流速ゼロ）を課す必要がある．ここでは図 3.5 に示すように計算領域内に等間隔の直交格子を生成しており，角柱内部にも格子点が存在する．そこで，角柱内部の格子点に角柱表面に対して鏡面の位置（壁面法線方向に反対側の位置）における速度ベクトルを符号を変えて与えることで，物体表面での流速ゼロを表現する．このとき圧力に関しては，角柱表面の法線方向圧力勾配をゼロとするために角柱外部から角柱内部に圧力値を外挿する．このような方法は計算領域に仮想的に物体を配置することができる**埋め込み境界法** (immersed boundary method, IBM) の一つである．

3.2.4 CFD 解析の流れと計算結果

これまでに導出した差分式や境界条件を用いると，非圧縮性 CFD 解析の流れは図 3.6 のようになる．初期流れ場はここで扱うような計算領域の場合には

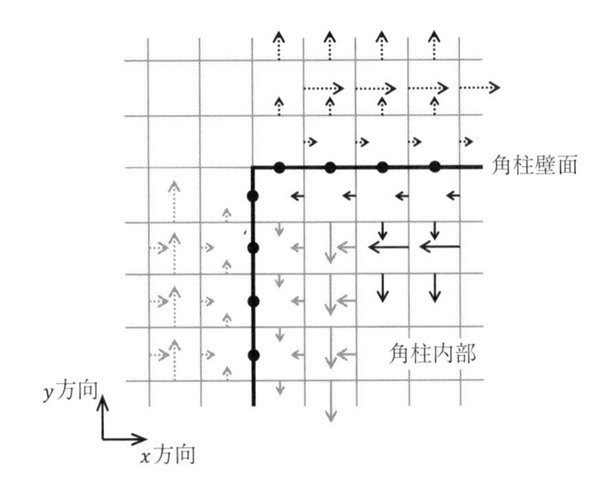

図 3.5　角柱まわりの計算格子と境界条件の設定

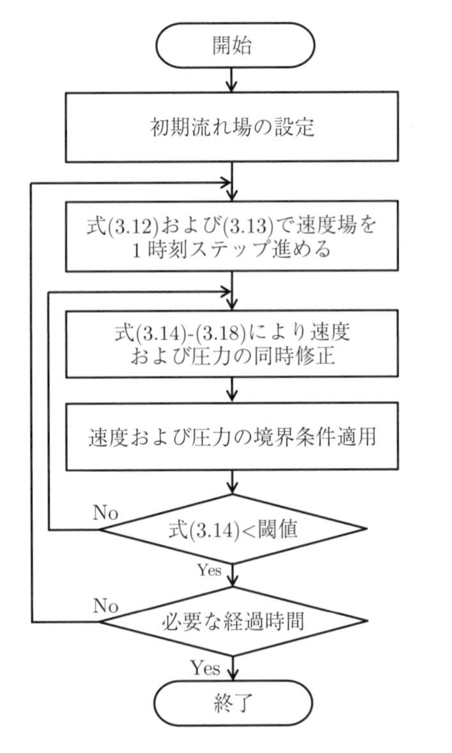

図 3.6　非圧縮性 CFD 解析の流れ

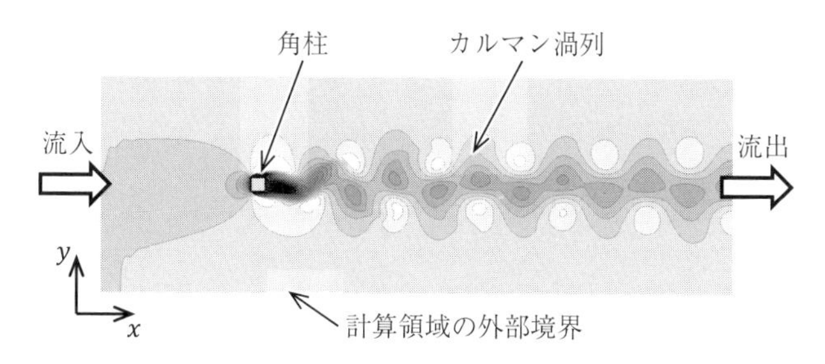

図 3.7　計算領域の全体と流れ場の様子

全ての格子点で $u^t_{i+\frac{1}{2},j} = 1.0$, $v^t_{i,j+\frac{1}{2}} = 0$, $\tilde{p}^t_{i,j} = 0$ として，一様流を与えればよい．まず，式 (3.12) および (3.13) で流速変数を 1 時刻ステップ進め，次に，速度場の発散が閾値以下になるまで式 (3.14) – (3.18) を反復しつつ速度場および圧力場を修正する．速度成分および圧力の境界条件は，この速度場および圧力場の反復計算中に与えるようにする．この反復計算が終了することで流れ場が 1 時刻ステップ進む．このような処理を希望の時刻まで繰り返すことで所望の流れ場が得られる．ここで用いている差分式 (3.12) および (3.13) では時間刻み幅に制限がある（陽解法を用いているため Courant-Friedrichs-Lewy 条件が課される．詳細は [26] を参照していただきたい）．

さて，流れ場の計算例を見てみることにする．これまで説明してきた手法を用いて，低レイノルズ数 (Re = 100) の流れを計算した結果を図 3.7 に示す．この図では x 方向流速 $u^t_{i+\frac{1}{2},j}$ の分布を示している．表示している領域の外縁が数値解析における外部境界に相当する．角柱のような鈍頭物体まわりでは，流れが物体に沿って流れることができずにはく離する．また，ここで扱う低レイノルズ数流れでは，角柱周辺の周期的な流れのはく離により後流に規則的な渦構造が現れ，これは**カルマン渦列** (Karman vortex street)[1) と呼ばれる．

図 3.8 では角柱付近を拡大し，周期的な渦放出における 1 周期分の流れ場を x 方向流速 $u^t_{i+\frac{1}{2},j}$ で示している．角柱から下流側を見たときに，角柱中心に対して左右交互に渦が放出されることがわかる．また，図 3.9 に同じ流れ場を x

1) データ同化で用いるカルマンフィルタ (Kalman filter) のカルマンとは異なる人物に由来する点に注意が必要である．

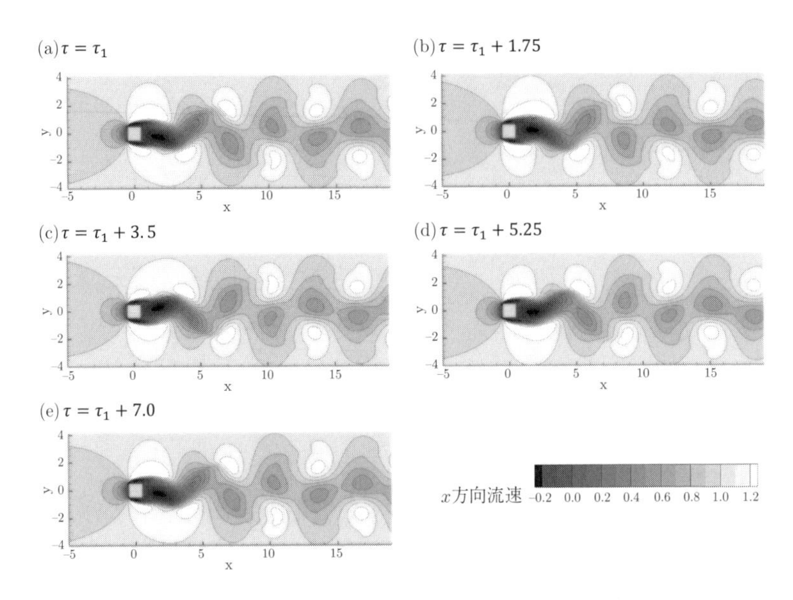

図 3.8　角柱後流の 1 周期分の流れ場

方向流速，y 方向流速，圧力，そして，渦度の大きさで可視化した結果を示す．第 4 章以降のデータ同化結果の可視化には主に x 方向流速を用いるが，渦度の大きさを使用する場合もある．角柱の後流に発生する渦の位置は，渦の中心で圧力が低く，また，渦度が大きくなることから図 3.9(c) および (d) のように可視化される．そのときの x および y 方向流速が図 3.9(a) および (b) のようになることを留意いただきたい．

CFD 解析のような数値シミュレーションでは解析精度を保証するために解析結果に影響する要因に関して事前検討を行うことが重要である．データ同化においては不確かな条件・パラメータの洗い出しが重要であり，CFD 解析自体の精度に関しても事前にしっかり調査しておくことがデータ同化の問題設定や結果の評価においても有効である．ここで扱う角柱まわりのカルマン渦列流れに影響を与える CFD 解析の因子として，（特に角柱まわりの）格子点密度，計算領域の大きさが挙げられる．計算手法の精度も結果に影響を与えるがここでは考えない．そして，計算結果を評価する指標として，周期的な渦放出に起因

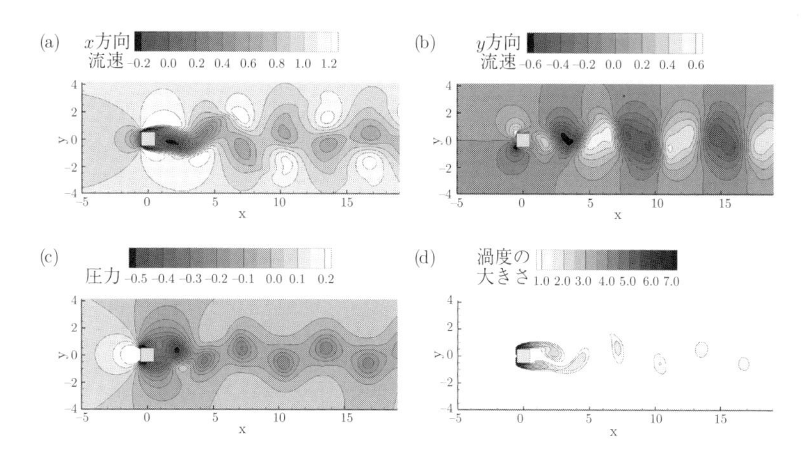

図 3.9 角柱後流のいくつかの流れ場変数による可視化

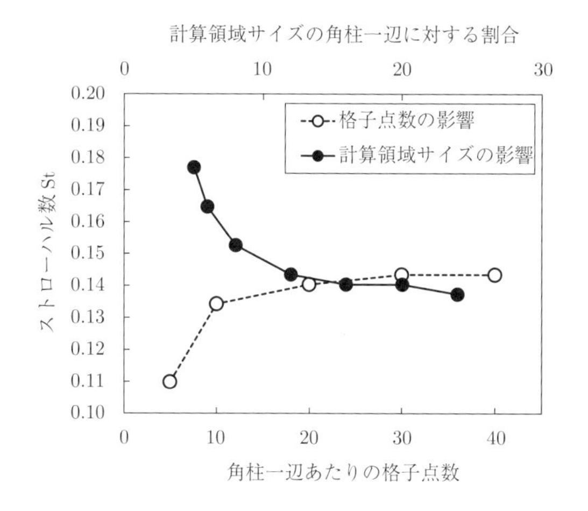

図 3.10 格子解像度および計算領域サイズのストローハル数への影響

する流れ場の振動周波数を考える．無次元化した周波数は特に**ストローハル数** (Strouhal number, St) と呼ばれる．

図 3.10 に角柱一辺あたりの格子点数および計算領域サイズを変化させたときのストローハル数の変化を示している．計算領域サイズに関しては x 方向長さを y 方向長さの 3 倍と固定し，y 方向長さの角柱一辺長さに対する割合を変化

させた．これらを変化させるときの基準ケースとしては，角柱一辺あたりの格子点数を 20 点，計算領域サイズは y 方向領域長さを角柱一辺の 16 倍に設定している．図 3.10 から，格子点数に関しては一辺あたり 30 点とした付近からストローハル数が一定値に収束してきていることがわかる．同条件の流れ場におけるストローハル数の実験値は $\mathrm{St} = 0.140 \pm 0.003$ である [28]．また，計算領域に関しては幅方向に角柱一辺の 16 倍程度とることによってストローハル数が収束している．ここではコードの簡単化のため，空間的に格子幅を一定に設定しているため，このときの総格子点数は x 方向 640 点，y 方向 320 点，計 204,800 点と比較的大きくなっている．2 次元計算のために 1 ケースの計算コスト自体は小規模な計算機を使ったとしてもそれほど大きくないが，アンサンブル計算や反復計算が必要なデータ同化を試行するにあたっては格子点数を減らすことで計算コストを削減する必要がある．そのため，第 4 章および第 5 章の検討では $240 \times 80 = 19{,}200$ 点の格子を用いることにする（角柱一辺あたりの格子点数 8 点，計算領域サイズが角柱一辺の 10 倍）．このとき，ストローハル数の誤差は実験で得られた St の平均値に対して 1 割程度である．このような大きな誤差は CFD 解析としては好ましくないが，第 4 章および第 5 章では基準となる数値シミュレーション結果から疑似的な計測値を生成してデータ同化を実施する数値実験を行うため，格子点数不足による誤差の影響を除いてデータ同化結果の検討を行うことができる．

本書で扱うデータ同化は数値シミュレーションモデルの不確実性を計測データにより低減していく手法であることから，CFD 解析においては解析精度の十分な事前検討が適切なデータ同化の問題設定を行うためにも必要である．また一方で，新しい問題に対するデータ同化を試行する際にはデータ同化の設定に関する試行錯誤が必要となる場合が多いため，計算コストの小さな問題を考えるのが便利であり，ここで扱う 2 次元流れはそのような目的に鑑みて設定した．

3.3　データ同化から見た流体計測

流体分野では実験流体力学 (EFD) が CFD 結果の検証データを提供したり，CFD が EFD 結果に対して時空間情報を補足したりといった補完関係が築かれ

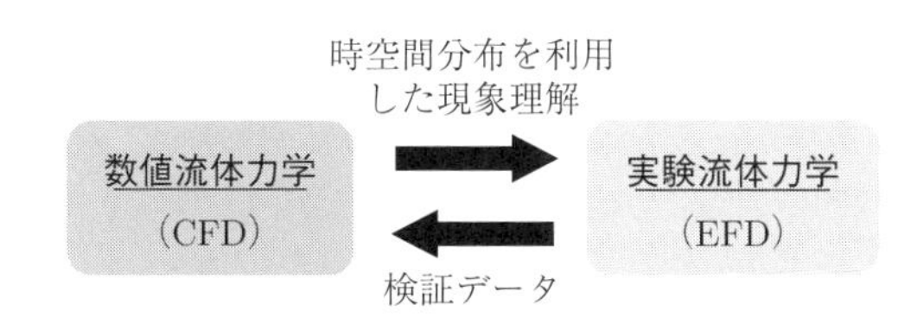

図 3.11 実験流体力学と計算流体力学の補完関係

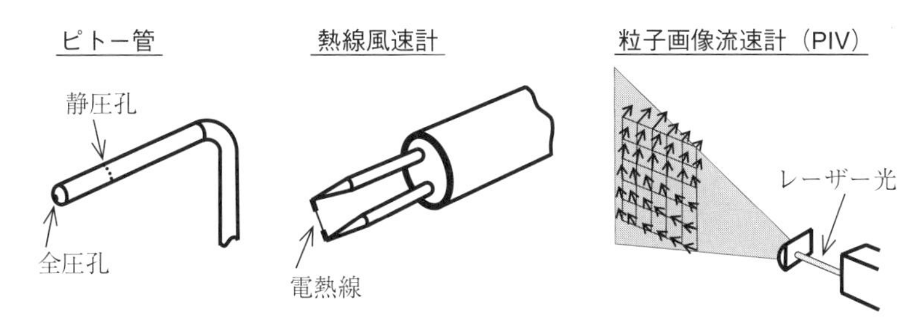

図 3.12 代表的な流体計測法

ている (図 3.11). データ同化においては, 数値シミュレーションモデルの準備と並び, 計測データの取得が必要である. 光学可視化・計測手法の発達により, 流体計測によって得られる情報量は増加してきた. しかしながら, 手法の制限などから, 質・量ともに十分な計測が難しい場合もある. 計測および数値シミュレーションに不足する情報を補いつつ. それぞれの長所を伸ばすというのがデータ同化に期待される点の一つであろう. それにより EFD と CFD の補完関係がより一層強化されることが期待される.

他分野に目を向けると, 大きな地球規模の流れ, 小さな細胞内の流れ, そして, 溶鉱炉内の鉄の流れなど実現象の計測自体が困難な対象もある. 数値シミュレーションモデルと間接的な計測データ使った難計測データの取得にもデータ同化の可能性がある. ここではデータ同化に利用するという観点で, 計測方法や計測データの質・量に関して議論していく.

図 3.12 に代表的な流体計測手法を示す. 古くからある流速計測法として, **ピトー管** (Pitot tube) や**熱線風速計** (hot wire) がある. また, 物体まわり流れにおいては, 物体に**静圧孔** (static pressure tap) と呼ばれる小さな穴をあけること

により静圧を測ることができる．これらの計測は基本的に点計測であり，広い空間の計測データを得るためには，ピトー管や熱線風速計を空間的に走査したり，静圧孔を何カ所も開けたりしなくてはならない．データ同化の観点からは，推定すべき状態ベクトルの次元と観測ベクトルの次元の比が大きいほど状態推定が難しいこと（**次元の呪い**：the curse of dimensionality）を考えると，少数の点計測から流れ場全体を推定するのは一般には難しい問題である．数値シミュレーションモデルの適切な次元削減による状態ベクトルの自由度削減か，流れ場への影響度の大きな点の計測（計測の最適化）が必要であろう．

近年，主に光学・情報処理技術の向上から，レーザーを用いた**粒子画像流速測定法** (particle image velocimetry, PIV) による面・体積流速計測や，**感圧塗料** (pressure sensitive paint, PSP) を用いることによる物体表面の圧力分布計測が可能になってきている．また，点計測ではあるが，高時間解像度の圧力センサーも開発されている．当然のことながら面・体積計測データは点計測と比べて情報量が多く，データ同化を行うにあたっても有効であるため，このような流体計測技術の向上はデータ同化にとっても追い風となっている．データ同化の難点の一つである次元の呪いを打破する方法の一つとして，今後さらに時空間解像度の高い計測技術が発達することに期待したい．

実際に起こっている流体現象を把握する最も素直な方法は，目視による観察である．空気や水のように通常透明な流体の場合に適切な手法で流体の可視化を行うことは計測の一部である．例えば煙突から立ちのぼる煙のように何かしらの手段で可視化された流れは，画像解析によりデータ同化に資する情報に変換することもできる．より高精度なデータ同化のために高精度な流体計測の追求も重要であるが，より安易な計測情報であっても数値シミュレーションと組み合わせることでより詳細な情報を得るというのも一つの方向性であると考えられる．

3.4　数値シミュレーションと計測データの不確かさ

第 1 章および第 2 章において，データ同化により計測データを用いた数値シミュレーションの不確かさや誤差の低減が可能となり，予測精度を向上させることができると述べてきた．しかしながら，数値シミュレーションや計測データに含まれる誤差や不確かさの定義，そして，データ同化がどのような種類の不確かさや誤差を低減させることができるかを明確にしていなかった．気象予測においては，データ同化を行う前に観測値の誤データを取り除くことを目的として，観測値の**品質管理** (quality control) が行われている．観測値の誤差は以下のように分類される [2].

- 観測に付随する誤差 (observational error)
  - **偶然誤差** (random error)
  - **系統誤差** (systematic error)
- 人為的ミス等による誤差 (rough error, gross error)

上記のように観測に付随する誤差は偶然誤差と系統誤差（バイアス）に分類される．偶然誤差は同じ量を同じ方法で観測したときの測定値のばらつきであり，その誤差は正規分布によって表現することができる．そして，系統誤差は計測値の真値からのズレを多数回の計測に関して平均したものである．データ同化で陽に扱うのは偶然誤差であり，系統誤差は事前のバイアス補正かバイアス補正を考慮したデータ同化手法 [29] の適用が必要である．一方，人為的ミス等による誤差は操作ミスや計測器の故障によって起こる誤差であり，その確率分布は正規分布などでモデル化することができない．計測データの品質管理ではこのような誤差を取り除くことを目的としている [2]．品質管理を行うための具体的な手法としては，観測データ内の整合性確認（外れ値などの確認)，数値シミュレーション結果との比較や物理的妥当性による確認が考えられるが，観測データの種類や観測手法に応じて個々に対応していく必要がある．

一方で，計算機支援工学 (CAE) の分野では**検証と妥当性確認** (verification&validation, V&V) の考え方が導入されており，主に数値シミュレーションを実施する過程に含まれる誤差の定量化が議論されている．V&V の詳細に関しては文献 [30–32] を参照されたい．米国機械学会 (American Society of Mechanical Engineers, ASME) の V&V 規格では，数値シミュレーション結果の不確かさが以下のように定義される．

誤差 (error)：計測または計算結果から真値を引いたもの

不確かさ (uncertainty)：上記の誤差を含む範囲（を定量化したもの）

ここで真値は存在するが知り得ないものと考え，計測値とも計算値とも異なる値であるとしている．計測や数値シミュレーション結果には誤差が含まれており，その誤差の大きさや性質は不確かさで特徴づけることができる．例えば，不確かさに何かしらの確率分布を仮定すると，誤差はその実現値の一つであると考えることができる．このような考え方により，数値シミュレーションの不確かさを定量化し，観測の不確かさも利用して，第 2 章で導入したベイズ推定が利用できるようになる．数値シミュレーションの不確かさはいくつかの種類に分けることができる．白鳥ら [32] によると以下のように分類される．

- **偶発的不確かさ** (aleatory uncertainty)
- **知識欠如による不確かさ** (epistemic uncertainty)
  - 認識される不確かさ (recognized uncertainty)
  - 認識されない不確かさ (unrecognized uncertaity)

偶発的な不確かさはランダム性に起因する減少可能な不確かさであり，確率分布で表現できる．例えば，形状，材料特性，モデルパラメータなどの入力値のばらつきのような不確かさがこれにあたる．一方，知識欠如による不確かさとは，物理モデルや数値シミュレーションコードにおける誤った近似などによる不確かさであり，知識レベルの向上によって減少させることができる．認識されない不確かさとはコーディングや入力データ作成時におけるヒューマンエラーである．上述の気象観測データの場合と同様に，データ同化で陽に考慮することができるのは，不確かさを確率分布でモデル化することができる偶発的な不確かさである．

上記のように定義された計測データおよび数値シミュレーションの不確かさを用いて，以下で定義されるような数値シミュレーションの検証および妥当性確認 (V&V) を考える．

検証 (verification)：数値コードが基礎式を正しく近似しているか

妥当性確認 (validation)：実現象との比較から解析結果が妥当であるか

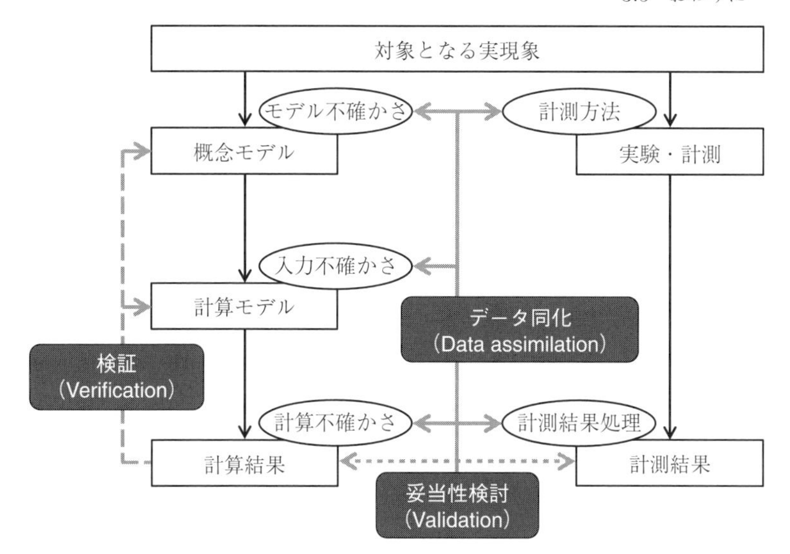

図 **3.13**　数値シミュレーションの V&V とデータ同化

ここで検証は数値シミュレーションモデル・コードの確認であるため，数値シミュレーションの範囲で閉じるものである．一方の妥当性確認では数値シミュレーション結果を計測データ等と比較する必要があるため，データ同化が深く関わってくる部分である．図 3.10 の検討では，計算格子幅を小さくしていったときのストローハル数の収束確認が検証に相当し，ストローハル数の実験値との比較が妥当性確認に相当する．図 3.13 に数値シミュレーションの V&V とデータ同化の関わりを模式的に示す．データ同化の主な用途は計算モデルにおける入力データ（初期・境界条件，パラメータ）の不確かさを計測データによって低減することである．このほかにも，1.2 節での述べたように計測方法に関する感度解析などの可能性がある．

3.5　おわりに

本章ではデータ同化の具体例を説明するために本書で使用する CFD アルゴリズムを導入した．実際に市販またはオープンソースソフトウェアを使ってデータ同化を行う場合には，ソフトウェアの中身まで知る必要はないと考えられるが，データ同化のアルゴリズムを詳しく理解するためには，簡単なコードで例を見ておくことは有用である．加えて，流体計測に関してデータ同化との関わりから議論した．最後に，数値シミュレーションモデルおよび計測データの不確かさを定義し，データ同化で対象とする不確かさを説明した．次章からはここで導入したCFDアルゴリズムを用いてデータ同化アルゴリズムを見ていくことにする．

コラム（数値流体力学の歴史）

筆者（大林）が大学院博士課程3年生になった1986年，当時の大型計算機のメインメモリが32MBだった． 2020年の今は，手元のApple Watchですら32GBの容量がある．また， TOP500という世界のスパコンランキングがある．筆者が東北大学に助教授として採用されたのが1994年，このころから2008年まで第500位のスパコンの計算性能を見ると，ちょうど10年度で1000倍のスピードアップとなっている． 2008年以降，伸びがやや鈍化し10年で100倍ぐらいになっている．

このような時代背景の中で，自らの数値流体力学 (CFD) の研究を一言で表せば「大規模流体計算」につきると思う．大学院時代には，宇宙科学研究所の桑原邦郎先生の下で様々な計算をさせていただいた．また，当時，航空宇宙研究所の所属だった藤井孝蔵先生と当時開発中であったFujitsu VP400を工場へ行って夜間利用し，当時としては計算機の性能を使い切るような3次元翼まわりの計算を行った．博士課程修了後7年間過ごした米国航空宇宙局 (National Aeronautics and Space Administration, NASA) Ames研究所では， CRAY XMP, 2, YMP, C90と更新された歴代のスパコンを利用し，特に後半は空力弾性を含む3次元非定常ナビエ・ストークス計算を行い，トップユーザの一人となった．

帰国後は東北大学工学部に採用となり，東北大学流体科学研究所CRAY C90, 東北大学大型計算機センターNEC SX-4，航空宇宙技術研究所数値風洞 (NWT), 理化学研究所VPP700などを利用させていただき，ほんの数回のCFD計算で形状が設計できる逆解法から，数千回のCFD計算を必要とする進化計算法まで，いろいろなアプローチでナビエ・ストークス計算に基づく形状最適化の研究を行った．流体科学研究所に配置替えとなった2000年より流体研のNEC SX-5， SGI ORIGIN2000を利用し，東北大学情報シナジーセンターNEC SX-7，航空宇宙技術研究所のNWT Ⅲも利用させていただいた．その当時取り組んでいた超音速翼の多目的最適化では， ORIGIN2000を利用しておよそ9000回の3次元ナビエ・ストークス計算を行った．多目的最適化ではトレードオフを表すパレート集合が解となる．この9000回のナビエ・ストークス計算で，およそ760個の近似パレート解を得ることができた． 9000という数には驚かれる方も多いかもしれないが，この計算にかかった費用をスパコンの年間レンタル料から割り出すと，航空宇宙分野で利用される大型風洞の 1 日の使用料のわずか数分の一に過ぎなかった．計算費の多寡より， 760 個の設計データから超音速翼に関する有用な情報を抽出したことが成果となった．

2003 年から， Mitsubishi Space Jet につながる小型旅客機の研究開発プロジェクトが始まり，最適設計に取り組んだ．しかし，実機形状で数千回に及ぶ 3 次元ナビエ・ストークス計算を実施することは，当時のスパコンではまだ困難で，応答曲面法を利用して最適化計算を効率化する技術と，最適解以外の情報も利用する設計空間のデータマイニング技術の研究に取り組むことになり，「多目的設計探査」として結実した．多目的設計探査とは，コンピュータを利用した新しいものづくりの考え方で，多目的進化計算によってトレードオフを示すパレート解を探索し，設計空間の特徴を俯瞰的に可視化することで，設計者の意思決定を支援する技術である． HPCI 戦略プログラム分野 4，ポスト京プロジェクト重点課題 8 でも取り上げられ，産業界との共同研究により，家電製品から自動車部品，航空機設計まで，様々な産業分野で応用が行われている． 2020 年現在，流体研では，共同研究部門「先端車輌基盤技術研究（ケーヒン）」と航空機計算科学センターで，多目的設計探査を応用した産学共同研究が推進されている．また，同じ 2003 年に始まる流体科学研究所附属流体融合研究センターでの活動が，本書のテーマであるデータ同化につながっていった経緯は，まえがきで書かせていただいた．今後はさらにデータ同化流体科学の発展に尽力したいと思う．

振り返れば 1980 年代，筆者が大学院生の頃，米国航空宇宙学会に参加したついでに，米国航空宇宙関連企業社の研究所を訪問したことがある．その際，幸運にも（厚かましくも） CFD 分野で著名な Sukumar Chakravarthy 博士のご自宅に泊めていただくことになった．夕食後， Chakravarthy 博士がふと「CFD は本当に役立っているのか？」ということを話題にされた．当時は， CFD 興隆期であり，NASA も米国航空宇宙関連各社も，膨大な研究予算をかけて in-house コードの開発を行っており， Chakravarthy 博士ご自身も TVD (total variation diminishing) 法の開発で有名になったところだった．自分を振り返ってみれば， 3 次元ナビエ・ストークス方程式が解けるようになったばかりであり，目の前の問題が解けることに興奮していた時期である．シミュレーションができることがうれしくて，それがどう役立つかまでは何も考えていなかった自分にとって，「役に立つ計算をする」というこの会話は，実に新鮮なインパクトだった．それ以来，計算がどのように役に立つのかということは，自分のあらゆる研究テーマの底流となっているように思う．

4 流体現象の逐次型データ同化

本章では代表的な逐次型データ同化手法であるアンサンブルカルマンフィルタを詳しく解説する．アンサンブルカルマンフィルタや粒子フィルタは，既存の計算機支援工学 (CAE) ソフトウェアをほぼそのまま利用することのできる非侵襲型の手法であり，CAE ソフトウェア自体の大きな改修が難しい場合にも導入しやすい．本章では第 2 章で説明したアンサンブルカルマンフィルタのアルゴリズムと第 3 章の数値流体力学 (CFD) アルゴリズムと組み合わせて，低レイノルズ数の 2 次元流れ場においてアンサンブルカルマンフィルタによるデータ同化を行う手順を解説していく．ここでは基準となる数値シミュレーション結果から疑似的な計測値を生成して，それに基づきデータ同化を実施する**双子実験** (twin experiment) を行うこととし，カルマン渦列の周期定常流れ場および角柱上流に配置した渦が移流する過渡的な流れ場を扱う．加えて，アンサンブルカルマンフィルタの改善に用いられるテクニックである局所化や推定精度に大きく影響するアンサンブルの作り方に関して検討を行う．なお，第 5 章では変分型データ同化手法である 4 次元変分法を用いて本章と同じ問題に取り組むため，逐次型手法と変分型手法の違いを直接比較しつつ読み進めていただきたい．

4.1 アンサンブルカルマンフィルタの準備

4.1.1 システムモデル

ここでは第 3 章で導入した 2 次元計算領域内の角柱まわり流れを考える．支配方程式は2次元非圧縮性ナビエ・ストークス方程式である．この支配方程式を離散化した式(3.12)–(3.18)がシステムモデルとなる．これらの式は離散時間の時間発展式となっているため，そのまま $\boldsymbol{x}_t = f_t(\boldsymbol{x}_{t-1}, \boldsymbol{v}_t)$ のようなシステムモデルの式に当てはめることができる．さて，状態ベクトルを設定する必要があるが，これには任意性がある．通常，状態ベクトルの要素にはシステムモデルの時間発展に関係する変数や計測に関係する変数が選ばれる．ここでは，計算領域内の各格子点における2方向の流速成分と圧力が時間発展する変数である．非圧縮性ナビエ・ストークス方程式の解法においては，第3章で述べたように連続の式から導いた圧力のポアソン方程式を解く．圧力のポアソン方程式は時間発展式ではなく，時間発展される流速ベクトル場を各時刻において発散ゼロとするために解かれるものであり，圧力場は速度場から従属的に決まるものである．したがって，非圧縮性流れでは圧力は必ずしも状態ベクトルに加える必要はない．上記を踏まえて，本章では状態ベクトルを以下のように定義する．

$$\boldsymbol{x}_t = \begin{bmatrix} u^t_{\frac{1}{2},j} \\ \vdots \\ u^t_{i+\frac{1}{2},j} \\ \vdots \\ u^t_{imax+\frac{1}{2},jmax} \\ v^t_{1,\frac{1}{2}} \\ \vdots \\ v^t_{i,j+\frac{1}{2}} \\ \vdots \\ v^t_{imax,jmax+\frac{1}{2}} \end{bmatrix} \tag{4.1}$$

ここで下付き添字 i および j は空間格子点の x および y 方向インデックスを示しており，上付きおよび下付き添字 t は時刻である．式(4.1)では x 方向流速 $u^t_{i+\frac{1}{2},j}$ を全格子点に関して並べた後で，y 方向流速 $v^t_{i,j+\frac{1}{2}}$ を並べて状態ベクトルを構成している．角柱部分は第3章で説明したように埋め込み境界法で扱うため，その領域にも格子点が存在しているが，その領域の流速変数もそのまま状態ベクトルの要素として加えている（ここでは角柱内の流速変数は推定に影響しない）．また，図 3.3 に示すようにスタガード格子系を利用しているため，x 方向流速成分 $u^t_{i+\frac{1}{2},j}$ に関しては $0 \le i \le imax$, $1 \le j \le jmax$，y 方向流速成分 $v^t_{i,j+\frac{1}{2}}$ に関しては $1 \le i \le imax$, $0 \le j \le jmax$ の範囲で変数が定義されている．したがって，状態ベクトルの総要素数は $M = 2 \times imax \times jmax + imax + jmax$ となる．このような状態ベクトルを用いると式 (3.12) および (3.13) は形式的に，

$$\boldsymbol{x}_t = f_t(\boldsymbol{x}_{t-1}, \boldsymbol{v}_t) = \boldsymbol{x}_{t-1} + \Delta\tau \begin{bmatrix} \text{式 (3.12) の右辺} \\ \text{式 (3.13) の右辺} \end{bmatrix} \tag{4.2}$$

と書くことができる．実際には角柱表面や外部境界における境界条件の処理を含むため，全ての変数が式 (3.12) および (3.13) の差分式で決まるわけではないことに注意が必要である．式 (4.2) ではある時刻の状態ベクトルから次の時刻の状態ベクトルが求まるが，過去の複数時刻に依存するような時間発展式を使う場合には，中間変数を定義して，それを状態ベクトルの要素として加えることで式 (4.2) のようなシステムモデルに書き換えることができる [4]．システムモデルではシステムノイズ $\boldsymbol{v}_t$ を陽に考慮することもできるが，数値シミュレーションモデル自身の非線形性が強く，初期アンサンブルで設定したアンサンブルメンバーの多様性がシステムモデルの時間発展によって維持される場合には $\boldsymbol{v}_t = 0$ としても差し支えない．ここでは初期アンサンブルにおける状態ベクトルの摂動がナビエ・ストークス方程式によってある程度維持され，また，流れ場全体に適切なシステムノイズを付加することが必ずしも簡単ではないことから式 (4.2) 右辺のように $\boldsymbol{v}_t = 0$ としている．システムモデルによる状態ベクトルの時間発展によってアンサンブルが縮退してしまう場合には**共分散膨張** (covariance inflation) といったテクニック [2] も利用できる．なお，非圧縮性ナビエ・ストークス方程式における状態ベクトルの設定に関して，圧力が計測データとして与えられる場合には，状態ベクトルに圧力を陽に加えておくことで観測モデル $\boldsymbol{y}_t = h_t(\boldsymbol{x}_t, \boldsymbol{w}_t)$ により状態ベクトルと観測ベクトルを関連づけられるようになる．

4.1.2 観測モデル

観測モデルとしては計測位置において取得される物理量を計算空間内で模擬

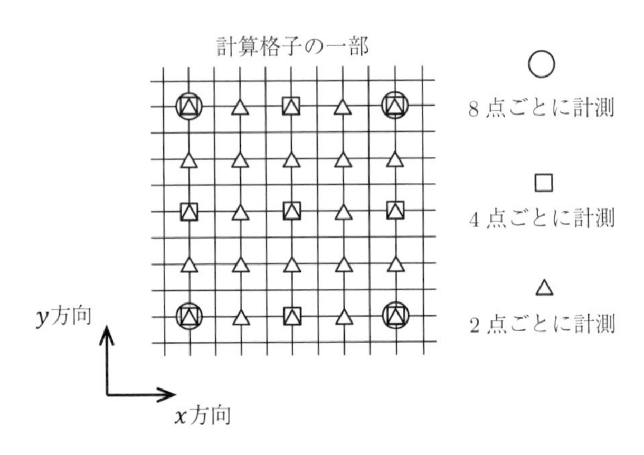

図 4.1　観測モデルにおける計測位置の例

する必要がある．実際の流速計測方法を想定すると，例えば，ピトー管による点計測では通常マイナス値は測れないのに加えて，時間応答性はあまり期待できない．一方，熱線風速計による点計測では時間高応答の風速絶対値が得られる．複雑な熱線風速計のプローブにより風速3成分を測ることもできる．また，PIVなどの面計測手法を用いるとある断面の速度ベクトルを得ることができる．そのような計測手法の特性も必要に応じてシステムモデル内で模擬することになる．もし，計測機器がその大きさ等により対象とする流れ場に影響を及ぼすような場合には，計測機器自体を計算空間内に再現することも考える．また，計測方法に依存した時空間的な物理量の補間も必要に応じて行うことになる．

ここでは観測モデルを単純化するためにモデル変数が定義される位置と計測位置を一致させることで物理量の補間の手間を省く．また，計測範囲は後述するように角柱まわりに限定し，計測点としては図4.1に示すように，水平および垂直方向の計算格子点に対して，2点ごと，4点ごとのように計測点数を増減させる．また，時間方向に関しても，システムモデルの時間発展の数ステップごとに計測データが得られるような計測を考え，時空間的な計測データ量のデータ同化結果への影響を調べる．これにより状態ベクトルと観測ベクトルの次元の比に関する系統的な調査が可能になる．データ同化における計測方法の最適化に関しては第7章で検討する．

4.1.3 アンサンブルカルマンフィルタ

ここでは式 (2.44)–(2.49) で導入した標準的なアンサンブルカルマンフィルタを利用する．以下にアルゴリズムを再掲する．まず，初期のアンサンブル $\boldsymbol{x}_{t|t-1}^n (n = 1, \ldots, N)$ が用意されているとすると，アンサンブルから計算される平均および分散は，

$$\hat{\boldsymbol{x}}_{t|t-1} = \frac{1}{N} \sum_{n=1}^{N} \boldsymbol{x}_{t|t-1}^n \tag{4.3}$$

$$\hat{V}_{t|t-1} = \frac{1}{N-1} \sum_{n=1}^{N} (\boldsymbol{x}_{t|t-1}^n - \hat{\boldsymbol{x}}_{t|t-1})(\boldsymbol{x}_{t|t-1}^n - \hat{\boldsymbol{x}}_{t|t-1})^{\mathrm{T}} \tag{4.4}$$

となる．この分散を用いると，

$$\hat{K}_t = \hat{V}_{t|t-1} H_t^{\mathrm{T}} (H_t \hat{V}_{t|t-1} H_t^{\mathrm{T}} + R_t)^{-1} \tag{4.5}$$

のようにカルマンゲインを計算することができる．ここで R_t は計測誤差共分散行列，H_t は観測モデル（観測行列）である．このカルマンゲインを用いると，各アンサンブルメンバーは計測値を用いてフィルタリングすることができて，

$$\boldsymbol{x}_{t|t}^n = \boldsymbol{x}_{t|t-1}^n + \hat{K}_t (\boldsymbol{y}_t^n - H_t \boldsymbol{x}_{t|t-1}^n), \qquad n = 1, \ldots, N \tag{4.6}$$

のように更新される．ここで計測値のアンサンブル $\boldsymbol{y}_t^n$ は実観測ベクトルに観測ノイズを加えて $\boldsymbol{y}_t^n = \boldsymbol{y}_t^{\mathrm{obs}} + \boldsymbol{w}_t^n$ のように定義している（摂動観測法）．このようにフィルタリングされたアンサンブルメンバーは，次に計測値が得られる時刻までシステムモデルによって時間発展される．そして，計測値が得られた時刻では式 (4.3)–(4.6) の処理を再び行うことになる．アンサンブルカルマンフィルタのフローチャートを図 4.2 に示す．

以上がアンサンブルカルマンフィルタの標準的なアルゴリズムであるが，既存の CAE ソフトウェアに適用する際に障害となりうるのは観測モデルが線形（行列で表される）という縛りである．例えば，計測値として流速の大きさが得られている場合には，CAE 解析の結果においても流速成分から流速ベクトルの大きさを計算する必要があるが，これは流速成分の 2 乗と平方根の計算が含まれるため非線形な演算である．観測モデルやコードの線形化については第 5 章で詳しく述べるが，CAE ソフトウェアの出力からの計測相当量の計算と計測に関わる演算の線形化は，特に計算格子の隣接関係が複雑な非構造格子を考える

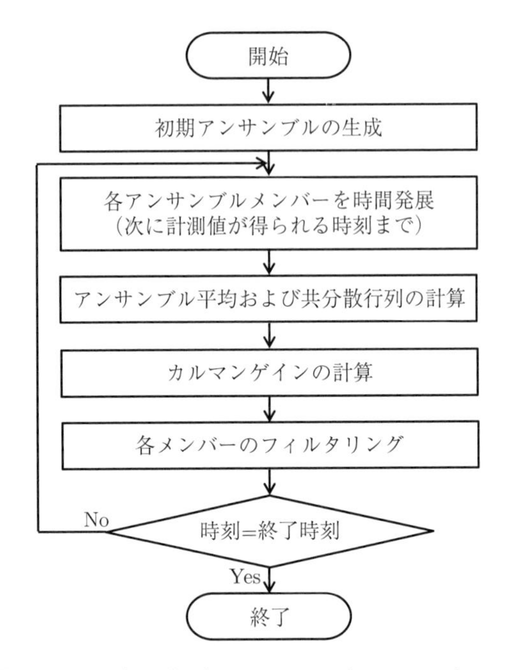

図 4.2　アンサンブルカルマンフィルタのフローチャート

と手間のかかる作業である．このような観測モデルの制限を緩和するには，カルマンゲインの計算において状態ベクトルのアンサンブルではなく，対応する観測相当ベクトルのアンサンブルを用いればよい．まず，以下のような状態ベクトル（縦ベクトル）をアンサンブル数だけ横に並べることによって得られる行列 $\tilde{E}_{t|t-1}$ を定義する．行列の各要素 $\tilde{\boldsymbol{x}}^n_{t|t-1}$ は状態ベクトルからアンサンブル平均を引いた量である $(\tilde{\boldsymbol{x}}^n_{t|t-1} = \boldsymbol{x}^n_{t|t-1} - \hat{\boldsymbol{x}}_{t|t-1})$．

$$\tilde{E}_{t|t-1} = \frac{1}{\sqrt{N-1}} \left[\tilde{\boldsymbol{x}}^1_{t|t-1}, \ldots, \tilde{\boldsymbol{x}}^N_{t|t-1} \right] \tag{4.7}$$

この行列を用いると，共分散行列 $\hat{V}_{t|t-1}$ は以下のように表される．

$$\hat{V}_{t|t-1} = \tilde{E}_{t|t-1} \tilde{E}^{\mathrm{T}}_{t|t-1} = \frac{1}{N-1} \left[\tilde{\boldsymbol{x}}^1_{t|t-1}, \ldots, \tilde{\boldsymbol{x}}^N_{t|t-1} \right] \begin{bmatrix} \tilde{\boldsymbol{x}}^1_{t|t-1} \\ \vdots \\ \tilde{\boldsymbol{x}}^N_{t|t-1} \end{bmatrix} \tag{4.8}$$

式 (4.5) では共分散行列 $\hat{V}_{t|t-1}$ に観測行列 H_t を作用させる形となっているが，式 (4.7) と観測行列 H_t の積を先に考えると，

$$H_t \tilde{E}_{t|t-1} = \frac{1}{\sqrt{N-1}} \left[H_t \tilde{\boldsymbol{x}}_{t|t-1}^1, \ldots, H_t \tilde{\boldsymbol{x}}_{t|t-1}^N \right] = \frac{1}{\sqrt{N-1}} \left[\tilde{\boldsymbol{y}}_{t|t-1}^1, \ldots, \tilde{\boldsymbol{y}}_{t|t-1}^N \right] \tag{4.9}$$

となり，計測点における物理量のみを状態ベクトルから抜き出した観測相当ベクトル $\tilde{\boldsymbol{y}}_{t|t-1}^n$ のアンサンブルが得られる．この観測相当ベクトルに関しても，アンサンブル平均が引かれた量となっている．このアンサンブルを用いると，カルマンゲインの計算で必要な行列の計算は，

$$H_t \hat{V}_{t|t-1} H_t^{\mathrm{T}} + R_t \to H_t \tilde{E}_{t|t-1} (H_t \tilde{E}_{t|t-1})^{\mathrm{T}} + R_t \tag{4.10}$$

$$\hat{V}_{t|t-1} H_t^{\mathrm{T}} \to \tilde{E}_{t|t-1} (H_t \tilde{E}_{t|t-1})^{\mathrm{T}} \tag{4.11}$$

と置き換えることができる[1)]．すなわち，式 (4.9) のような観測相当ベクトルのアンサンブルを得ることができれば，観測行列 H_t を陽に定義することなくカルマンゲインを計算することができる．したがって，計測過程が複雑で観測モデルを線形化するのが困難な場合においても，観測相当ベクトルを CAE ソフトウェアから出力することさえできれば観測相当ベクトルに関するアンサンブルを得ることができ，カルマンゲインを計算することができる．また，状態ベクトルの次元を持つ共分散行列 $\hat{V}_{t|t-1}$ を陽に保持する必要がなくなるため，使用メモリの削減にもつながる．

非線形観測モデルは状態ベクトルに観測相当ベクトルを加えた**拡大状態ベクトル** (extended state vector) によって扱うこともできる [4]．例えば，非線形観測によって得られる観測相当ベクトル $h_t(\boldsymbol{x}_t)$ を加えた拡大状態ベクトル $\boldsymbol{z}_t = [\boldsymbol{x}_t^{\mathrm{T}}, h_t(\boldsymbol{x}_t)^{\mathrm{T}}]^{\mathrm{T}}$ を考えると，$\boldsymbol{y}_t = H_t \boldsymbol{z}_t$ のような線形の観測モデルを利用することができる．ここで，H_t は $\boldsymbol{x}_t$ に対応する部分が 0，$h_t(\boldsymbol{x}_t)$ に対応する部分が 1 となるような行列である．このようにした場合も観測相当ベクトルのアンサンブルを得ることさえできればアンサンブルカルマンフィルタを適用することができる．

---

1) 演算の順番が変わるのでもとの式と同じではない．

カルマンフィルタとは異なり，システムモデルの線形性を必須とはしないことに加えて，上記のような観測モデルの扱いにより，アンサンブルカルマンフィルタは実問題に適用しやすいデータ同化手法となっている．

4.1.4　双子実験（数値実験）

本章では基準となる数値シミュレーション結果を疑似的な計測データとして用いたデータ同化の双子実験を行う．双子実験においては，基準となる数値シミュレーション結果から抽出したデータに既知のノイズ（分散を指定した正規乱数など）を加えることで疑似計測データを生成する．双子実験により，状態ベクトル，システムモデル，そして，計測方法などの設定に関するデータ同化システムの検証を計算空間内で完結して行うことができる．

図 4.3 に双子実験の流れを示す．疑似計測データは推定時とは条件の異なる数値シミュレーションの結果から計測過程を模擬することで得られる．これは

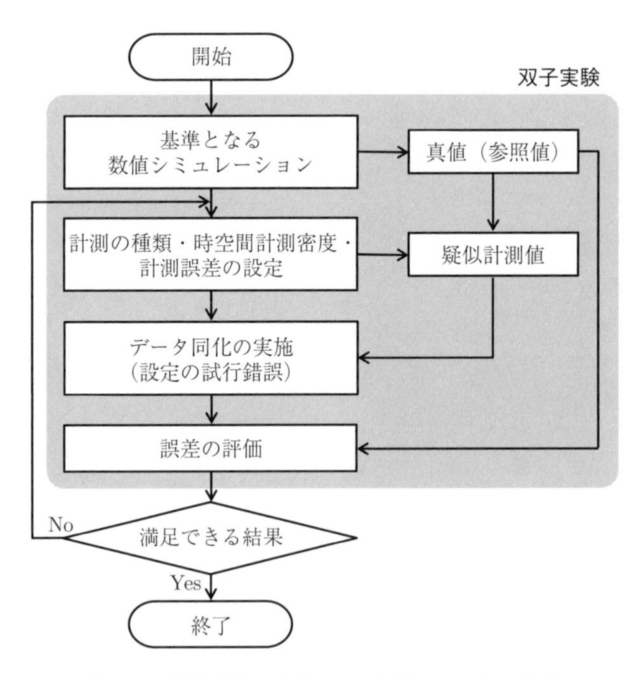

図 4.3　双子実験によるデータ同化システムの検証

アンサンブルカルマンフィルタの実装において用意された観測モデルによって行われる．疑似計測データを得る際と推定のためにデータ同化を行う際では条件を変えて数値シミュレーションを行うことになるが，いま推定したい量に関して異なる条件を設定する．例えば，初期条件を推定するようなデータ同化の双子実験を行う場合には，疑似計測データを得る際とデータ同化を行う際では異なる初期条件で数値シミュレーションを行う．何かしらのモデルパラメータを推定するような問題の場合にも同様で，真値はあるパラメータで生成し，データ同化はそれとは異なるパラメータ値から始める（そして，アンサンブルカルマンフィルタの場合には後者のパラメータ値のまわりでアンサンブルを生成する）．双子実験では基準となる数値シミュレーション結果を真値とし，そこから疑似計測データを得ることで，推定すべき流れ場全体の情報が既知のもとでデータ同化を試行できる．データ同化結果は真値と推定された場全体で平均二乗平方根誤差 (root mean square error, RMSE) などによって評価することができる．疑似計測データを生成するシステムモデルはデータ同化に用いるシステムモデルと同一であるから，問題設定を正しく行えば誤差の非常に小さな推定が可能であり，この双子実験において所望の状態ベクトルを正しく推定できるかどうかはデータ同化システムの事前検討として重要である．データ同化の難しさは，双子実験においても必ずしも推定がうまくいくとは限らない（推定誤差がゼロになるとは限らない）点であり，事前の十分な双子実験が実計測データを用いたデータ同化の成否にも関わってくるといえる．上記のことから，双子実験においては計測方法やデータ同化のタイミングなどの設定とデータ同化による推定結果の確認が繰り返し必要となることがわかる．システムモデルの不確かさや実計測データにおける観測ノイズ・バイアスを完全に把握することは難しいが，これらの影響を双子実験において事前に確認できていれば，実計測データを用いた推定結果の解釈も容易になる．

4.2 周期的な流れ場の推定

4.2.1 データ同化の問題設定

第 3 章で設定した角柱まわりの低レイノルズ数流れにおいては，図 4.4 に示

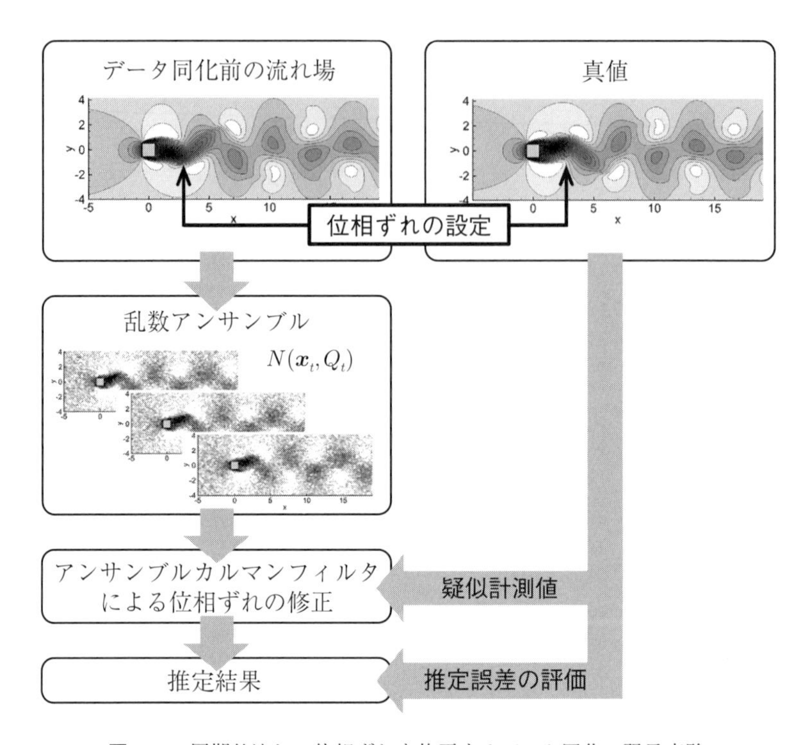

図 4.4　周期的流れの位相ずれを修正するデータ同化の双子実験

すように角柱後流にカルマン渦列が発生する．渦放出の様子を変化させるパラメータであるレイノルズ数は Re $=$ 100 と設定する．ここではアンサンブルカルマンフィルタによって周期的な渦放出のタイミング（位相）を修正するようなデータ同化を行う．前節の双子実験に関する説明でも述べたように，基準となる数値シミュレーションにおいて渦放出の数周期分の流れ場と計測点において抽出した疑似計測データを用意する．そして，データ同化は図 4.4 に示すように基準となる数値シミュレーションから渦放出の位相が 180° ずれた流れ場から始めることにする．

前述のようにシステムモデルの時間発展においてシステムノイズは考慮しないが，アンサンブルカルマンフィルタにおいてはデータ同化前の流れ場に対して何かしらの摂動を与えて初期アンサンブルを生成する必要がある．後述のよ

表 **4.1** 周期流れの位相ずれ修正で考慮したデータ同化に関わるパラメータ

パラメータ	値
アンサンブル数	20, **50**, 80
初期アンサンブル分散	0.01, **0.1**, 0.4
観測誤差分散	0.001, **0.01**, 0.1
空間計測密度（格子点ごと）	2, **4**, 16
時間計測密度（時刻ステップごと）	10, **40**, 70
疑似計測値のノイズ分散	**0.0**, 0.01, 0.1

うにアンサンブル生成における摂動の生成方法はアンサンブルカルマンフィルタの推定能力を左右することから重要なステップとなる．ここではまず，正規乱数ベクトルをアンサンブルメンバーごとに生成し，データ同化前の流速ベクトル（全格子点の x および y 方向流速成分）に加えることで初期アンサンブルを生成する（これを乱数アンサンブルと呼ぶことにする）．流体問題においては，このような乱数アンサンブルは必ずしも適していないことは 4.2.4 項で議論するが，初期アンサンブルの作り方に事前のアイデアを持ち合わせていないという前提で乱数アンサンブルを用いる．

ここではデータ同化に関わるいくつかのパラメータのデータ同化結果への影響を検討する．表 4.1 に示すように，アンサンブル数，初期アンサンブル生成時の分散の大きさ，観測誤差分散の大きさ（観測誤差共分散行列は成分が全て観測誤差分散 σ_w^2 の対角行列とする），4.1.2 項で述べた計測点数の密度および同化を行う時刻ステップ間隔，疑似計測値に含まれるノイズ分散の大きさに関して，それぞれ値を変えてデータ同化結果を比較する．計測方法に関して，図 4.5 の破線で示す領域内の計算格子点において得られた疑似計測データが同化される．データ同化結果の評価においては，流れ場の可視化に加えて，図 4.5 に示すモニタリング点における x 方向流速の時間履歴を利用する．モニタリング点は計算範囲内にある場合には計測点と一致する場合がある（図 4.1 にあるように格子点何点ごとに計測するかによる）．また上記のように，双子実験では流れ場全体に関して真値と比較を行うことができる．

4.2.2 推定された流れ場の様子

前項で述べたような設定でデータ同化を行った結果を図 4.6 に示す．ここで

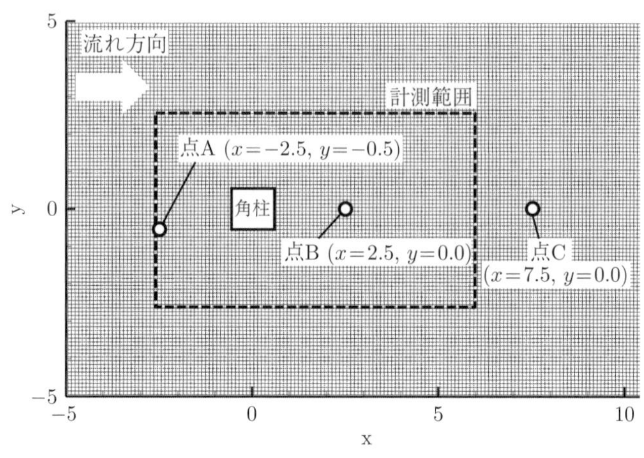

図 4.5　角柱まわりの計測範囲と流速モニタリング点

は4.1.3項で説明した標準的なアンサンブルカルマンフィルタを使用して，表4.1に太字で示した条件でデータ同化を行っている．図4.6(a1)–(a4)はアンサンブルカルマンフィルタによって推定されたx方向流速のアンサンブル平均であり，図4.6(b1)–(b4)は真値となる流れ場である．図4.6(a1)–(a4)からわかるようにデータ同化開始直後に流れ場全体にカルマン渦の半分程度のスケールの擾乱が発生し，それらが下流に流れ去ると同時に位相ずれの修正が完了している．この小さなスケールの擾乱は，図4.4に示したアンサンブル生成時に格子点ごとに与えている正規乱数ベクトルとは異なるが，一様流の流入によって押し流された部分を除いて計算領域全体に広がっていることから，正規乱数ベクトルを起点としてナビエ・ストークス方程式によって発達した乱れであることがわかる．

図4.7に角柱後方のモニタリング点BおよびCにおけるx方向流速の時間履歴を示す．疑似計測値を白丸，真値を灰色線で示すが，黒一点鎖線で示す流速のアンサンブル平均が点Bでは800時刻ステップ，黒実線で示す点Cでは1500時刻ステップあたりで真値に一致している．したがって，位相ずれの修正の影響が上流側から下流側へと伝わっていることがわかる．ここで図中のtは数値シミュレーションのタイムステップ数であり，同化は疑似計測値の存在する時刻で行われている．

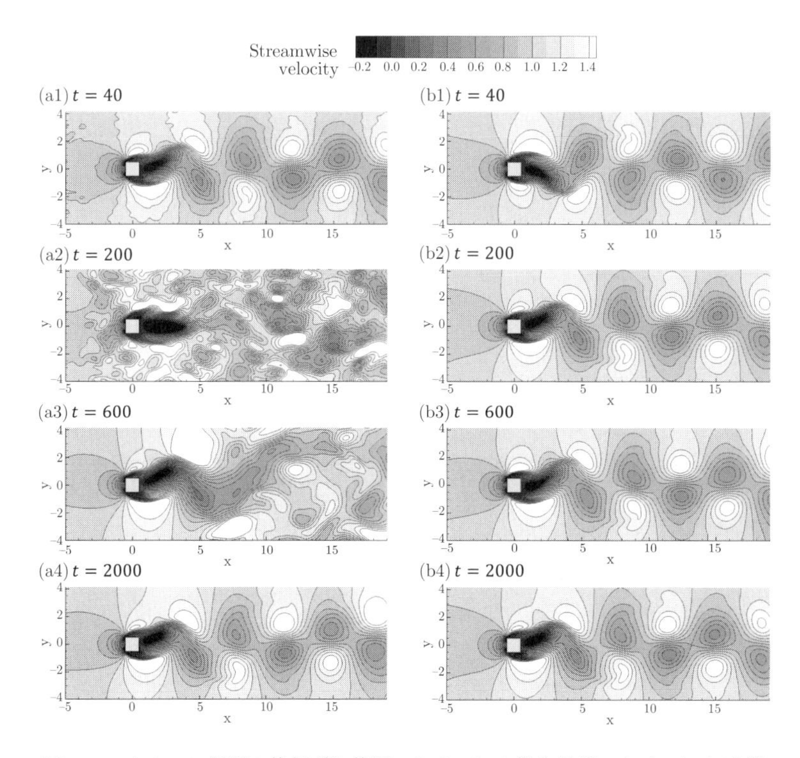

図 **4.6** カルマン渦列の位相ずれ修正，(a1)–(a4) 推定結果，(b1)–(b4) 真値

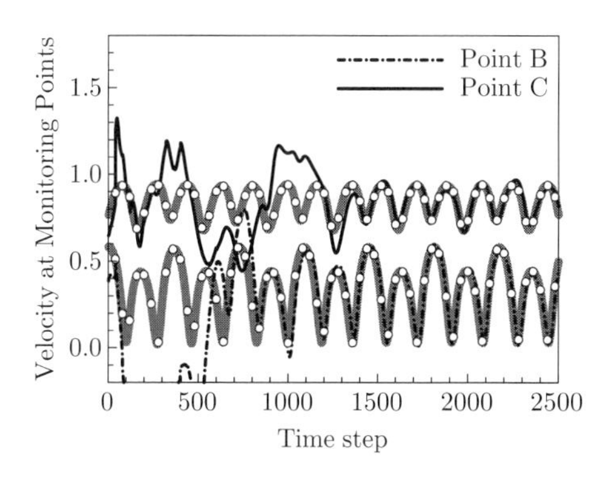

図 **4.7** モニタリング点での x 方向流速の履歴

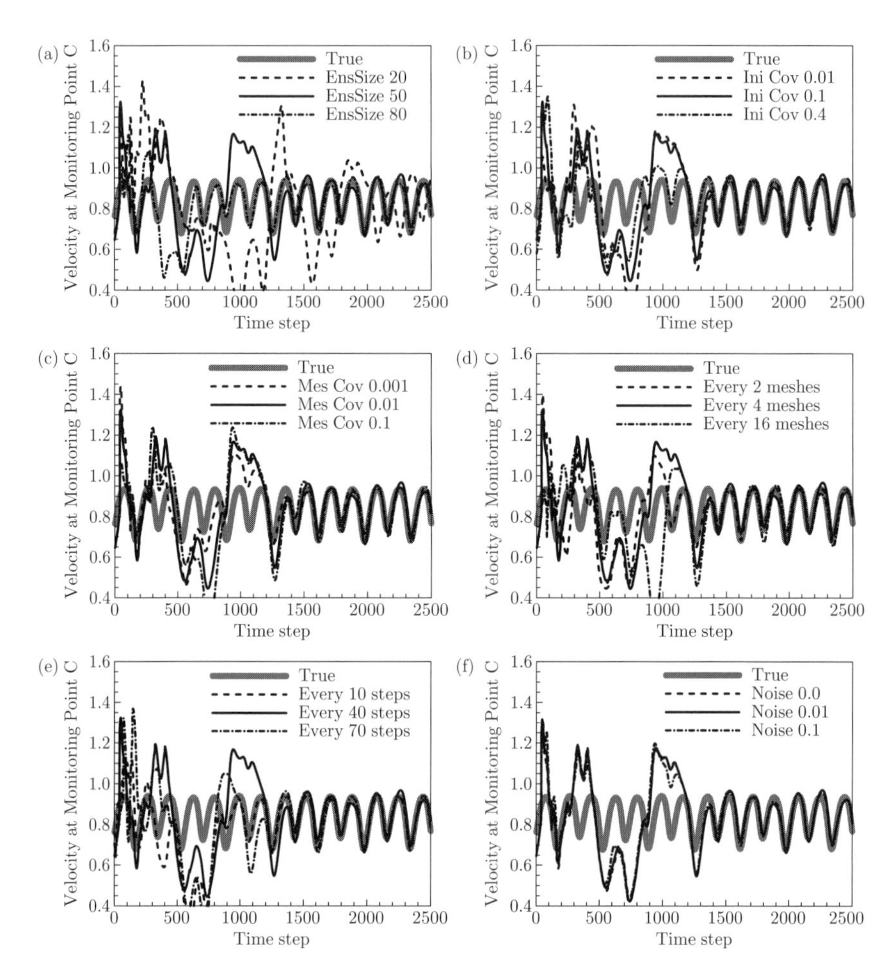

図 4.8　モニタリング点Cにおけるx方向流速のパラメータ依存，(a) アンサンブル数，(b) 初期アンサンブル分散，(c) 観測誤差分散，(d) 空間計測密度，(e) 時間計測密度，(f) 疑似計測データに含まれる正規ノイズの分散

4.2.3　データ同化パラメータの影響

アンサンブルカルマンフィルタに関係するパラメータのデータ同化結果への影響を見ていく．図 4.8(a) にアンサンブル数の影響を示す．数値シミュレーション自体の計算コストが大きい問題では，アンサンブル数を数十程度として

もデータ同化を行う際の計算コストが問題となりうるため，データ同化を実施可能な範囲でアンサンブル数を決定する場合が多いと考えられる．モニタリング点 C における初期時刻の x 方向流速の乱れはあまり変わらないが，1000 ステップ付近を見ると，アンサンブル数が大きい方が真値への収束が早いことが確認できる．また，初期アンサンブルを正規ノイズで生成する際の分散の大きさの影響を図 4.8(b) に示すが，この問題に対して大きな影響はないといえそうである．この分散の大きさは初期アンサンブルの広がりの大きさを指定しているが，その後の時間発展においては，数値シミュレーションモデル自体の時間発展によってアンサンブルの広がりが決まっている．図 4.8(c) に示す観測誤差分散に関しても，明らかな影響は見られない．空間および時間方向の計測データの量の影響を図 4.8(d) および (e) に示すが，こちらもそれほど大きな影響はなく，1500 ステップ程度で真値に近づいている．図 4.8(f) に疑似計測データに加えた正規ノイズの分散の影響を示す．ここで扱った問題では計測データに含まれるノイズの影響をほとんど受けないことがわかる．

これらのデータ同化パラメータの影響が比較的小さいのはアンサンブルカルマンフィルタの特徴というよりも，考えている流れ場に関係していると考えられる．カルマン渦列においては周期的な渦が発生した状態が安定であり，位相ずれを修正するような外力が加われば，自動的に位相の修正されたカルマン渦列に落ち着くと考えられる．一方で，カルマン渦列のように安定な状態にある流れ場においては，計測データによってその流れ場の安定構造を無視して強制的に流れ場を修正するのは難しいことが想像できる．このように流体現象のダイナミクスに注目してデータ同化手法やデータ同化結果を吟味し，対象とする現象に適したデータ同化手法の選択しつつデータ同化システムの設定に関する理解を深めるのが本書全体にわたるテーマである．

4.2.4 アンサンブルの生成方法

アンサンブルカルマンフィルタにおいてはアンサンブルの生成方法に任意性があり，新しい問題に取り組む場合には検討が必要である．アンサンブルカルマンフィルタでは有限のアンサンブルでシステムの分散を近似していることから，その近似精度は生成したアンサンブルに依存する．後述するが，解析イン

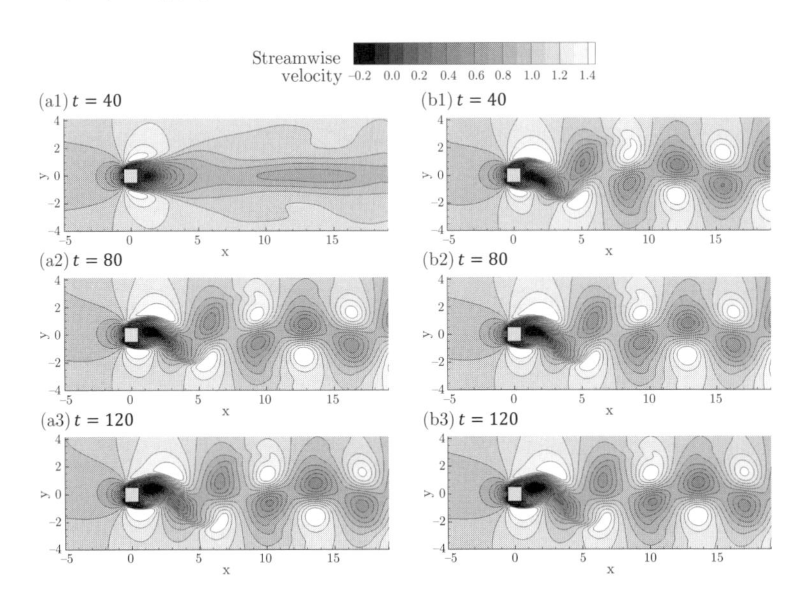

図 4.9　タイムラグアンサンブルを用いた推定，(a1) – (a3) 推定結果，(b1) – (b3) 真値

クリメントはアンサンブル生成において状態ベクトルに与える摂動によって決まっている．状態ベクトルの要素間に相関がないような場合には正規乱数ベクトルでアンサンブルを生成してしまうこともできるが，状態ベクトルの次元が大きく，かつ，状態ベクトルの要素間にシステムモデルで規定されるような相関がある場合には正規乱数ベクトルは適しているとはいえない．

乱数アンサンブルによる推定が難しい例は次節に譲るとして，ここでは異なる方法で生成した初期アンサンブルがデータ同化結果にどう影響するかを検討する．前項で利用した乱数アンサンブルは基準となる流れ場に対して各アンサンブルメンバーごとに異なる正規乱数ベクトル場を重ね合わせることで生成した．一方で，時間変化するような現象に対しては，時間方向に一定の間隔で流れ場を保存し，それらをアンサンブルメンバーとすることでアンサンブルを生成することができ，これはタイムラグアンサンブルと呼ばれる．ここで扱っているような周期的な現象であるカルマン渦列では，渦放出の 1 周期から数時刻ステップおきに流れ場を抽出してアンサンブルとすることができる．

図 4.9 にタイムラグアンサンブルを用いた推定の様子を x 方向流速のアンサ

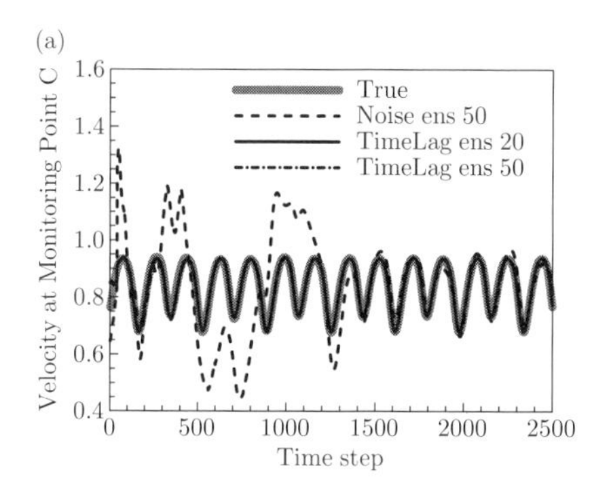

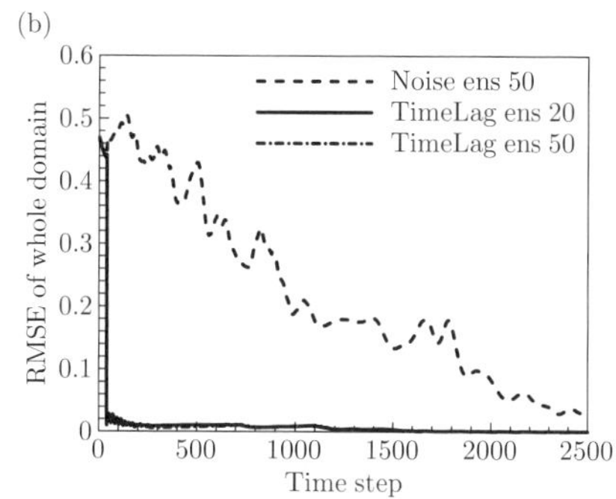

図 4.10 タイムラグアンサンブル使用時のモニタリング点Cにおける流速と流れ場全体で評価したRMSEの履歴

ンブル平均で示す．アンサンブルカルマンフィルタ適用前の流れ場はタイムラグアンサンブルをアンサンブル平均しているため，図4.9(a1)に示すようにカルマン渦列流れを時間平均したような流れ場になっている．そして，1回目のフィルタリング後にはすぐに位相ずれが修正されたカルマン渦列の流れ場が得られている．

図4.10に図4.5のモニタリング点Cにおけるアンサンブル平均流速と流れ場全体で評価したRMSEの時間履歴を示す．図4.9で見たように1回目のフィルタリング（40時刻ステップ目）でx方向流速のアンサンブル平均が真値にほぼ一致していることがわかる．このとき図4.10(b)に示す流れ場のRMSEは大幅に減少している．乱数アンサンブルの場合には図4.10(a)に示すように1500ステップ程度が必要であったので劇的な改善といえる．タイムラグアンサンブルの場合にはメンバー数を20と減らしても真値への収束が早い．これはいま考えている位相ずれを修正するような問題に対して，真値に近い流れ場をアンサンブルメンバーとして含むタイムラグアンサンブルを使ってデータ同化を行っているためである．このようにアンサンブルカルマンフィルタでは推定したい現象をうまく表現しうるアンサンブルを作成することが非常に重要である．

上述のようなアンサンブルの解析インクリメントへの影響をカルマンゲインの構造から確かめてみよう．カルマンゲインと状態ベクトルの修正式を再掲する．

$$\hat{K}_t = \hat{V}_{t|t-1} H_t^{\mathrm{T}} (H_t \hat{V}_{t|t-1} H_t^{\mathrm{T}} + R_t)^{-1} \quad \cdots \quad \text{カルマンゲイン} \tag{4.12}$$

$$\boldsymbol{x}_{t|t}^n = \boldsymbol{x}_{t|t-1}^n + \hat{K}_t (\boldsymbol{y}_t^n - H_t \boldsymbol{x}_{t|t-1}^n) \quad \cdots \quad \text{状態ベクトルの修正} \tag{4.13}$$

式 (4.13) からわかるように，カルマンゲインは計測値と計算値の差であるイノベーション $\boldsymbol{y}_t^n - H_t \boldsymbol{x}_{t|t-1}^n$ を状態ベクトルの次元の解析インクリメントへと変換している．したがって，カルマンゲイン，そして，それにイノベーションをかけた解析インクリメントが生成したアンサンブルとどう関係しているかを理解することで，アンサンブルカルマンフィルタにおけるアンサンブル生成の指針が得られると期待できる．まず，以下のような行列を定義する．これは縦ベクトルである状態ベクトルをアンサンブルメンバー数だけ横に並べることによって得られる行列であり，式 (4.7) と同じものであるが，ここでは流速成分で構成される行列要素を陽に示している．行列の各要素からはそれぞれのアンサンブル平均を引いておく．

$$\tilde{E}_{t|t-1} = \frac{1}{\sqrt{N-1}} \begin{bmatrix} \vdots & & \vdots \\ \tilde{u}_{i+\frac{1}{2},j}^{t|t-1,1} & & \tilde{u}_{i+\frac{1}{2},j}^{t|t-1,N} \\ \vdots & \cdots & \vdots \\ \tilde{v}_{i,j+\frac{1}{2}}^{t|t-1,1} & & \tilde{v}_{i,j+\frac{1}{2}}^{t|t-1,N} \\ \vdots & & \vdots \end{bmatrix} \tag{4.14}$$

この行列を用いると，共分散行列 $\hat{V}_{t|t-1}$ は以下のように表される．

$$\begin{aligned} \hat{V}_{t|t-1} &= \tilde{E}_{t|t-1} \tilde{E}_{t|t-1}^{\mathrm{T}} \\ &= \frac{1}{N-1} \begin{bmatrix} \vdots & & \vdots \\ \tilde{u}_{i+\frac{1}{2},j}^{t|t-1,1} & & \tilde{u}_{i+\frac{1}{2},j}^{t|t-1,N} \\ \vdots & \cdots & \vdots \\ \tilde{v}_{i,j+\frac{1}{2}}^{t|t-1,1} & & \tilde{v}_{i,j+\frac{1}{2}}^{t|t-1,N} \\ \vdots & & \vdots \end{bmatrix} \begin{bmatrix} \cdots & \tilde{u}_{i+\frac{1}{2},j}^{t|t-1,1} & \cdots & \tilde{v}_{i,j+\frac{1}{2}}^{t|t-1,1} & \cdots \\ & & \vdots & & \\ \cdots & \tilde{u}_{i+\frac{1}{2},j}^{t|t-1,N} & \cdots & \tilde{v}_{i,j+\frac{1}{2}}^{t|t-1,N} & \cdots \end{bmatrix} \end{aligned} \tag{4.15}$$

ここでは簡単のために計測データとして x 方向流速が計算格子点 (I, J) のみで得られるような場合を考える．すなわち，観測モデル H_t の $\tilde{u}_{I,J}^{t|t-1}$ に対応する要素のみが 1 で，他は 0 となるような場合である．式 (4.14) の行列にこの観測モデルを作用させると，計測点における流速変数のみをアンサンブルから抜き出した見通しのよいベクトルが得られる．

$$
\begin{aligned}
H_t \tilde{E}_{t|t-1} &= \frac{1}{\sqrt{N-1}} [\cdots 1 \cdots] \begin{bmatrix} \vdots & & \vdots \\ \tilde{u}_{i+\frac{1}{2},j}^{t|t-1,1} & & \tilde{u}_{i+\frac{1}{2},j}^{t|t-1,N} \\ \vdots & \cdots & \vdots \\ \tilde{v}_{i,j+\frac{1}{2}}^{t|t-1,1} & & \tilde{v}_{i,j+\frac{1}{2}}^{t|t-1,N} \\ \vdots & & \vdots \end{bmatrix} \\
&= \frac{1}{\sqrt{N-1}} \left[\tilde{u}_{I,J}^{t|t-1,1}, \ldots, \tilde{u}_{I,J}^{t|t-1,N} \right]
\end{aligned}
\tag{4.16}
$$

このベクトルを用いると，カルマンゲインの計算に必要な

$$
H_t \hat{V}_{t|t-1} H_t^{\mathrm{T}} + R_t = H_t \tilde{E}_{t|t-1} (H_t \tilde{E}_{t|t-1})^{\mathrm{T}} + R_t \tag{4.17}
$$

の計算結果はスカラー値になり，カルマンゲインにおける逆行列の計算はスカラー値の割り算になる．したがって，この場合には式 (4.12) の $(H_t \hat{V}_{t|t-1} H_t^{\mathrm{T}} + R_t)^{-1}$ は解析インクリメントの大きさを変化させるが，空間分布は変化させない．ここで，観測誤差共分散行列 R_t もスカラー値の観測誤差分散となる．さて，残りの部分を見てみよう．

$$
\begin{aligned}
\hat{V}_{t|t-1} H_t^{\mathrm{T}} &= \tilde{E}_{t|t-1} (H_t \tilde{E}_{t|t-1})^{\mathrm{T}} \\
&= \frac{1}{N-1} \begin{bmatrix} \vdots & & \vdots \\ \tilde{u}_{i+\frac{1}{2},j}^{t|t-1,1} & & \tilde{u}_{i+\frac{1}{2},j}^{t|t-1,N} \\ \vdots & \cdots & \vdots \\ \tilde{v}_{i,j+\frac{1}{2}}^{t|t-1,1} & & \tilde{v}_{i,j+\frac{1}{2}}^{t|t-1,N} \\ \vdots & & \vdots \end{bmatrix} \begin{bmatrix} \tilde{u}_{I,J}^{t|t-1,1} \\ \vdots \\ \tilde{u}_{I,J}^{t|t-1,N} \end{bmatrix}
\end{aligned}
\tag{4.18}
$$

式 (4.18) から残りの部分はアンサンブルメンバーの状態ベクトルを並べた行列と観測相当変数のアンサンブルの積，すなわち，状態ベクトルのアンサンブルを観測相当変数のアンサンブルで重み付けしたものになる．したがって，解析インクリメントの分布は使用したアンサンブルが持つ摂動によって決まることがわかる．

観測モデルに上記のような仮定をおかない場合について Evensen [33] に従って導出しておこう．式 (4.8)，(4.12) および (4.13) からアンサンブルの修正式は以下のように書き直すことができる．

$$\boldsymbol{x}_{t|t}^n = \boldsymbol{x}_{t|t-1}^n + \tilde{E}_{t|t-1}(H_t\tilde{E}_{t|t-1})^{\mathrm{T}}\left[H_t\tilde{E}_{t|t-1}(H_t\tilde{E}_{t|t-1})^{\mathrm{T}} + R_t\right]^{-1}(\boldsymbol{y}_t^n - H_t\boldsymbol{x}_{t|t-1}^n) \tag{4.19}$$

ここで，Evensen [33] に変数名も従ってアンサンブルメンバーを並べた行列 $A_{t|t-1} = [\boldsymbol{x}_{t|t-1}^1, \ldots, \boldsymbol{x}_{t|t-1}^N]$ を定義し（$\tilde{E}_{t|t-1}$ と異なりアンサンブル平均を引いていない），また，$X_4 = (H_t\tilde{E}_{t|t-1})^{\mathrm{T}}\left[H_t\tilde{E}_{t|t-1}(H_t\tilde{E}_{t|t-1})^{\mathrm{T}} + R_t\right]^{-1}(Y_t - H_tA_{t|t-1})$ とおくと ($Y_t = [\boldsymbol{y}_t^1, \ldots, \boldsymbol{y}_t^N]$)，式 (4.19) は以下のように書き直すことができる．

$$A_{t|t} = A_{t|t-1} + \tilde{E}_{t|t-1}X_4 \tag{4.20}$$

ここで，$\tilde{E}_{t|t-1} = (A_{t|t-1} - A_{t|t-1}I_N)/\sqrt{N-1}$ という表記を用いると，

$$\begin{aligned} A_{t|t} &= A_{t|t-1} + \frac{1}{\sqrt{N-1}}(A_{t|t-1} - A_{t|t-1}I_N)X_4 \\ &= A_{t|t-1}\left(I + \frac{X_4}{\sqrt{N-1}}\right) = A_{t|t-1}X_5 \end{aligned} \tag{4.21}$$

と書くことができる．ここで，I_N は要素が全て $1/N$ の N 次正方行列，I は単位行列であり，$A_{t|t-1}I_N$ により各列の平均が計算される．また，$I_NX_4 = 0$ であることを利用している．式 (4.21) から，計測データによるアンサンブルの更新は行列 X_5 の乗算で表現できることがわかる．すなわち，フィルタリング後のアンサンブルはフィルタリング前のアンサンブルを行列 X_5 で重み付けしたものになっている．行列 X_5 は優対角で各列の要素の和は 1 になっているが，これはフィルタリング後のアンサンブルメンバーがフィルタリング前のアンサンブルメンバーを中心としたアンサンブルの重み付け平均となっていることを示

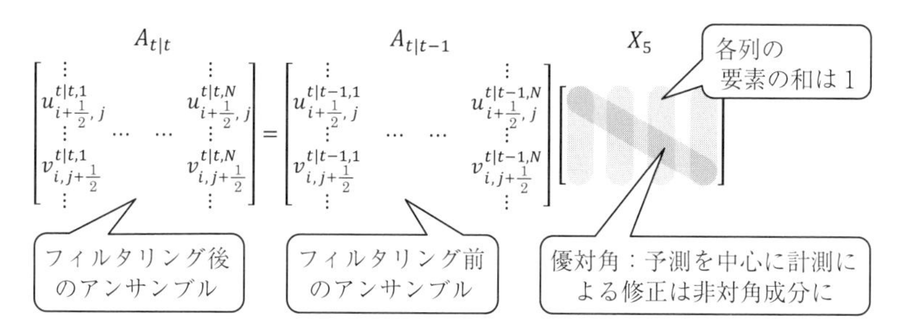

図 4.11 行列 X_5 によるアンサンブルの更新

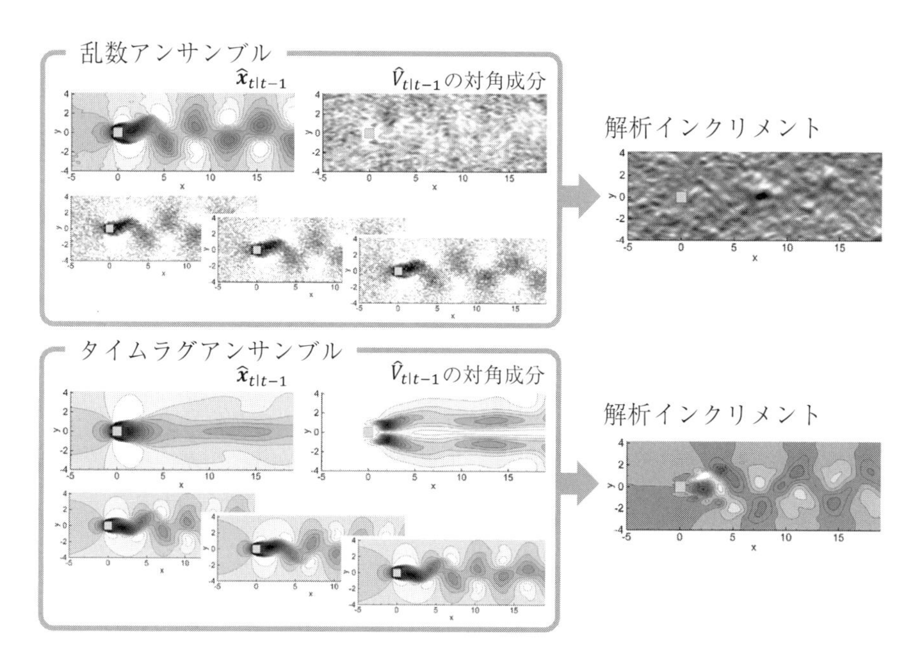

図 4.12 乱数・タイムラグアンサンブルおよび対応する解析インクリメント

している（図 4.11）[33].

アンサンブルの解析インクリメントへの影響を乱数アンサンブルおよびタイムラグアンサンブルで実際に確かめてみよう．先ほどの例のようにカルマン渦列の位相ずれを修正するような問題を考え，計測点は角柱後流に 1 点設定した．図 4.12 にそれぞれのアンサンブルから計算したアンサンブル平均・分散および初回のフィルタリングにおける解析インクリメントを示す．乱数アンサンブルでは流れ場全体に解析インクリメントの変動が見られ，これはアンサンブルの摂動の様子を反映していることがわかる．一方，タイムラグアンサンブルでは角柱後流部分にのみ変動が見られる．こちらもアンサンブルの分散の大きな領域に対応している．カルマン渦列の位相ずれをこれらの解析インクリメントで修正することを考えると，タイムラグアンサンブルの方がカルマン渦列の空間的な流速変動に対応しており，実際にデータ同化時の真値への収束が早いことは先に確かめた．一方で，例えば，角柱前方の流れ場の修正を行う場合を考えると，タイムラグアンサンブルでは解析インクリメントがほぼゼロであるため，角柱上流に計測データがある場合においても流れ場の修正を行うことはできない．それならば，流れ場全体に解析インクリメントの変動がある乱数アンサンブルを用いれば任意の位置における計測データを同化することができるかというと，一筋縄ではいかないということは次節で確認する．

ところで，ここで設定したような位相ずれ修正の問題では，どちらのアンサンブルを使ったとしても角柱後流の計測点1点では正しく推定することができない．そこで，計測点を増やした場合の解析インクリメントの分布を図4.13に示す．計測点を増やした場合にも乱数アンサンブルでは解析インクリメントの分布はあまり変わらない．一方，タイムラグアンサンブルでは解析インクリメントの分布にカルマン渦列に相当する変動が現れている．実際，図4.10に示すように，この程度の計測量があればタイムラグアンサンブルによって1回のフィルタリングで位相ずれをほぼ修正することができる．

アンサンブルを作る際の摂動としては，特に流体問題の場合にはナビエ・ストークス方程式自体から生成されるようなものが好ましい．上述のような正規乱数ベクトルを利用して計算格子点ごとに摂動を与える乱数アンサンブルは，流れの空間スケールを無視していることから流体問題には適していないといえる．そこで，アンサンブルの生成に利用できる疑似的な乱流構造を持つ変動場を導入しておく．統計的な疑似乱流場の生成方法はいくつか提案されているが，ここではその一つであるstochastic noise generation and radiation (SNGR) を紹介する [34]．乱流場における流速変動を波長や振幅の異なるフーリエモードの和で以下のように表現する．

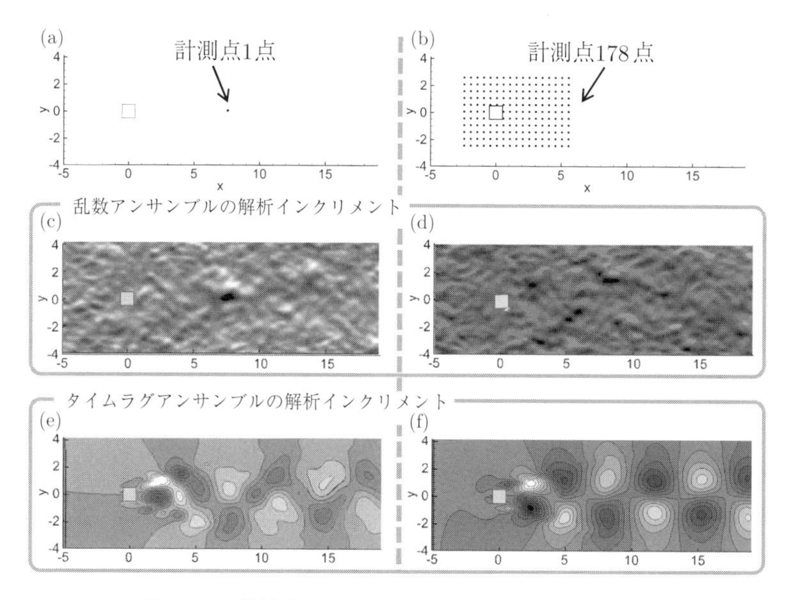

図 **4.13** 解析インクリメントへの計測データ量の影響

$$\boldsymbol{u}_{\mathrm{SNGR}}(\boldsymbol{z}) = 2\sum_{s=1}^{S} u_{ts}\cos(\boldsymbol{k}_s\cdot\boldsymbol{z}+\phi_s)\boldsymbol{\sigma}_s \tag{4.22}$$

ここで，u_{ts} は振幅，ϕ_s は位相，$\boldsymbol{\sigma}_s$ は第 s モードの方向ベクトル，S は考慮したモード数である．非圧縮性を仮定すると，速度場の発散ゼロ ($\nabla\cdot\boldsymbol{u}_{\mathrm{SNGR}}=0$) から $\boldsymbol{k}_s\cdot\boldsymbol{\sigma}_s=0$ $(s=1,\ldots,S)$ という条件が得られる．波数ベクトル $\boldsymbol{k}_s$ を定義する角度は一様乱数で与えるため，本手法においては変動場の分散および平均は規定されているが歪度など高次の統計量は正しくない．フーリエモードの振幅 u_{ts} は例えば von Karman スペクトル

$$E(k_s) = A\frac{\frac{2}{3}K}{k_e}\frac{(k_s/k_e)^4}{[1+(k_s/k_e)^2]^{17/6}}\exp[-2(k_s/k_{\mathrm{Kol}})^2] \tag{4.23}$$

を用いて $u_{ts}=\sqrt{E(k_s)\Delta k_s}$ と表すことで，実際の乱流場に近いスケール分布を持つ変動を生成することができる．式 (4.23) において，A, K, k_s, k_e, k_{Kol} はそれぞれ定数，乱流運動エネルギー，第 s モードの波数，ピーク波数，コルモゴロフ波数である．k_e および k_{Kol} で疑似乱流場の最大および最小スケールを指

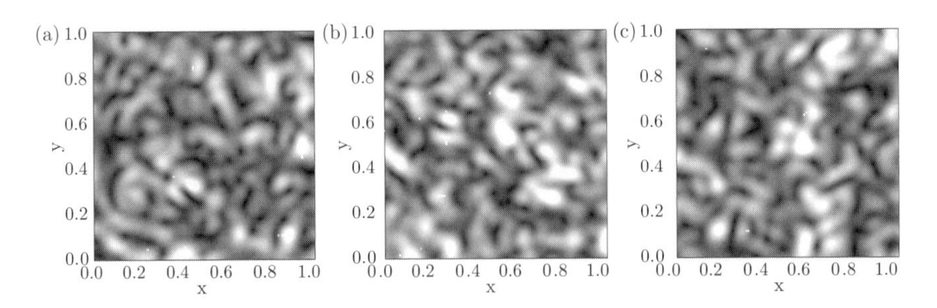

図 4.14　SNGR によって異なる乱数から生成された疑似乱流場の例

定し，最も運動エネルギーの大きな変動は k_e で決まる．そして，スケール分布は式 (4.23) に従うことになる．図 4.14 に生成された疑似乱流場の例を渦度で可視化して示す．ここでは $\boldsymbol{k}_s$ を定義する角度および ϕ_s に関して異なる乱数値で生成した疑似乱流場を示している．このような疑似乱流場は，乱流場の流速変動による不確かさを表現するアンサンブルを簡易に生成する方法となりうる．

4.3　過渡的な流れ場の推定

4.3.1　データ同化の問題設定

前節と同じ問題設定において角柱の前方に渦を 1 つ配置し，それが下流に向かって移流するような問題を考える．4.2 節のカルマン渦列の位相ずれ修正の場合と異なり，過渡的な渦の流れ場を推定する問題となっている．このような流れ場が逐次的手法であるアンサンブルカルマンフィルタによってどのように推定されるかを検討する．角柱上流に配置する渦としては，以下の式で定義される Burnham-Hallock 渦モデルを用いる．

$$v_\theta(r) = \frac{\mathit{\Gamma}_0}{2\pi r}\frac{r^2}{r^2 + r_c^2} \tag{4.24}$$

ここで $v_\theta(r)$ は渦の周方向速度を示しており，渦中心からの距離 r の関数である．渦の強さは循環 $\mathit{\Gamma}_0$ で決まり，渦のコア半径は r_c である ($r_c = 0.5$)．配置された渦は図 4.15 に示すように角柱およびカルマン渦列と干渉しながら流れ去っていくことになる．図 4.15 では角柱上流の渦および角柱からの渦放出が渦度の大きさで可視化されている．

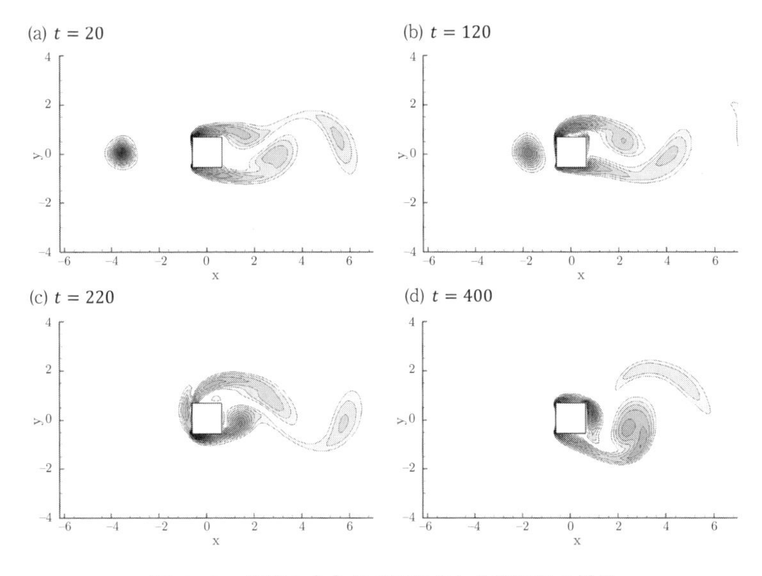

図 4.15　渦度の大きさで可視化した移流渦の様子

図 4.16 に双子実験の設定を示す．計算領域は前節の計算と同様であるが，カルマン渦列の位相ずれを設定しない．そして，図 4.15 に示すように真値となる数値シミュレーションでは Burnham-Hallock 渦モデルで定義される速度場をカルマン渦列の流れ場に重ね合わせる．このとき，渦の中心位置は $x = -4.0$, $y = 0.0$ である．一方，データ同化は Burnham-Hallock 渦のない流れ場から開始し，移流する渦の速度場を疑似計測値に基づき再現する．初期アンサンブルは正規ノイズで生成した乱数アンサンブルとしている．

また 4.2.3 項と同様に，データ同化に関わるいくつかのパラメータを変化させたときのデータ同化結果も検討する．すなわち，アンサンブル数，初期アンサンブルおよび観測ノイズの分散の大きさ，4.1.2 項で述べた計測点数の密度および同化を行うステップ間隔，そして，疑似計測値に含まれるノイズの分散を変えて，流れ場全体および図 4.17 に示すモニタリング点における流速の時間履歴を真値と比較することでデータ同化結果を評価する．データ同化に用いる計測点の範囲は図 4.17 に破線で示す角柱上流の範囲であり，渦が移流してくる経路を含んでいる．

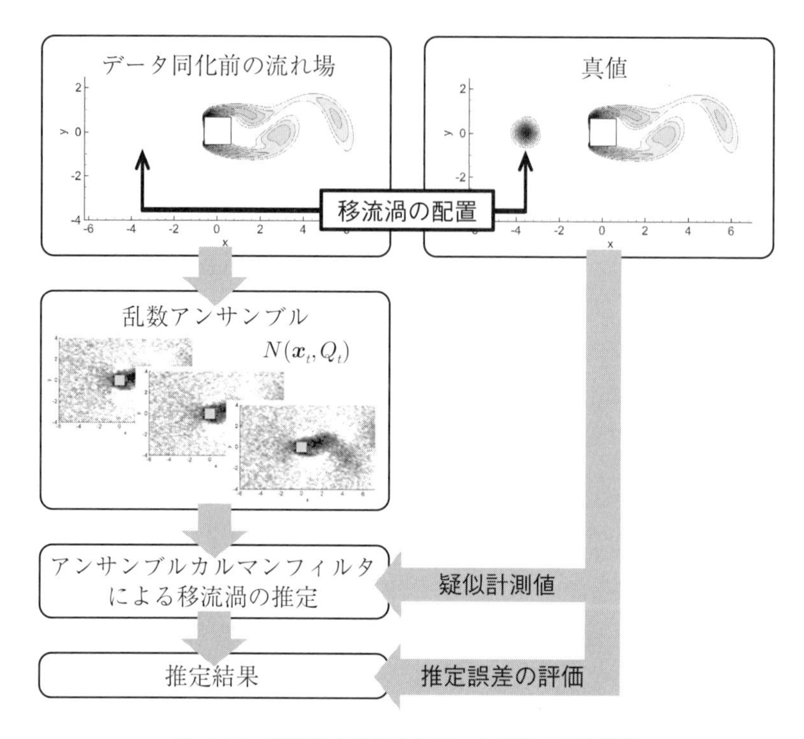

図 4.16　移流渦を推定するデータ同化の双子実験

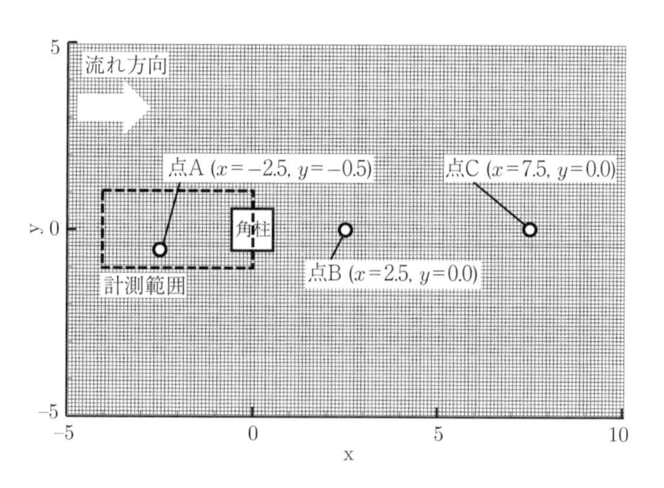

図 4.17　角柱まわりの計測範囲と流速モニタリング点

4.3.2 推定された流れ場の様子

図 4.18(a) および (b) にアンサンブルカルマンフィルタによる推定結果および真値を x 方向流速の可視化で示す．図からわかるようにアンサンブルカルマンフィルタによる推定では角柱上流の渦がはっきりと確認できない．図 4.19 に黒

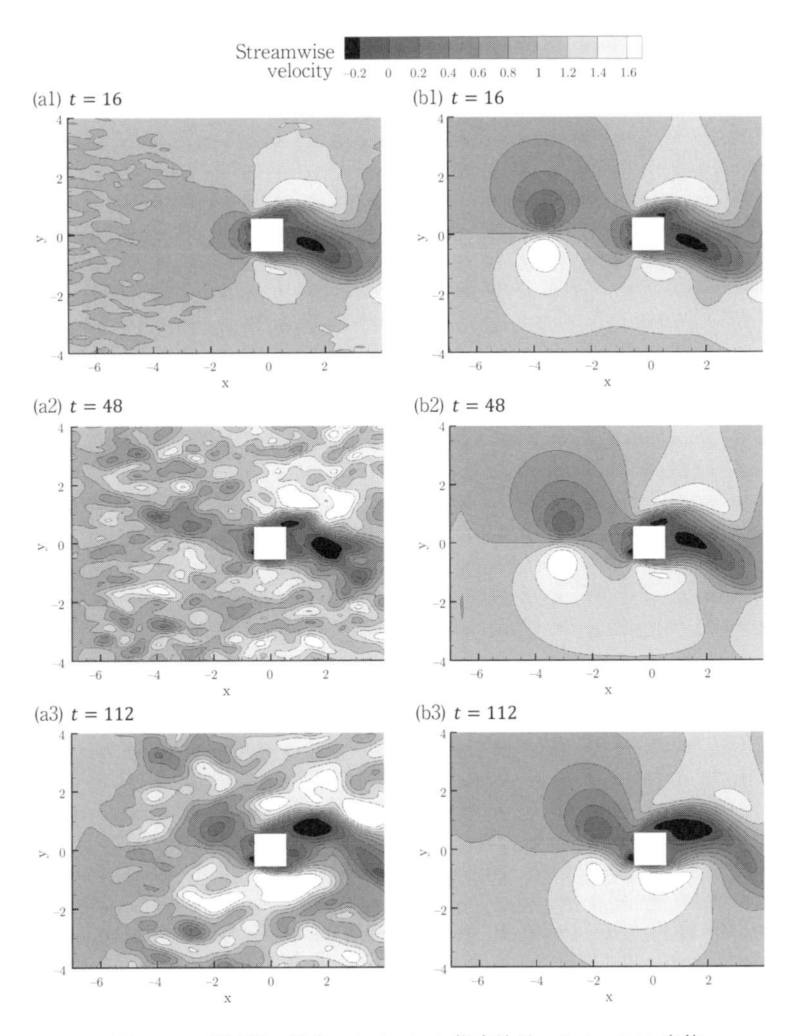

図 **4.18** 移流渦の推定，(a1) – (a3) 推定結果，(b1) – (b3) 真値

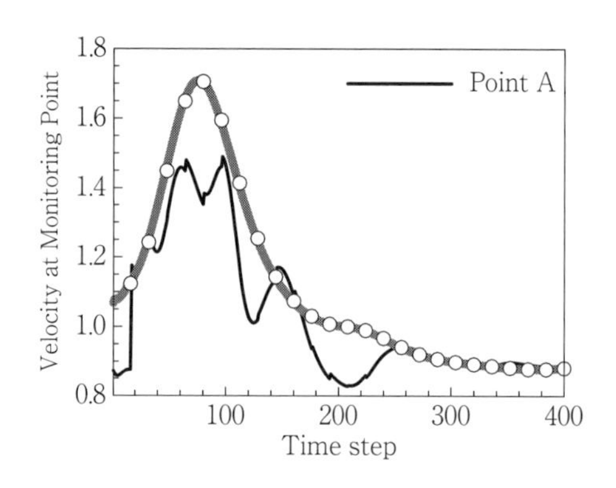

図 **4.19**　モニタリング点 A における流速の時間履歴

実線で示すモニタリング点 A の流速からも，移流する渦による流速の上昇ではなく流れ場の乱れによる流速変動が見られるためデータ同化によって渦が十分に再現できていないことがわかる．以下ではこのような状況に対して，どのようにアプローチすべきかを検討する．4.2.4 項の検討からアンサンブルカルマンフィルタにおいては初期アンサンブルの生成方法が推定の善し悪しに大きく影響することが明らかになっているので，初期アンサンブルの工夫が有力であるが，他の改善テクニックと併せて検討してみる．

4.3.3　アンサンブルカルマンフィルタの工夫

4.1.3 項で導入した標準的なアンサンブルカルマンフィルタと 4.3.1 項で示したデータ同化の設定では過渡的な現象である移流渦をうまく推定することができなかった．これまで述べてきたように，用意したアンサンブルが移流する渦を捉えるのに適していないのが原因であると考えられる．このときのアンサンブルは推定すべき移流渦を捉えるような摂動を持っておらず，サンプリングエラーが大きいともいえる．このようなアンサンブルのサンプリングエラーを解消する方法として**局所化** (localization) がある [2]．共分散行列は状態ベクトルの要素に関するアンサンブルメンバー間の相関を表現しているが，乱数などでアンサンブルを作成すると空間的に離れた計算格子点の変数同士の相関がランダムに考慮されてしまう．このような必要としない相関によって，図 4.18(a2)

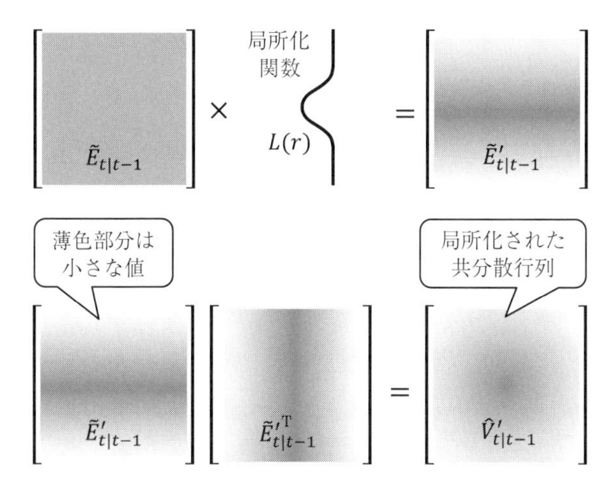

図 **4.20**　共分散行列の局所化の模式図

に示すように流れ場の修正が必要ではない場所においても解析インクリメントが発生し，推定に悪影響を及ぼしている．これらの不要な相関を格子点間距離の関数で打ち切ることで，サンプリングエラーを解消するのが局所化である．

ここでは局所化関数 $L(r)$ をアンサンブルにかけることで共分散行列の局所化を行った．式 (4.7) のアンサンブルの摂動を含む行列に対して，計測点を中心に正規分布のような局所化関数 $L(r)$ をかけることで計測点から離れた計算格子点におけるアンサンブルの摂動を打ち消す ($\tilde{E}'_{t|t-1} = \tilde{E}_{t|t-1}L(r)$)．この $\tilde{E}'_{t|t-1}$ から計算した共分散行列 ($\tilde{E}'_{t|t-1}\tilde{E}'^{\mathrm{T}}_{t|t-1}$) においては，図 4.20 に模式的に示すように計測点から離れた位置での分散・共分散が小さくなる．局所化関数としては，正規分布を近似し，遠方でゼロとなる以下のような 5 次関数を用いる [2]．

$$
L(r) = \begin{cases} 1 - \dfrac{1}{4}r^5 + \dfrac{1}{2}r^4 + \dfrac{5}{8}r^3 - \dfrac{5}{3}r^2 & (r \leq 1) \\ \dfrac{1}{12}r^5 - \dfrac{1}{2}r^4 + \dfrac{5}{8}r^3 + \dfrac{5}{3}r^2 - 5r + 4 - \dfrac{2}{3}r^{-1} & (1 < r \leq 2) \\ 0 & (r > 2) \end{cases} \tag{4.25}
$$

ここで r は局所化半径で規格化した計測点からの距離である．

図 4.21 は前項と同じような乱数アンサンブルによる推定の例であるが，局所化を用いることで角柱前方の移流渦がはっきりと現れていることがわかる．こ

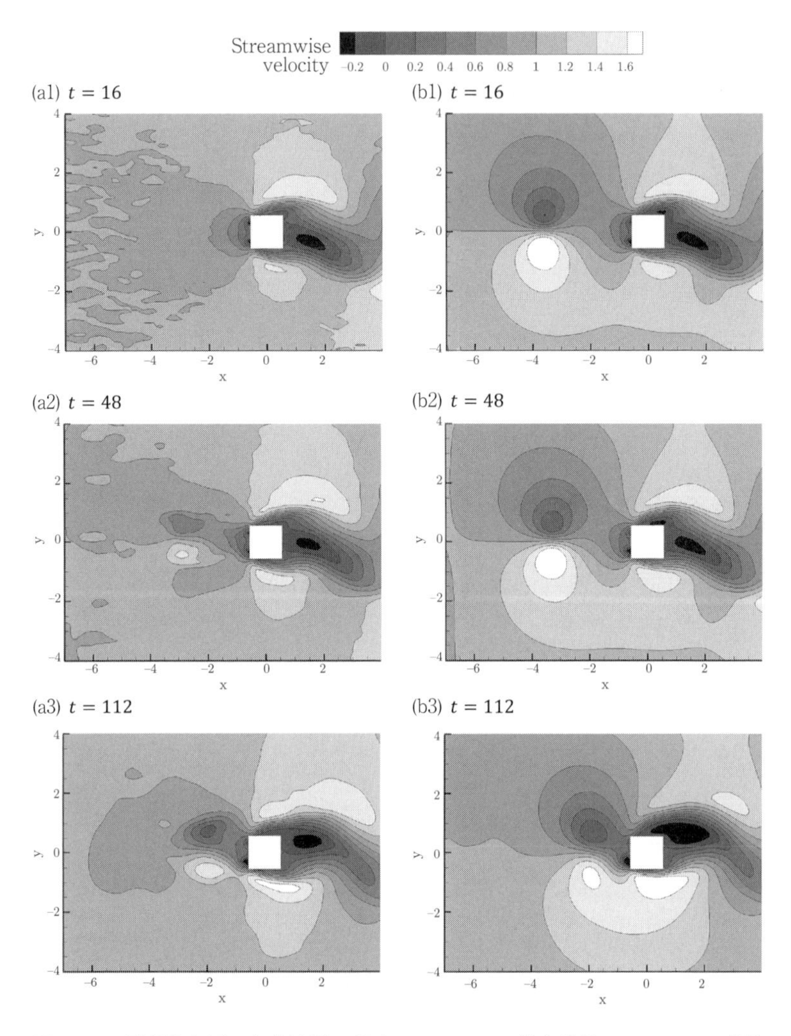

図 4.21　局所化を用いた移流渦の推定，(a1)－(a3) 推定結果，(b1)－(b3) 真値

れは局所化により共分散行列の不要な相関がなくなり，余分な解析インクリメントが消失したためである．当然ながら，アンサンブルカルマンフィルタは逐次的な推定方法であるため，データ同化により計測データを反映させる前の期間では渦を再現できず，また，同化を繰り返すことで徐々に移流渦が再現され

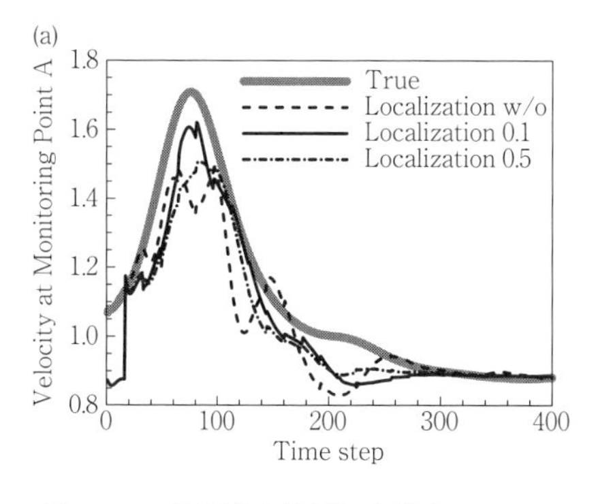

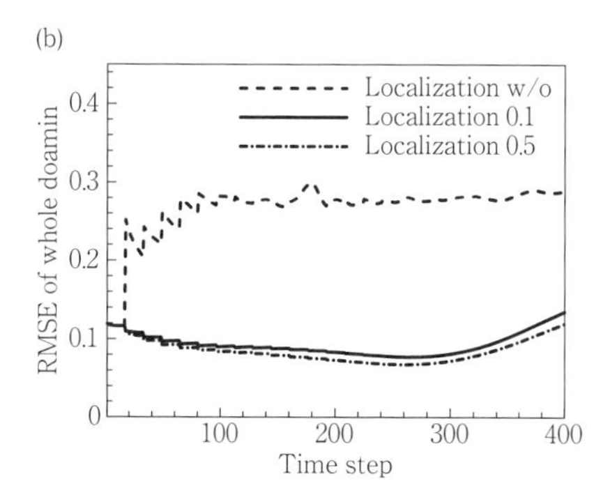

図 4.22 局所化を使用した場合のモニタリング点 A における流速と RMSE の時間履歴

表 4.2 移流渦の推定で考慮したデータ同化に関わるパラメータ

パラメータ	値
局所化半径（角柱一辺 $D = 1.0$）	**0.1**, 0.5, ∞
アンサンブル数	20, **50**, 80
初期アンサンブル分散	0.01, **0.1**, 0.4
観測誤差分散	0.001, **0.01**, 0.1
空間計測密度（格子点ごと）	1, **2**, 4
時間計測密度（時刻ステップごと）	8, **16**, 32
疑似計測値のノイズ分散	**0.0**, 0.01, 0.1

るようになる．この点は 4 次元変分法などの変分型手法との違いであり，対象とする現象に応じて手法を選択する必要がある．図 4.22 に示すモニタリング点での流速を見ると，真値からずれているものの，渦の移流の様子が捉えられ，このときの流れ場の RMSE は図 4.22(b) に示すように局所化を用いない場合と比較して大幅に減少している．局所化を使用しないアンサンブルカルマンフィルタと比べると大きな改善である．設定しなければいけないパラメータの増加は改善テクニック導入時の難点であるが，局所化に関しても局所化の影響範囲を決めるための局所化半径を予め設定する必要がある．図 4.22 では角柱一辺を 1 としたときの長さで局所化半径を 0.1，0.5，∞（局所化なしに相当）と変化させている．真値との比較からは局所化半径 0.1 のときが最もよい結果となっている．いま推定すべき渦の半径が 0.5 であることから，推定すべき渦の流速変動よりも小さな値であることがよい結果につながっていると考えられる．

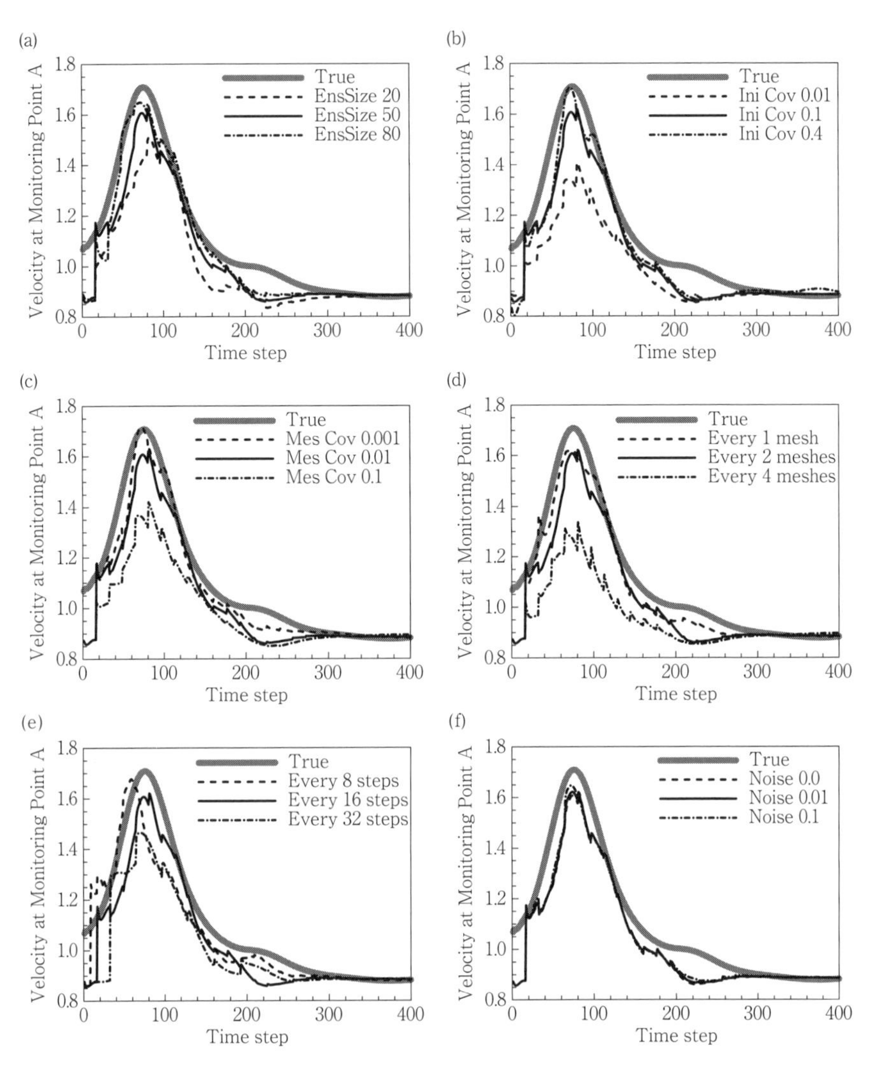

図 4.23　モニタリング点 A におけるパラメータの影響

表 4.2（前ページ）に示す局所化半径以外のデータ同化パラメータの影響を調べていく．図 4.23(a) で示すアンサンブル数の影響に関しては，アンサンブル数を 50 から 80 に増やすことで移流渦による流速履歴のピークが改善されてい

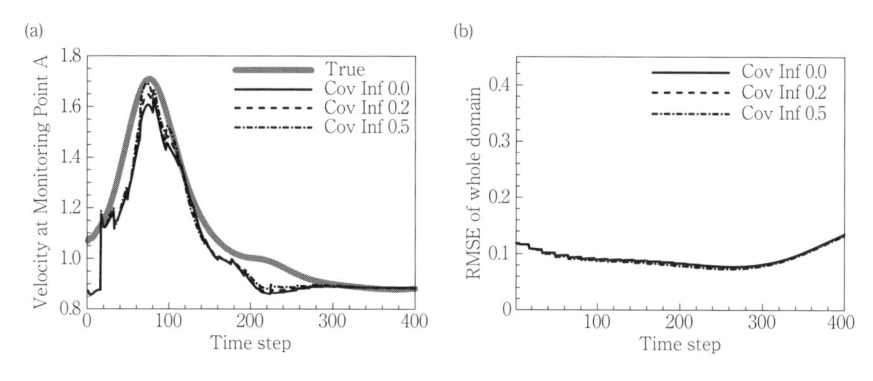

図 4.24 移流渦の推定における共分散膨張の効果

ることがわかる．図 4.23(b) および (c) から初期アンサンブル分数が大きく，また，観測誤差分散が小さい場合に渦のピークをよく捉えていることがわかる．時空間的な計測量に関しては，図 4.23(d) および (e) から特に空間計測密度に関して高解像度の計測データで改善が見られる．図 4.23(f) から疑似計測データに含まれるノイズの影響は小さいことがわかる．これはアンサンブルカルマンフィルタのノイズを含む計測データへの対応能力が優れているということを示している．

カルマンフィルタを繰り返し適用していると，アンサンブルの広がり（共分散行列の大きさ）が過度に小さくなってしまうことがある．計測データの同化により推定の確度が上がることで共分散行列は小さくなるが，アンサンブルの広がりは解析インクリメントの大きさに対応しており，共分散行列が過度に小さくなってしまうと流れ場の修正が行われなくなってしまう．そのような状況においては，共分散行列を意図的に大きくする共分散膨張という手法が用いられる．例えば，カルマンゲインを計算するのに利用する式 (4.7) のアンサンブル摂動を，

$$\tilde{E}'_{t|t-1} = (1+\delta)\tilde{E}_{t|t-1} \tag{4.26}$$

のようにして拡大することで共分散膨張を実現できる．ここで δ は小さな正数である．図 4.24 に移流渦に推定における共分散膨張の効果を示す．流速のモニタリング値から渦による流速ピークが若干真値に近づいていることがわかる．

図 4.21 に示したように局所化によって移流渦が再現されるようになったが，図

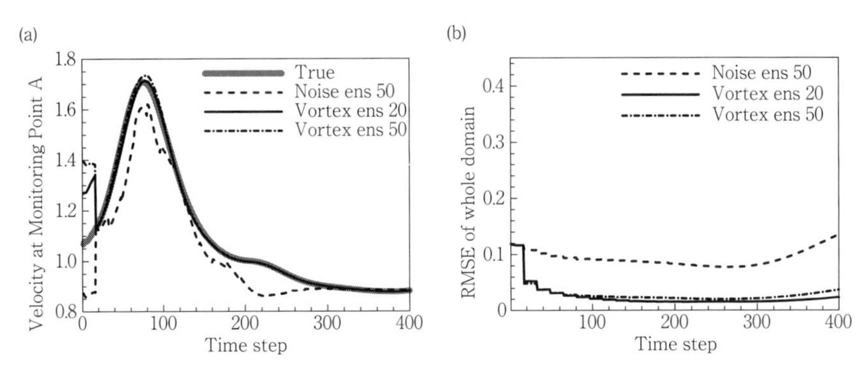

図 **4.25**　渦アンサンブルによる移流渦の推定結果

4.22 における真値との比較を見ると若干物足りないと感じるかもしれない．以下では局所化に加えてどのような改善方法があるかを検討する．ここでは 4.2.4 項と同様にアンサンブルの生成方法を工夫してみよう．位相ずれ修正の結果を参考にすると，アンサンブルカルマンフィルタの精度を向上させるためには求める場に近いアンサンブルメンバーを採用する必要がある．未知の現象を推定する場合には難しいが，事前に持っている知識を総動員してアンサンブルを生成することになる．ここで扱っている移流渦の問題に関しては，「角柱前方のどこかに大きさが既知の渦が存在する」という事前情報が存在するとしよう．このような仮定をおくと，初期アンサンブルに関しては真値と同じ大きさの渦に関して中心位置と循環強さを変えた場を多数用意すればよい（これを渦アンサンブルと呼ぶ）．ここでは $-6.0 \le x \le -2.0$, $-0.5 \le y \le 0.5$ の範囲で乱数により渦の中心位置を生成してアンサンブルを作成している．また，循環強さは真値の 80〜100%の範囲で乱数により決定した．そのようなアンサンブルを用いて推定した結果を図 4.25 に示す．データ同化を行った時刻から真値によく一致しているのがわかる．同時に RMSE も小さな値となっている．

このような推定の様子を見ると，はじめからナビエ・ストークス方程式の解を，例えばフーリエモードのような何かしらのモードで表現したモデルを構築し，流れ場の推定に必要な少数のパラメータ（上記の例では渦の初期位置座標 x, y および循環強さ）に関する推定を行えばよいのではないかという着想が得られる．実際にそのような方法が有効な場合もあり，次元縮約モデルとして第6章で紹介する．

4.3.4 アンサンブルカルマンスムーザ

逐次型データ同化手法では計測データが得られるたびに状態ベクトルの修正を行うため，推定された状態ベクトルの時間履歴が不連続となる場合がある．これはアンサンブルカルマンフィルタにおける状態ベクトルの更新においてシステムモデルで予測されるような状態ベクトルの連続性を考慮しないためである．定常となるべき状態ベクトルの収束値を求める場合にはこのような途中結果の不連続は問題とならないが，ある時間区間で複数の計測値に一致するような滑らかな状態ベクトルの履歴を得る目的には適していない場合がある．このような逐次型データ同化における状態ベクトルの履歴の不連続は計測情報を過去にも反映させるカルマンスムーザによって解消することができる．アンサンブルカルマンフィルタに対応するものとしては，**アンサンブルカルマンスムーザ** (ensemble Kalman smoother, EnKS) が存在する [33]．

アンサンブルカルマンスムーザでは計測データが得られるたびに保存しておいた過去のアンサンブルに対してもフィルタリングを行うことで，新たな時刻の計測値を過去のアンサンブルに反映させる．これにより新しい計測値の情報が過去に伝わることになる．アンサンブルカルマンスムーザにおけるアンサンブルの更新は式 (4.21) で導入した行列 X_5 を用いて以下のように表現できる [33]．

$$A_{t|T}^{\mathrm{EnKS}} = A_{t|t}^{\mathrm{EnKS}} \prod_{s=t+1}^{T} X_{5,s} \tag{4.27}$$

ここでは，行列 X_5 で2回以上更新されたアンサンブル $A_{t|t}$ を $A_{t|t}^{\mathrm{EnKS}}$ と表記している．アンサンブルカルマンフィルタでは行列 X_5 によるアンサンブルの更新は1回だけ行われるのに対して，アンサンブルカルマンスムーザでは計測データが得られるたびに行列 X_5 を過去のアンサンブルに対しても適用していくので，古い時刻のアンサンブルほど多く行列 X_5 による更新が行われている．しかしながら，現在の計測時刻から離れるにつれて更新量は少なくなる．式 (4.27) では過去のアンサンブルの更新を行うために，システムモデルの時間発展を行っ

た過去の時間区間にわたってアンサンブルを保持しておく必要があり，アンサンブル数や考慮する時間区間の長さによってはメモリや計算コストに関する負荷が大きくなる．ある時間区間を考慮する固定区間スムーザに対して，過去の特定の時刻のみを対象とする固定点スムーザや，計測値が得られる時刻から短い時間区間だけ遡る固定ラグスムーザを考える場合には，メモリや計算コストに関する負荷は緩和される．また，空間的に限られた領域のみに注目している場合には，状態ベクトルのアンサンブルに関してもその領域の状態ベクトル要素の履歴のみを保存すればよいのでコスト削減につながる．

アンサンブルカルマンスムーザの適用例として，移流渦の問題に対して固定区間スムーザを適用した結果を図4.26に示す．ここでは渦アンサンブルを使用している．渦の初期位置および循環強さの変動範囲は前と同じである．図4.26に破線で示しているアンサンブルカルマンフィルタの結果では丸で示す計測値が得られるたびに流速値が不連続に変化していることがわかる．一方で，計測値が得られるたびに保存しておいた過去のアンサンブルを更新するアンサンブルカルマンスムーザでは推定値がより滑らかになっており，最初の計測値が得られるまでの予測（アンサンブルカルマンフィルタでは真値から大きく離れている）も改善されている．これらの予測に対応するアンサンブルから計算された標準偏差もエラーバーで図4.26に示す．アンサンブルカルマンスムーザでは

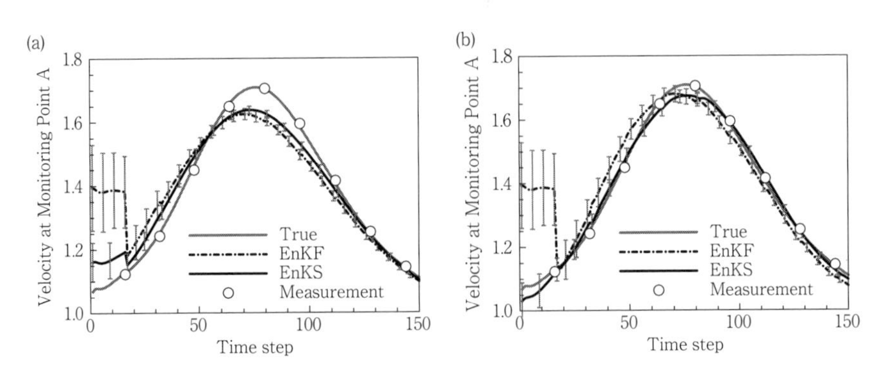

図 4.26　アンサンブルカルマンフィルタとアンサンブルカルマンスムーザの比較, (a) 局所化なし, (b) 局所化半径 0.1

アンサンブルを計測値によって繰り返し更新することにより，アンサンブルカルマンフィルタによる標準偏差よりも小さくなる．

4.4 おわりに

本章では，アンサンブルカルマンフィルタを用いて周期的および過渡的な流れ場の推定を行うことで，逐次型データ同化手法によるデータ同化の様子や精度改善のためのテクニックを解説した．アンサンブルカルマンフィルタを用いると既存 CAE ソフトウェアとの組み合わせにより比較的容易にデータ同化システムを構築することができる．その一方で，アンサンブルの作成方法にコツが必要であったり，逐次的に状態ベクトルを更新するため過渡的な現象に対して滑らかな時間履歴を得ることが難しかったりなど，4 次元変分法などの変分型データ同化との本質的な違いがある．そのような特性・使い方をしっかり理解した上で，適切に問題設定を行うことができれば，アンサンブルカルマンフィルタは非常に強力なデータ同化手法となりうる．アンサンブルカルマンフィルタでは状態ベクトルに数値シミュレーションモデルの不確かなパラメータを加えることで，状態ベクトルと同時にモデルパラメータの推定を行うことができる．アンサンブルカルマンフィルタを用いたモデルパラメータ推定の例は第 8 章で触れる．

コラム（デジタルツイン・CPS とデータ同化）

ものづくりの現場においては，数値シミュレーションや最適化技術の役割がますます大きくなっている．様々な関連ソフトウェアが産官学で開発され，無料や一定の費用負担で設計プロセスに導入できるようになった．それと同時に，設計技術を差別化するのが困難になり，その成果物である製品自体の差別化も難しくなってきたといえるかもしれない．加えて，数値シミュレーション結果と実験計測結果を比較する際に問題となるそれぞれの不確かさへの対処が必要となってきている．

一方で，デジタルツインやサイバーフィジカルシステム (cyber physical system, CPS) といった概念においては，サイバー空間（システムモデルや数値シミュレーションの世界）とフィジカル空間（センシング情報でサンプリングされる現実世界）を結びつけることで，新たな価値・サービスを創出することを目指しているとされる．デジタルツインや CPS の事例は様々あると思われるが，航空宇宙分野における代表的な例としては航空機エンジンの保守サービスの試みがある．

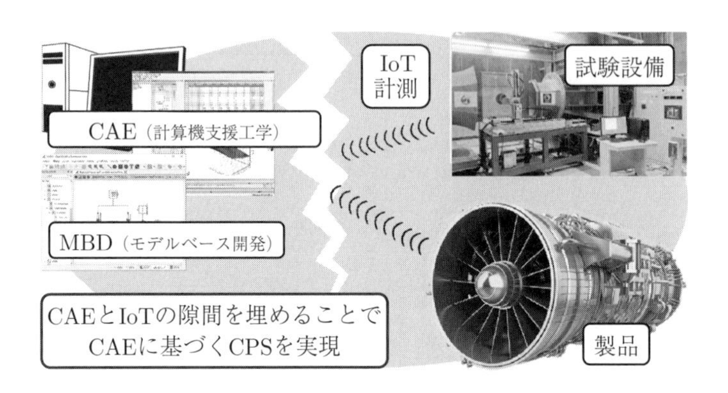

図 4.27　データ同化を活用した CAE ベースの CPS に向けて

計測機器の小型化・汎用品化， Internet of Things (IoT) の動き，高速通信の発達などによって，製品や現場でのデータ取得が容易になり，また，取得したデータをまとまった解析が可能なサーバまで送ることが可能になってきている．まさにデータ同化的なアプローチのための環境が整ってきているといえる．

デジタルツインや CPS を実現するための大きな課題の 1 つとして，サイバー空間とフィジカル空間との乖離が挙げられるが，データ同化は現実空間から得られる計測データと仮想空間におけるモデルをつなぐ技術の一つとなりうる（図 4.27）．サイバー／バーチャル空間の技術である計算力学がさらにフィジカル／リアル空間の現象に近づくことによって，計測情報と数値シミュレーションモデルから真の状態を推定するベイズ的アプローチが様々な分野で用いられ，それがサイバーとフィジカルの融合を促進するものと期待される．

5 流体現象の変分型データ同化

変分型データ同化手法は高次元の状態ベクトルを推定することのできる手法であるが，アジョイントコードの構築が必要とされるなど導入に際して手間のかかる部分もある．ここでは4次元変分法におけるアジョイントコードの構築から流れ場の推定結果までを可能な限り詳しく解説していく．前章と同様に，第2章で導入した4次元変分法のアルゴリズムと第3章の数値流体力学 (CFD) アルゴリズムを組み合わせて，カルマン渦列の周期的な流れ場および角柱上流に配置した渦が移流する過渡的な流れ場におけるデータ同化を行う．また，ここでも基準となる数値シミュレーション結果から疑似的な計測データを抽出して双子実験を行う．前章で説明したアンサンブルカルマンフィルタによる推定と比較しながら読み進めることで，逐次型データ同化手法と変分型データ同化手法との違いをより理解できると考えられる．

4次元変分法では，ある同化期間（データ同化ウィンドウ）を考えてシステムモデルの時間発展を行い，その期間内の複数時刻に存在する計測データとの差から評価関数を計算し，その最小化を行うことで状態ベクトルを推定する．まさに第2章で示した最小二乗法のイメージである．したがって，CFD との組み合わせにおいては，非定常流れ場を考えるのが普通である．一般的な4次元変分法では同化ウィンドウにおける初期条件を修正することで計測データとの差を減少させる．このような初期値推定の場合には，同化ウィンドウ内でのシステムモデルの時間発展途中で計測値が存在する時刻においても逐次型データ同化のような状態ベクトルの修正は行わない．

標準的な 4 次元変分法では評価関数の定義において観測誤差を考慮しているが，モデル予測には誤差が含まれないとしており（強拘束の 4 次元変分法：2.2.3 項参照），例えば，初期値を修正したところで計測データをそもそも再現できないようなシステムモデルや条件設定では 4 次元変分法によるデータ同化は難しい（弱拘束の 4 次元変分法を用いればシステムモデルの不確かさを考慮したデータ同化を行うことができる [35]）．一方で，システムモデル自体の信頼度が高い場合には，少数の計測データに基づきシステムモデルを活かした推定を行うことができる 4 次元変分法が適している．第 4 章で説明した逐次型データ同化方法と比較して，同化ウィンドウ内で計測データに一致しつつ力学的に自然な（計測データの同化のたびに状態ベクトルの不連続の発生しない）流れ場が推定値として得られる点も 4 次元変分法の利点である．

5.1　4 次元変分法の準備

5.1.1　システムモデル

前章と同じように 2 次元領域内の角柱まわり流れを考える．基礎方程式はナビエ・ストークス方程式であり，第 3 章で説明した有限差分法により離散化したものをシステムモデルとして用いる．状態ベクトルおよびシステムモデルの設定は第 4 章で示した式 (4.1) および (4.2) と同様である．標準的な 4 次元変分法ではシステムモデルを真とするため，システムノイズを考慮しない．状態ベクトルにおいては，速度成分とともに圧力を考慮することができるが，本章の双子実験においても前章と同様に流速成分を計測データとするため状態ベクトルには加えない．

5.1.2　観測モデル

観測モデルとしては，第 4 章と同様に計算格子点と同じ位置において流速成分が計測されるとし，同化する計測データの時空間密度を変化させて推定結果への影響を検討する（図 4.1）．計測データ量の増減は第 4 章の表 4.1 および表 4.2 に従い，アンサンブルカルマンフィルタと同じ計測条件でデータ同化を行うことにする．

5.1.3 4次元変分法

第2章で説明したように，4次元変分法では同化ウィンドウ内の複数時刻における計測値に対して以下のような評価関数を考え，

$$J(\boldsymbol{x}_0) = \frac{1}{2}(\boldsymbol{x}_0 - \boldsymbol{x}_b)^{\mathrm{T}} B_0^{-1}(\boldsymbol{x}_0 - \boldsymbol{x}_b) + \frac{1}{2}\sum_{t=0}^{T}[\boldsymbol{y}_t^{\mathrm{obs}} - h_t(\boldsymbol{x}_t)]^{\mathrm{T}} R_t^{-1}[\boldsymbol{y}_t^{\mathrm{obs}} - h_t(\boldsymbol{x}_t)] \tag{5.1}$$

この最小化問題を解くことで与えられた計測値に適合した状態ベクトルの履歴を求める．ここで評価関数の最小化におけるパラメータとなるのは初期条件 $\boldsymbol{x}_0$ である．式 (5.1) で $\boldsymbol{x}_t$ は状態ベクトル，$\boldsymbol{y}_t^{\mathrm{obs}}$ は観測ベクトル，h_t は観測モデルであり，状態ベクトルを観測ベクトルと比較できる形にするための処理に相当する．R_t は観測誤差共分散行列であり，異なる位置における計測値の相対的な重み付けを行うのに使用される．$\boldsymbol{x}_b$ は推定すべき $\boldsymbol{x}_0$ に対して何かしら事前情報（推定すべき場に近いと想定される場）が存在する場合に設定し，B_0 は背景誤差共分散行列である．添字 t はシステムモデルの時刻を表しており，式 (5.1) の右辺第2項は同化ウィンドウ長さを表す時刻 T までの和となっている．

式 (5.1) の右辺第2項は，同化ウィンドウ内における計測データとそれに相当する数値シミュレーション結果の差を2乗して加えていったものとなっている．この右辺第2項の最小化は，一般的な直線や曲線の最小二乗フィッティングのようなものである．その際に決定すべきパラメータの数が非常に大きくなりうるのが4次元変分法の特徴である．一方で，右辺第1項は初期流れ場に対する事前情報（数値シミュレーションで予測された同化ウィンドウ開始時刻の流れ場など）を考慮するために用いられる背景誤差項である．右辺第1項は最小化問題における正則化項となっており，評価関数の最小化のためには適切な設定が必要である．気象分野では同化ウィンドウ開始時刻まで行った数値気象予測の結果を背景誤差項に用い，さらに観測値を使って式 (5.1) を最小化することで尤もらしい気象場を推定する．このように予測と観測，そして，データ同化のサイクルが繰り返されることで推定の精度が向上していくことが期待できる．流体問題においては，事前情報から推定すべき場に近い場を背景誤差項に与えることが考えられるが，一般には $\boldsymbol{x}_b$ を満足に与えることが困難な場合も

多い．背景誤差項の効果は 5.4.4 項で議論し，それ以外では考慮しない．

式 (5.1) の最小化にはその勾配情報が必要であるが，第2章の結果から以下のようなアジョイントモデルを用いて求めることができる．

$$\boldsymbol{\lambda}_T = -H_T^{\mathrm{T}} R_T^{-1} [\boldsymbol{y}_T^{\mathrm{obs}} - h_T(\boldsymbol{x}_T)] \tag{5.2}$$

$$\boldsymbol{\lambda}_t = F_t^{\mathrm{T}} \boldsymbol{\lambda}_{t+1} - H_t^{\mathrm{T}} R_t^{-1} [\boldsymbol{y}_t^{\mathrm{obs}} - h_t(\boldsymbol{x}_t)], \qquad t = T-1, \ldots, 0 \tag{5.3}$$

$$\nabla_{\boldsymbol{x}_0} J(\boldsymbol{x}_0) = \boldsymbol{\lambda}_0 + B_0^{-1} (\boldsymbol{x}_0 - \boldsymbol{x}_b) \tag{5.4}$$

ここで F_t^{T} はシステムモデルを線形化して転置したアジョイントモデルであり，$\boldsymbol{\lambda}_t$ はアジョイント変数である．添字 $t = T-1, \ldots, 0$ は式 (5.3) を逆方向に時間発展させることを示している．したがって，評価関数の初期流れ場に関する勾配は計測値と対応する数値シミュレーション結果の差を外力項としたアジョイントモデルを時間逆方向に積分することによって得られることがわかる．図 5.1 に 4 次元変分法のフローチャートを示す．L-BFGS 法および直線探索法については 5.2.4 項を参照のこと．

4 次元変分法の導入障壁の一つは，アジョイントモデル F_t^{T} の構築と維持であるといわれている．アジョイントモデルはシステムモデル f_t と対応しており，異なるシステムモデル（コード）ではそれに対応したアジョイントモデル（コード）を構築する必要がある．また，数値シミュレーションコードに変更を加えた場合には対応するアジョイントコードにも修正が必要となる．アジョイントコードの構築は文献等で詳細に説明されない部分であり，4 次元変分法によるデータ同化に取り組む際には障壁となりやすいため，次節ではその詳細を解説する．

5.2 アジョイントコードの実際

5.2.1 アジョイントコードとは

ここでは 4 次元変分法で評価関数の勾配を求めるために用いられるアジョイントコードの詳細を知ることで，4 次元変分法の実装における具体的なイメージをつかむことを目指す．アジョイント法ではもととなる支配方程式（システムモデル）から生成するアジョイントモデルが必要となる．アジョイント（随伴）モデル

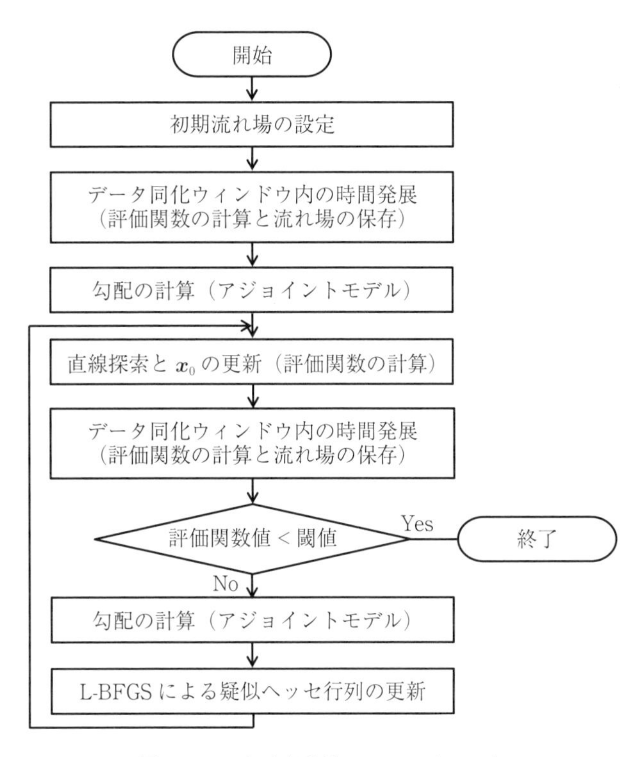

図 5.1 4 次元変分法のフローチャート

とはベクトル $\boldsymbol{x}$ と $\boldsymbol{y}$ の内積が $\boldsymbol{x}^{\mathrm{T}}\boldsymbol{y}$ で定義されているときに $\boldsymbol{x}^{\mathrm{T}}(A\boldsymbol{y}) = (A^{\mathrm{T}}\boldsymbol{x})^{\mathrm{T}}\boldsymbol{y}$ のような随伴関係を満たす演算子 A^{T} を指しており，行列 A に対するアジョイント演算子はその転置行列となる．したがって，A が（線形）システムモデルのとき A^{T} がアジョイントモデルとなる．このようなアジョイントモデルによってなぜ勾配を求めることができるのかについては以下のような説明がわかりやすい [2]．

風速の大きさ V_{obs} が観測され，その観測に対応する数値シミュレーション結果が風速成分 u および v から $V_{\mathrm{cal}} = h(\boldsymbol{u}) = \sqrt{u^2 + v^2}$ のように得られるとする．ここで $h(\boldsymbol{u})$ は観測モデルに相当し，$\boldsymbol{u} = [u, v]^{\mathrm{T}}$ とする．このとき評価関数を以下のように定義する．

$$J(h) = \frac{1}{2}[V_{\mathrm{obs}} - V_{\mathrm{cal}}]^2 = \frac{1}{2}[y - h(\boldsymbol{u})]^2 \tag{5.5}$$

評価関数 $J(h)$ は関数 h の関数（汎関数）であるから，h に関する変分を考えると，

$$\delta J = (\nabla_h J)^{\mathrm{T}} \delta h \tag{5.6}$$

となる．ここで $\nabla_h J$ は h に関する勾配である．$\delta h = (\partial h/\partial \boldsymbol{u})\delta \boldsymbol{u} = H\delta \boldsymbol{u}$ を代入すると，

$$\delta J = (\nabla_h J)^{\mathrm{T}} H \delta \boldsymbol{u} = (H^{\mathrm{T}} \nabla_h J)^{\mathrm{T}} \delta \boldsymbol{u} \tag{5.7}$$

となり，$\boldsymbol{x}^{\mathrm{T}}(A\boldsymbol{y}) = (A^{\mathrm{T}}\boldsymbol{x})^{\mathrm{T}}\boldsymbol{y}$ の随伴関係が使用される．そして，求めるべき評価関数の $\boldsymbol{u}$ に関する勾配は，

$$\nabla_{\boldsymbol{u}} J = H^{\mathrm{T}} \nabla_h J \tag{5.8}$$

となって観測モデル h を線形化して転置したアジョイントモデル H^{T} が現れる．一方で，線形化した観測モデル h を陽に書き下すと，

$$\delta h = H\delta \boldsymbol{u} = \frac{u\delta u + v\delta v}{\sqrt{u^2 + v^2}} = \left[\frac{u}{\sqrt{u^2 + v^2}}, \frac{v}{\sqrt{u^2 + v^2}}\right] \begin{bmatrix} \delta u \\ \delta v \end{bmatrix} \tag{5.9}$$

となり，また，$\nabla_h J = -[y - h(\boldsymbol{u})]$ であるから，式 (5.8) は以下のように書くことができる．

$$\nabla_{\boldsymbol{u}} J = -\left[\frac{u}{\sqrt{u^2 + v^2}}, \frac{v}{\sqrt{u^2 + v^2}}\right]^{\mathrm{T}} [y - h(\boldsymbol{u})] \tag{5.10}$$

これは評価関数 J を $\boldsymbol{u}$ に関して直接微分した結果 ($\partial J/\partial u$ および $\partial J/\partial v$) と同じであり，ここで考えた問題の場合にはその方が単純であるが，$\boldsymbol{u}$ が大きなベクトルとなり，H が複雑な場合にはアジョイントモデルを使った方法が効率的である．ここで示したように，アジョイントモデルはもととなる演算を線形化して転置したものである．このとき，もとの関数と入出力の次元が入れ替わる．この例では入力 $\boldsymbol{u}$（ベクトル），出力 V_{cal}（スカラー）の観測モデルに対して，アジョイントモデル H^{T} の入力は $-[y - h(\boldsymbol{u})]$（スカラー），出力は $\nabla_{\boldsymbol{u}} J$（ベクトル）となっている．このような関係はシステムモデルのみならず，システム

モデルを離散化したコードとそのアジョイントコードに対しても成り立つ．したがって，アジョイントコードの生成においてはもとのコードを「線形化して転置し，入出力を入れ替える」という指針が得られる．

アジョイントコードの構築には手間がかかるため，データ同化に取り組むにあたって高次元の状態ベクトルを効率的に推定するためにアジョイントコードが必要な 4 次元変分法を用いるか，コード準備の容易さからアンサンブルカルマンフィルタなどの逐次型手法を選択するかは重要な判断である．しかしながら，データ同化手法の選択においては，手間の多寡よりも変分型および逐次型データ同化手法における推定の様子の違いが最も重要であり，推定したい現象に合わせて手法が選択されるべきであることは第 4 章および第 5 章で強調したい点である．一方で，少数のパラメータの変分型推定を行う場合には，評価関数の勾配を有限差分法で計算したり，2.5.1 項で紹介したマルコフ連鎖モンテカルロ法が利用できることも心に留めておくとよい．

5.2.2 アジョイントコードの構築

複雑な数値シミュレーションコードに対して，そのアジョイントコードを構築するのは非常に煩雑な作業となる（煩雑ではあるが作業自体は単純）．本来ならば本章でも扱う 2 次元ナビエ・ストークス方程式を例題としてアジョイントコードの構築を説明すべきであるが，コード量が多くなり見通しがよくないため，ここでは**バーガース方程式** (Burgers' equation) と呼ばれる非線形方程式を考える．単純だが非常に味わい深い方程式である．2 次元ナビエ・ストークス方程式のアジョイントコードに関しては付録で説明するように GitHub リポジトリを通して入手できるので，それを本項の内容とともに確認するとより理解が深まる．さて，1 次元のバーガース方程式は以下のような式で表される．

$$\frac{\partial u}{\partial t} + u\frac{\partial u}{\partial x} - \nu\frac{\partial^2 u}{\partial x^2} = 0 \tag{5.11}$$

式 (5.11) は左辺第 1，2 および 3 項がそれぞれ時間微分項，対流項（移流項）および粘性項となっており，第 3 章で導入したナビエ・ストークス方程式と似た形をしている．簡単な差分式で離散化したものも導入しておく．

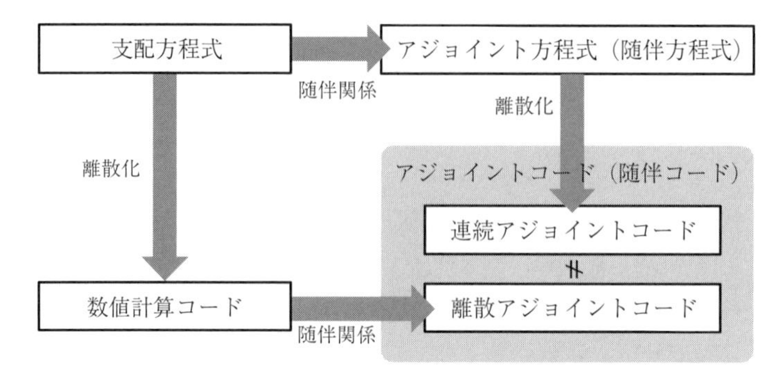

図 5.2　アジョイントコード構築の流れ

$$\frac{u_i^{t+1}-u_i^t}{\Delta\tau}+u_i^t\frac{u_{i+1}^t-u_{i-1}^t}{2\Delta x}-|u_i^t|\frac{u_{i+1}^t-2u_i^t+u_{i-1}^t}{2\Delta x}-\nu\frac{u_{i+1}^t-2u_i^t+u_{i-1}^t}{(\Delta x)^2}=0 \tag{5.12}$$

ここでは 1 次元格子 $(i=1,\ldots,imax)$ を仮定し，格子幅を Δx としている．オイラー陽解法を用いて，新しい時刻の変数を u_i^{t+1} とした（時間刻みは $\Delta\tau$）．対流項には計算を安定化するために 1 次精度の風上差分を用いている．この先の議論のために u_i^{t+1} を求める形に整理しておこう．

$$u_i^{t+1}=u_i^t-c_1u_i^t(u_{i+1}^t-u_{i-1}^t)+c_1|u_i^t|(u_{i+1}^t-2u_i^t+u_{i-1}^t)+c_2(u_{i+1}^t-2u_i^t+u_{i-1}^t) \tag{5.13}$$

ここで，$c_1=\Delta\tau/2\Delta x$, $c_2=\nu\Delta\tau/(\Delta x)^2$ である．一目瞭然であるが，式 (5.13) で非線形となっているのは，変数同士の掛け算がある右辺第 2 項および第 3 項であり，バーガース方程式の非線形項である対流項から発生した項である．一方で，2 階微分の粘性項は線形の演算である．

図 5.2 にアジョイントコード構築の流れを示す．支配方程式から随伴関係によってアジョイント方程式を解析的に導出し，そのアジョイント方程式をもとの支配方程式と同様の手法で離散化してアジョイントコードを得る方法を**連続アジョイント法** (continuous adjoint method) という．一方，支配方程式から離散化によって得られた数値シミュレーションコードに対して，コードレベルの随伴関係によりアジョイントコードを生成する方法を**離散アジョイント法** (discrete adjoint method) という．ここで，最終的な連続アジョイントコードと離散アジョイントコードが必ずしも同一にならないことに注意が必要である．

連続アジョイント法ではアジョイント方程式にもとの支配方程式と同様の数値計算スキームを適用して離散化することができるという利点があり，市販およびオープンソースの CFD ソフトウェアに付属しているアジョイントコードも連続アジョイント法に基づくものがある．一方，離散アジョイント法におけるアジョイントコード生成は基本的には機械的なコードの書き換えであるため，自動微分ソフトウェアや演算子のオーバーロードによってある程度自動化することができる．コードレベルで随伴関係を満たすため，精度としては離散アジョイント法の方が高いといわれている．自動微分ソフトウェアを利用する場合においても，アジョイントコードの導出方法を知っておくことは役に立つと考えられるため，本章では離散アジョイント法に基づき手動でアジョイントコードを書き下す．アジョイントコードの構築においては，作成者がもとの数値シミュレーションコードを熟知している方が有利である．アジョイントコードを作成していると，もとのコードの思わぬミスを見つけるなどの副次的な利点もある．

手動でアジョイントコードを生成するにあたっては Fortran や C 言語など，数値シミュレーションで必須となる配列の要素を直接操作するような言語がわかりやすい．本項の例題では Fortran によるコードを部分的に抜き出す形で例示している．上述のとおり，アジョイントコード構築の指針はもととなるコードを「線形化して転置し，入出力を入れ替える」ことである．これは式 (5.3) に現れるアジョイントモデル F_t^{T} が，オリジナルモデル f_t を線形化した F_t を転置した演算子であることに相当している．この点はオリジナルコードから直接アジョイントコードを構築する場合に忘れてはならないことである．

さて，はじめに 式 (5.13) で用意したバーガース方程式の離散式をコードとして書き下す．図 5.3 上段に書いたオリジナルコードでは対流項の部分が線形化されるべき非線形項である．この対流項をまず線形化してみる．ここでは u_i^{t+1} を `u_new(i)`，u_i^t を `u(i)` と表記している．図 5.3 下段からわかるように式 (5.9) で示したような掛け算の線形化を行っているだけである．コードの線形化を行うにあたっては，線形化の基準となる変数（流れ場）を設定する必要がある（「… のまわりで線形化」といったときの … に相当）．ここでは基準となる場を基準場と呼び，基準場の変数には`_b` を付ける．一方で，微小量である線形化した方程式の変数（摂動変数）にはオリジナルの変数名を用いる．このような線形化に

バーガース方程式の線形化(1)

オリジナルコード

```
do i=2,imax-1
  u_new(i) = u(i)
            -c1*u(i)*(u(i+1)-u(i-1))
            +c1*abs(u(i))*(u(i+1)-2.0*u(i)+u(i-1))
            +c2*(u(i+1)-2.0*u(i)+u(i-1))
enddo
```

非線形演算：線形化される部分（-c1*u(i)*…，+c1*abs(u(i))*… の行）

線形コード

```
do i=2,imax-1
  u_new(i) = u(i)
            -c1*u_b(i)*(u(i+1)-u(i-1))
            -c1*u(i)*(u_b(i+1)-u_b(i-1))
            +c1*abs(u_b(i))*(u(i+1)-2.0*u(i)+u(i-1))
            +c1*(u_b(i)/abs(u_b(i))*u(i)*(u_b(i+1)-2.0*u_b(i)+u_b(i-1))
            +c2*(u(i+1)-2.0*u(i)+u(i-1))
enddo
```

線形化された部分（-c1*u_b(i)*… から +c1*(u_b(i)/abs(u_b(i))*… までの行）

図 **5.3**　バーガース方程式のコードにおける対流項の線形化

より線形コードでは演算量が増えていることに注意されたい．ナビエ・ストークス方程式の粘性項は線形の演算（コード上でも変数同士の和差のみで掛け算はない）のため線形化は必要ない．

ここで注意が必要なのはオリジナルコードにあった絶対値の演算 `abs(u(i))` である．このような四則以外の演算も工夫をすれば線形化は難しくない．例えば，$|u_i| = (u_i^2)^{1/2}$ であることを利用するとその微分は，

$$\frac{\partial(|u_i|)}{\partial u_i} = \frac{1}{2}(u_i^2)^{-1/2} \cdot 2u_i = \frac{u_i}{|u_i|} \tag{5.14}$$

となり，u_i の符合に対応する演算となる．多くのプログラミング言語で用意されている符合関数を使って，`sign(1.0,u_b(i))` で計算してもよいし，図 5.3 の例に示すように `u_b(i)/abs(u_b(i))` とすることもできる（ただし，`u_b(i)` がゼロとなる場合の処理が必要）．線形化コードにおいては，絶対値や符合演算が基準場（`_b` 付き）の変数に関して行われるべきであるため，摂動変数に関してそれらのような演算が残っている場合にはコードの再検討が必要である．

さて，絶対に忘れてはならない「線形化して転置し，入出力を入れ替える」というルールにあるように，アジョイントコードは線形化した数値シミュレーションコードを転置することによって得られる．転置を行うためには線形化し

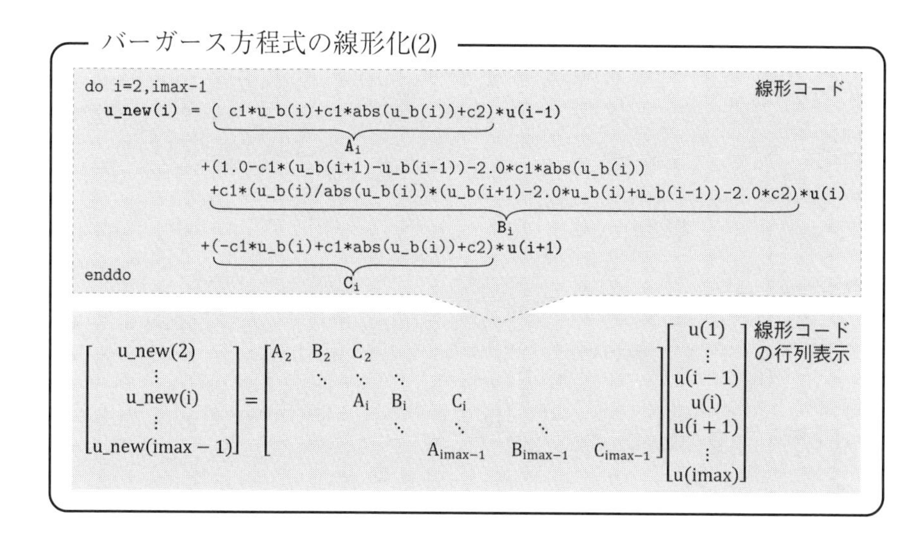

図 5.4 線形化コードの行列表示

たコードを行列と変数ベクトルの積の形に書き直すと見通しがよい．このとき行列の中身は係数や基準場の変数のみが含まれる形になるはずであるため，摂動変数が行列に入ってしまっている場合には線形化がうまくできていない可能性がある．

図 5.4 では図 5.3 で線形化したコードを摂動変数に関して整理し，さらに，摂動変数を含まない部分を `Ai`, `Bi`, `Ci` と表記して，行列とベクトルの積の形に書き直している．このような形に整理することができれば行列の転置を行うにあたっては見通しがよいが，大規模なコードの場合にはその事前準備（図 5.4 の上段のような整理）が大変である．その対策は後述するが，まずは行列の転置によってアジョイントコードを導出してみよう．

図 5.5 では行列の転置の後，コードの形に戻している．ここで「入力と出力を入れ替える」という点を忘れてはならない．転置後のアジョイントコードを見てみると，図 5.4 の線形化コードと変わらないと思うかもしれない．しかしながら，要素 `u(i)` を求めるときの係数が転置によって A_{i+1}, B_i, C_{i-1} と変わっているので注意が必要である．

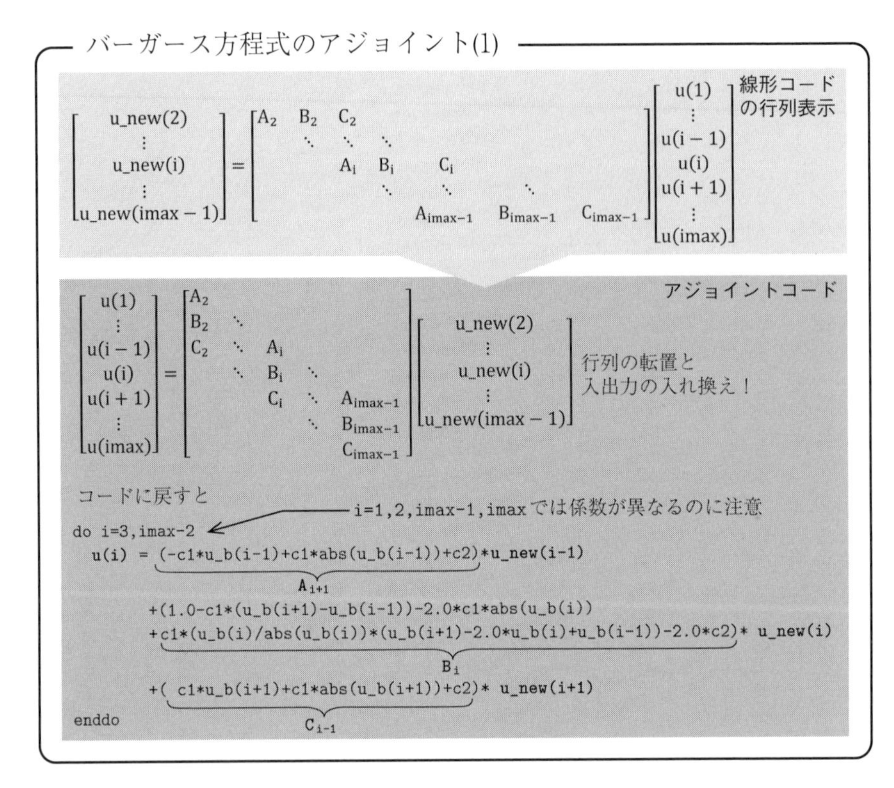

図 5.5　行列の転置によるアジョイントコードの導出

先ほども触れたが，実際に使用される大規模な数値シミュレーションコードに関して，いちいち行列の形に書き下すのは効率的ではない．コードの線形化やアジョイント化は任意のまとまり（コードブロック）で行うこともできるため，「転置して入出力を入れ替える」という行為はコード 1 行ごとに行ってもよいはずである．このようなアプローチのよい点は 1 次元の行列（ただのスカラー変数）の転置は何もしないのと同じである点である．すなわち，単に入出力を入れ替えればよい．ただし，各コード行をアジョイント化する場合には後ろから変換していく必要がある．したがって，「線形コードを転置して入出力を入れ替える」というアジョイントコードに関するルールは，コードを 1 行ずつ変換する場合には「線形コードの反対側から入出力を入れ替えつつ書き直す」と

バーガース方程式のアジョイント(2)

線形コード

```
do i=2,imax-1
  u_new(i) = u(i)
           -c1*u_b(i)*(u(i+1)-u(i-1))
           -c1*u(i)*(u_b(i+1)-u_b(i-1))
           +c1*abs(u_b(i))*(u(i+1)-2.0*u(i)+u(i-1))
           +c1*(u_b(i)/abs(u_b(i))*u(i)*(u_b(i+1)-2.0*u_b(i)+u_b(i-1))
           +c2*(u(i+1)-2.0*u(i)+u(i-1))
enddo
```

各演算ごとに転置して入れ替え！

アジョイントコードへの変換途中

```
do i=2,imax-1
  u_new(i) = u(i)
           -c1*u_b(i)*(u(i+1)-u(i-1))
           -c1*u(i)*(u_b(i+1)-u_b(i-1))
           +c1*abs(u_b(i))*(u(i+1)-2.0*u(i)+u(i-1))
           +c1*(u_b(i)/abs(u_b(i))*u(i)*(u_b(i+1)-2.0*u_b(i)+u_b(i-1))

  u(i-1) = (u(i-1))+c2     *u_new(i)
  u(i)   = (u(i)  )-2.0*c2*u_new(i)
  u(i+1) = (u(i+1))+c2     *u_new(i)
enddo
```

線形コードの最後の一行のみをアジョイント化

変数を上書きしてしまうと前の書き込みが消えるので，常に足していく（特に配列の処理時に注意）
※ループの前で配列u(i)にゼロを代入しておく

図 5.6 コード行ごとのアジョイントコードの導出途中

することもできる．どんなに複雑なコードでもこのルールを守って書き直せば基本的には必ずアジョイントコードを構築することができる（心が折れそうになることは多々あるが）．

図 5.6 にコード行ごとにアジョイントコードへ書き直す過程を示す．線形コードの最終行のみをアジョイントコードに書き換えたところである．図 5.6 でわかるように，線形コードの最終行を変換しているアジョイントコードの最初の行は入力 `u(i-1)` と出力 `u_new(i)` を入れ替えているだけである．係数は一次元なので転置はそのままである．

書き直しの際に気を付ける点としては，図 5.6 に示したようなループ中において，配列の引数によっては一度設定した値が上書きされてしまうことである．上書きを防ぐために図 5.6 では `(u(i-1))` などと書いて加算されるようになっている．このような加算を行っていく際には，ループに入る前に前回の反復の値など余計な情報が変数に入らないように注意しなければならない．ループやサブルーチン等の始めに変数にゼロを代入してしまうというのも一つの手段である．

このようにして線形コード全体を書き直した結果を図 5.7 に示す．冗長な書き方となってしまうが，線形コードとの対応がわかりやすい形ではある．先ほども述べたように出力変数に関して足し合わせる形になっている．当然ながら，出力変数に関して整理することができて，その結果は図 5.8 のようになる．入力と出力の表示の仕方は異なるが，図 5.5 の行列の転置によって生成したアジョイントコードと同じであることは容易に確かめられる．計算領域の境界付近である `i=1`, 2 や `imax-1`, `imax` での処理が異なっている点には注意が必要である．このように各コード行ごとに「線形コードを反対から入出力を入れ替えつつ書き直す」ことで，線形コードの行列表現を必要とすることなく，アジョイントコードを構築することができる．

実際の数値シミュレーションコードでは境界条件の設定が行われるが，境界条件のアジョイントコードに関しても上記のルールに従って書き直せばよい．ディリクレ境界条件は線形化により境界の摂動変数にゼロを代入するような処理になるが，そのアジョイントはゼロに境界の摂動変数を代入する，すなわち，何もしないことになる．ノイマン境界条件は差分近似により内部の変数値を境界に外挿するような処理となるが，そのアジョイントコードでは境界のアジョイント変数値を計算領域内部に代入するような形となる．

ここで，オリジナルコード，線形コード，そして，アジョイントコードの演算量を簡単に比べてみよう．オリジナルコードでは乗算 7 回，和差 8 回，そして，abs を 1 回使っている．図 5.3 の線形コードでは乗算 13 回，除算 1 回，和差 12 回，そして，abs を 2 回使っている．図 5.8 のアジョイントコードでは，乗算 14 回，除算 1 回，和差 14 回，abs を 3 回使っている．単純な比較では演算量が 2 倍以上になっていることがわかる．しかしながら，高次元の状態ベクトルに関して差分計算（2.4.1 項参照）を行うことを考えると，評価関数の勾配をオリジナルコードの高々数倍の計算コストで求めることができれば非常に効率的であるともいえる．通常はコンパイラによってコードの最適化が行われるため，ここで示した演算量の比較が必ずしも成り立つわけではない．

バーガース方程式のアジョイント(3)

線形コード

```
do i=2,imax-1
  u_new(i) = u(i)
           -c1*u_b(i)*(u(i+1)-u(i-1))
           -c1*u(i)*(u_b(i+1)-u_b(i-1))
           +c1*abs(u_b(i))*(u(i+1)-2.0*u(i)+u(i-1))
           +c1*(u_b(i)/abs(u_b(i))*u(i)*(u_b(i+1)-2.0*u_b(i)+u_b(i-1))
           +c2*(u(i+1)-2.0*u(i)+u(i-1))
enddo
```

後ろの行から入出力入れ替え！

アジョイントコードへの変換後

```
u(1:imax)=0.0
do i=2,imax-1
  u(i-1) = (u(i-1))+c2                              *u_new(i)
  u(i)   = (u(i)  )-2.0*c2                          *u_new(i)
  u(i+1) = (u(i+1))+c2                              *u_new(i)
  u(i)   = (u(i)  )+c1*(u_b(i)/abs(u_b(i)) &
           *(u_b(i+1)-2.0*u_b(i)+u_b(i-1))*u_new(i)
  u(i-1) = (u(i-1))+c1*abs(u_b(i))                  *u_new(i)
  u(i)   = (u(i)  )-2.0*c1*abs(u_b(i))              *u_new(i)
  u(i+1) = (u(i+1))+c1*abs(u_b(i))                  *u_new(i)
  u(i)   = (u(i)  )-c1*(u_b(i+1)-u_b(i-1))*u_new(i)
  u(i-1) = (u(i-1))+c1*u_b(i)                       *u_new(i)
  u(i+1) = (u(i+1))-c1*u_b(i)                       *u_new(i)
  u(i)   = (u(i)  )                                 +u_new(i)
enddo
```

冗長になるので整理してもよい

図 5.7 コード行ごとの変換によるアジョイントコードの導出

バーガース方程式のアジョイント(4)

アジョイントコード（整理後）

```
u(1:imax)=0.0
do i=2,imax-1
  u(i-1) = (u(i-1)) +( c1*u_b(i)+c1*abs(u_b(i))+c2)*u_new(i)
  u(i)   = (u(i)  ) +(1.0-c1*(u_b(i+1)-u_b(i-1))-2.0*c1*abs(u_b(i))
                     +c1*(u_b(i)/abs(u_b(i))*(u_b(i+1)-2.0*u_b(i)+u_b(i-1))
                     -2.0*c2)*u_new(i)
  u(i+1) = (u(i+1)) +(-c1*u_b(i)+c1*abs(u_b(i))+c2)*u_new(i)
enddo
```

図 5.8 コード行ごとの変換によるアジョイントコード（整理後）

実際のアジョイントコード構築では，ある程度のコードのかたまりでサブルーチン化されているものを対象とする場合が考えられる．そのような場合でも，サブルーチンに対する入力と出力がしっかりと管理されていれば，あとはサブ

サブルーチンの線形化とアジョイント

オリジナルコード

```
call sample_fwd(in1,in2,out)

subroutine sample_fwd(in1,in2,out)
  tmp = in1*in1+in2*in2
  out = tmp*tmp
end subroutine sample_fwd
```

線形コード

```
call sample_tlm(in1,in2,out,in1_b,in2_b,out_b)

subroutine sample_tlm(in1,in2,out,in1_b,in2_b,out_b)
  tmp_b = in1_b*in1_b+in2_b*in2_b
  tmp   = 2.0*(in1_b*in1+in2_b*in2)
  out   = 2.0*tmp_b*tmp
end subroutine sample_tlm
```

アジョイントコード

```
call sample_adj(in1,in2,out,in1_b,in2_b,out_b)

subroutine sample_adj(in1,in2,out,in1_b,in2_b,out_b)
  tmp_b = in1_b*in1_b+in2_b*in2_b
  tmp   = 2.0*tmp_b*out
  in1   = 2.0*in1_b*tmp
  in2   = 2.0*in2_b*tmp
end subroutine sample_adj
```

図 **5.9**　サブルーチンのアジョイントコード導出

ルーチン内部のアジョイント化に集中すればよい．図5.9に簡単なサブルーチンの例を示す．オリジナルコードでは `in1` および `in2` を入力として，`out` を出力するようなサブルーチンになっている．サブルーチン内部では中間変数として `tmp` を用いている．このサブルーチンの内部を線形化すると図5.9中段のようになる．変数 `tmp` に関しては線形化の結果，基準場も必要となるのであらかじめ計算している．線形コードではサブルーチンの引数が変わって，変数 `in1` および `in2` の基準場 `in1_b` および `in2_b` も入力する必要があり，`out` および `out_b` が出力となる．出力の `out_b` はこのサブルーチン呼び出しの後で `out_b` を利用しない場合には引数とする必要はない．さて，アジョイントコードはどうなるであろうか．アジョイントコードでは入力と出力を入れ替えている（「線形コードの反対側から入出力を入れ替えつつ書き直す」というルールを思い出そう）ため，サブルーチンの入出力も入れ替わる．しかしながら，基準場の入力 `in1_b`

反復計算のアジョイント

オリジナルコード

```
do itrp=1,itrmax
  do i=1,imax-1
    dive      = (ustg(i+1)-ustg(i))*dxi
    divmax    = max(divmax,abs(dive)))
    pcnt(i)   = pcnt(i)+C0*dive
    dp        = C0*dive*dt*dxi
    ustg(i  ) = ustg(i  )-dp
    ustg(i+1) = ustg(i+1)+dp
  enddo
! if(divmax<epsmax) exit
enddo
```

速度の修正のために変数が再利用されている

反復打ち切り条件を入れてもよい

アジョイントコード

```
do itrp=1,itrmax
  do i=imax-1,1,-1
    dp        =      -ustg(i  )
    dp        = (dp)+ustg(i+1)
    dive      = C0*dp*dt*dxi
    dive      = (dive)+C0*pcnt(i)
    ustg(i  ) = (ustg(i  ))-dive*dxi
    ustg(i+1) = (ustg(i+1))+dive*dxi
  enddo
enddo
```

dpはここから足し合わせることに注意

図 **5.10** 反復型ポアソン方程式解法のアジョイント化

および in2_b に関しては入力のままなので，図 5.9 下段のように，in1 および in2 が出力，それ以外の引数は入力となる．このあたりは入出力変数の「流れ」を意識してコードを書くことで間違いにくくなる．

システムモデルの時間発展に対応するようなコードのアジョイント化は上記のとおりだが，特に非圧縮性ナビエ・ストークス方程式の解法では，圧力のポアソン方程式を反復法によって解く場合がある．そこでオリジナルコードに反復計算があるような場合も検討しておく．図 5.10 に第 3 章でも説明した HSMAC 法を 1 次元化した擬似コードを示す．圧力のポアソン方程式においてラプラシアン $\nabla^2 p$ の部分は線形であるから，右辺に非線形項がなければポアソン方程式は線形である．線形の演算であるため，線形化は必要なく直接アジョイントコードに変換すればよい．反復計算においても反復ループ内を「線形コードの反対側から入出力を入れ替えつつ書き直す」というルールに従って書き直していけばよいが，図 5.10 の i に関するループのように計算順序が計算結果に影響を与

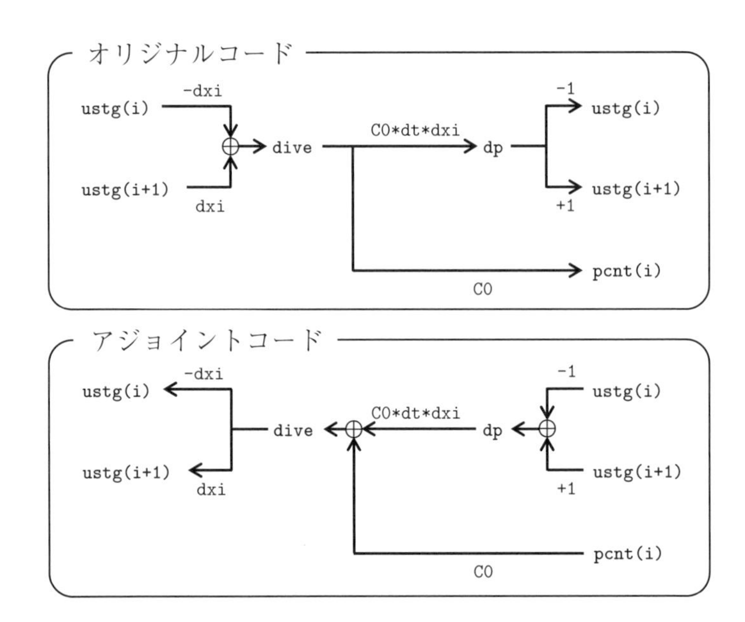

図 5.11　オリジナルコードおよびアジョイントコードにおける変数の流れ

える場合には，i に関するループを逆方向に進める（一方で，図 5.8 の i に関するループは計算順序が結果に影響しないループである）．ポアソン方程式の反復解法としては，**ガウス・ザイデル法** (Gauss-Seidel method) や**逐次加速緩和法** (successive over-relaxation method, SOR) では計算順序が結果に影響するのに対して，**ヤコビ法** (Jacobi method) ではループの計算順序が結果に影響しない．もう一つのポイントとなるのは収束判定である．通常，反復型解法では何かしらの収束判定基準を考えて，収束した場合には反復を打ち切る．アジョイントコードにおいて同じように収束判定を行う場合には基準場を同時に解いて収束判定を行うか，オリジナルコードの反復回数を記憶しておき，アジョイントコードでも同じ回数だけ反復することになる．より単純な方法としては，オリジナルコードおよびアジョイントコードの双方ではじめから反復回数を決め打ちすることである．

図 5.10 の反復法に関して，オリジナルコードとアジョイントコードの変数の流れに注目してフローチャートを書くと図 5.11 のようになる．ある反復の i 番

目の変数における計算に対応している．図中の線分に付属する係数は流れている変数に掛ける係数であり，流れてきた変数を加算する箇所は $\oplus$ で示している．このようなフローチャートを書くと，オリジナルコードとアジョイントコードでは変数の流れる向きが逆になっていることがわかる．アジョイントコードを構築する際には，このような変数の流れを意識して，変数の足し忘れや余計な加算がないようにするのがポイントである．

線形コードやアジョイントコードを構築するにあたっては，基準場としてオリジナルコードの計算結果が必要となる．非定常流れ場の計算では各時刻の流れ場変数が必要となり，大規模な計算ではそれらをメモリに格納しておくか，ハードディスクに一度書き出すか，はたまた，必要に応じて再計算を行うかをアジョイントコード構築時に検討する必要が出てくる．このような変数のマネージメントは自動微分ソフトウェアで生成したアジョイントコードにおいて手動での対応が必要となりうる部分である．

流れ場の変数を時間方向にわたって全てハードディスクに書き出すのは可能であろうが，入出力にかかる負荷が大きく，計算速度を制限する大きなボトルネックとなってしまう．一方，メモリ上に非定常流れ場の時系列データをそのまま保存しておくことは難しいであろう．流れ場のデータ圧縮や次元縮約によって入出力が必要なデータ量を減らす方法も考えられる．この他によく用いられる方法としてはチェックポイント法がある．これは特定の時刻の流れ場を保存し，基準場の再計算も併用することで，ハードディスクへのデータ保存量削減と基準場の再計算による計算コスト増加のバランスをとる方法である．ハードウェアによってはそれらを非同期で行うことができるかもしれない．チェックポイント法に関しても，オープンソースのソフトウェアを活用することができる [36]．

5.2.3 線形コードおよびアジョイントコードの検証

線形コードやアジョイントコードの検証は，それらのコードが実際に線形化されているかどうか，また，アジョイントモデルの定義である随伴関係を満たすかどうかを確認することで行われる．線形コードの検証には以下の関係を用いる．

$$\frac{|f_t(\boldsymbol{x}_t + \alpha\delta\boldsymbol{x}_t) - f_t(\boldsymbol{x}_t)|}{\alpha|F_t\delta\boldsymbol{x}_t|} = 1 + O(\alpha) \tag{5.15}$$

ここで $f_t(\boldsymbol{x}_t)$ は線形化前のシステムモデルのコード，F_t は線形化したコード，$\delta\boldsymbol{x}_t$ は摂動ベクトル，α は小さな正数である．ここでは摂動ベクトルとして一様乱数を用いているが，空間的により滑らかな式 (4.22) の疑似乱流場や正弦関数を用いた場を利用してもよい．しかしながら，定数ベクトルとしてしまうと，微分（差分）を計算している箇所がゼロとなってしまうので，正しい評価ができない可能性がある．オリジナルコードの差分で計算される摂動ベクトルと線形コードで計算される摂動ベクトルの大きさに関しては式 (5.15) が正数 α の減少と同じ速さで収束することを確認する．$f_t(\boldsymbol{x}_t + \alpha\delta\boldsymbol{x}_t)$ では基準となる場 $\boldsymbol{x}_t$ に摂動ベクトル $\delta\boldsymbol{x}_t$ を加えて計算を行うことになるため，α の値が大きくなりすぎるとオリジナルコードの制限により計算できない場合がある．一方，α の値が非常に小さい場合には丸め誤差の影響で式 (5.15) が成り立たなくなる．これらの範囲内で式 (5.15) が成り立てばよい．式 (5.15) ではベクトルの大きさのみを比較しているが，以下の式ではベクトルの角度を確認することができる．式 (5.16) では α^2 の減少と同じ速さで 1 に漸近する．

$$\frac{[f_t(\boldsymbol{x}_t + \delta\boldsymbol{x}_t) - f_t(\boldsymbol{x}_t)]^{\mathrm{T}}[F_t\delta\boldsymbol{x}_t]}{|f_t(\boldsymbol{x}_t + \delta\boldsymbol{x}_t) - f_t(\boldsymbol{x}_t)||F_t\delta\boldsymbol{x}_t|} = 1 + O(\alpha^2) \tag{5.16}$$

これらを実際の 2 次元ナビエ・ストークスコードで確認した結果を表 5.1 に示す．表からわかるように $10^{-8} \leq \alpha \leq 10^{-1}$ の範囲で式 (5.15) および式 (5.16) の関係が成り立っていることが確認できる．

アジョイントコードの検証としては，アジョイントモデルの定義における随伴関係をコードレベルで満たすかどうかを調べる．すなわち，アジョイントモデルの定義から，

$$\left(F_t\boldsymbol{x}_t\right)^{\mathrm{T}}\boldsymbol{y}_t = \boldsymbol{x}_t^{\mathrm{T}}\left(F_t^{\mathrm{T}}\boldsymbol{y}_t\right) \tag{5.17}$$

という関係が成り立てばよい．式 (5.17) は丸め誤差の範囲で成り立つ．すなわち，倍精度計算を行った場合には式 (5.17) の左辺と右辺の差が 10^{-14}～10^{-15} 程度の値となる．式 (5.17) は任意のコード単位で成り立つので，アジョイントコードの間違いを探す際などにはサブルーチンごとやループごとなど小さなコード

単位から検証を進めるのがよい．CFD コードの場合には，対流項のみ，対流項の x 方向成分のみなどと，間違いのありそうな部分を絞り込んでいくことができる．表 5.2 にアジョイントコードの検証結果を示す．ここでは入力ベクトル $\boldsymbol{x}_t$ を乱数で 10 通り生成し，式 (5.17) を評価した結果を示している．倍精度計算を行っているので，10^{-14}〜10^{-15} 程度の丸め誤差の範囲で式 (5.17) の両辺が等しくなっていることが確認できる．

線形コードおよびアジョイントコードの構築が完了したら，アジョイントコードで計算される勾配の確認を行う．線形コードおよびアジョイントコードに関

表 5.1 線形コードの検証

α	式 (5.15) の左辺 −1.0	式 (5.16) の左辺 −1.0
1.0.E + 01	1.0778E + 02	−5.9735E − 01
1.0.E + 00	9.5380E + 00	−6.6996E − 01
1.0.E − 01	1.3089E − 01	−5.0998E − 01
1.0.E − 02	−3.7650E − 02	−4.9779E − 03
1.0.E − 03	−2.7042E − 03	−4.7709E − 05
1.0.E − 04	−5.5665E − 05	−5.1564E − 07
1.0.E − 05	−3.5675E − 06	−5.1857E − 09
1.0.E − 06	−3.3806E − 07	−5.1853E − 11
1.0.E − 07	−3.3771E − 08	−5.1831E − 13
1.0.E − 08	−3.3752E − 09	−4.9405E − 15
1.0.E − 09	−3.3031E − 10	−3.8858E − 16
1.0.E − 10	2.1841E − 10	0.0000E + 00
1.0.E − 11	2.0437E − 09	−5.7032E − 14
1.0.E − 12	1.0480E − 08	−5.6669E − 12

表 5.2 アジョイントコードの検証

式 (5.17) 右辺	式 (5.17) 左辺	式 (5.17) 右辺 − 左辺
3.47463508142700E + 01	3.47463508142699E + 01	2.0449420417073E − 15
1.00783133977281E + 01	1.00783133977282E + 01	−5.8164271527240E − 15
5.70371289170175E + 01	5.70371289170180E + 01	−7.7236793740475E − 15
1.79203061796170E + 01	1.79203061796170E + 01	9.9125362122480E − 16
2.82422520774914E + 01	2.82422520774913E + 01	2.6416798154093E − 15
1.26839898407445E + 01	1.26839898407446E + 01	−8.5428771675091E − 15
8.04656365372642E + 00	8.04656365372642E + 00	−2.2075968274701E − 16
9.80677828539186E + 00	9.80677828539190E + 00	--4.7095260523228E − 15
1.35746628870508E + 01	1.35746628870508E + 01	3.6640314324603E − 15
7.54869889796873E + 00	7.54869889796883E + 00	−1.3648537062849E − 14

表 5.3　アジョイント勾配の検証

α	式 (5.18) の左辺 -1.0
1.0E + 04	3.7502332E + 04
1.0E + 03	3.7499100E + 03
1.0E + 02	3.7501385E + 02
1.0E + 01	3.7501619E + 01
1.0E + 0	3.7501527E + 00
1.0E − 01	3.7501521E − 01
1.0E − 02	3.7501498E − 02
1.0E − 03	3.7501499E − 03
1.0E − 04	3.7501751E − 04
1.0E − 05	3.7468490E − 05
1.0E − 06	4.2837799E − 06
1.0E − 07	2.4123483E − 07
1.0E − 08	6.5904591E − 05
1.0E − 09	8.5022105E − 04

する上記の確認が済んだ後で行うことが重要である．アジョイントコードで計算される勾配は，評価関数に摂動ベクトル $\alpha\nabla_{\boldsymbol{x}_t}J$ を与えて差分評価した勾配と比較することで確認する．オリジナルコードとアジョイントコードを用いて以下を計算する．

$$\frac{|J(\boldsymbol{x}_t+\alpha\nabla_{\boldsymbol{x}_t}J)-J(\boldsymbol{x}_t)|}{\alpha\big(\nabla_{\boldsymbol{x}_t}J\big)^{\mathrm{T}}\nabla_{\boldsymbol{x}_t}J}=1+O(\alpha) \tag{5.18}$$

ここで $\nabla_{\boldsymbol{x}_t}J$ はアジョイントコードで計算される勾配である．式 (5.18) は評価関数を適当な基準場 $\boldsymbol{x}_t$ のまわりでテイラー展開することで導出している．式 (5.18) の評価においては何かしら評価関数 J を定義する必要があるので，双子実験を設定し，基準となる数値シミュレーション結果から生成される疑似計測値を利用するようにする．表 5.3 にアジョイントコードで計算した勾配の検証結果を示す．$10^{-7}\leq\alpha\leq10^{4}$ の範囲で差分により求めた勾配とアジョイント方程式で求めた勾配が α の減少する速さで収束していることが確認できる．

離散アジョイントコードを作成するにあたっては，上記の確認作業を十分に行うことが強く勧められる．アジョイントコードの作成は時間がかかる場合が多いため，間違いがないことを段階的に確認しつつ進めるのがよい．

5.2.4 評価関数の最小化手法

アジョイントコードで得られる勾配を使って評価関数が最小となるような初期の状態ベクトルを求めるには何かしらの求解アルゴリズムを用いる．最も単純な方法は最急降下法と呼ばれる方法であり，アジョイント勾配 $\nabla_{\boldsymbol{x}_0} J$ を使って状態ベクトルを以下のように更新する．

$$\boldsymbol{x}_0^{s+1} = \boldsymbol{x}_0^s - \gamma \nabla_{\boldsymbol{x}_0^s} J(\boldsymbol{x}_0^s), \qquad (s = 1, \ldots, S) \tag{5.19}$$

ここで γ は係数であり，$\boldsymbol{x}_0$ および $\nabla_{\boldsymbol{x}_0} J$ の更新を繰り返しつつ評価関数の最小値を求めていく．s は最小化のための反復に関するインデックスであり，反復回数の最大値を S としている．γ は一定値とすることもできるが，直線探索法で適切な係数を求めることで求解を効率的に進めることができる．しかしながら，このような方法は一般には評価関数の収束が遅いことが知られており，収束を加速するために評価関数の**ヘッセ行列** (Hessian matrix) を使った**ニュートン法** (Newton method) が用いられる．

$$\boldsymbol{x}_0^{s+1} = \boldsymbol{x}_0^s - \frac{\nabla_{\boldsymbol{x}_0^s} J(\boldsymbol{x}_0^s)}{\nabla^2_{\boldsymbol{x}_0^s \boldsymbol{x}_0^s} J(\boldsymbol{x}_0^s)}, \qquad (s = 1, \ldots, S) \tag{5.20}$$

ここで $\nabla^2_{\boldsymbol{x}_0^s \boldsymbol{x}_0^s} J(\boldsymbol{x}_0^s)$ はヘッセ行列である．ニュートン法においても $\boldsymbol{x}_0$ の更新は繰り返し行うことになる．ヘッセ行列 $\nabla^2_{\boldsymbol{x}_0^s \boldsymbol{x}_0^s} J(x_0^s)$ は**2 次アジョイント法** (second-order adjoint method) によって数値的に得ることもできるが，通常は勾配 $\nabla_{\boldsymbol{x}_0^s} J(\boldsymbol{x}_0^s)$ を使ってヘッセ行列を近似する準ニュートン法が用いられる．ヘッセ行列の近似手法の一つである **Broyden-Fletcher-Goldfarb-Shanno 法** (BFGS) のアルゴリズムは以下のようになる．

$$\boldsymbol{x}_0^{s+1} = \boldsymbol{x}_0^s - \gamma_s G_s \nabla_{\boldsymbol{x}_0^s} J(\boldsymbol{x}_0^s), \qquad (s = 1, \ldots, S) \tag{5.21}$$

ここで γ_s は $J(\boldsymbol{x}_0^{s+1})$ が $J(\boldsymbol{x}_0^s)$ よりも十分小さくなるように直線探索法で決める．また，G_s は，

$$G_{s+1} = \left(I - \frac{\boldsymbol{p}_s \boldsymbol{q}_s^{\mathrm{T}}}{\boldsymbol{q}_s^{\mathrm{T}} \boldsymbol{p}_s} \right) G_s \left(I - \frac{\boldsymbol{q}_s \boldsymbol{p}_s^{\mathrm{T}}}{\boldsymbol{q}_s^{\mathrm{T}} \boldsymbol{p}_s} \right) + \frac{\boldsymbol{p}_s \boldsymbol{p}_s^{\mathrm{T}}}{\boldsymbol{q}_s^{\mathrm{T}} \boldsymbol{p}_s} \tag{5.22}$$

のように更新される．ここで I は単位行列，$\boldsymbol{p}_s = \boldsymbol{x}_0^{s+1} - \boldsymbol{x}_0^s$, $\boldsymbol{q}_s = \nabla_{\boldsymbol{x}_0^{s+1}} J(\boldsymbol{x}_0^{s+1}) - \nabla_{\boldsymbol{x}_0^s} J(\boldsymbol{x}_0^s)$ である．CFD シミュレーションのように高次元の状態ベクトルを扱う

場合にはBFGS法においてもメモリ使用量が大きくなるため工夫が必要である．特に4次元変分法においては省メモリBFGS (limited-memory BFGS, L-BFGS) 法がよく用いられる [37]．準ニュートン法に関してはオープンソースとなっているものも多数存在する．

上記のような準ニュートン法では評価関数やその勾配の評価を複数回行う必要があり，状態ベクトル推定における全体の計算コストは大きい．このような4次元変分法の計算コストを削減する手法として**インクリメント法** (incremental approach) がある [2]．インクリメント法ではまず評価関数を背景流れ場 $\boldsymbol{x}_b$ のまわりで線形化する．

$$J(\delta\boldsymbol{x}_0) = \frac{1}{2}\delta\boldsymbol{x}_0^{\mathrm{T}} B_0^{-1}\delta\boldsymbol{x}_0 + \frac{1}{2}\sum_{t=0}^{T}[H_t\delta\boldsymbol{x}_t - \boldsymbol{d}_t]^{\mathrm{T}} R_t^{-1}[H_t\delta\boldsymbol{x}_t - \boldsymbol{d}_t] \tag{5.23}$$

ここで $\delta\boldsymbol{x}_0 = \boldsymbol{x}_0 - \boldsymbol{x}_b$，そして，$\boldsymbol{d}_t = \boldsymbol{y}_t - h_t(\boldsymbol{x}_t)$ である．式 (5.23) において，$\dim(\boldsymbol{z}_t) \ll \dim(\boldsymbol{x}_t)$ となるような変数変換 $\delta\boldsymbol{z}_t = S\delta\boldsymbol{x}_t$ を行うことで，評価関数やアジョイント法による勾配計算の計算コストを削減する．変数変換した評価関数は以下のようになる．

$$J(\delta\boldsymbol{z}_0) = \frac{1}{2}\delta\boldsymbol{z}_0^{\mathrm{T}} B_w^{-1}\delta\boldsymbol{z}_0 + \frac{1}{2}\sum_{t=0}^{T}[G_t\delta\boldsymbol{z}_t - \boldsymbol{d}_t]^{\mathrm{T}} R_t^{-1}[G_t\delta\boldsymbol{z}_t - \boldsymbol{d}_t] \tag{5.24}$$

ここで，$B_w = SB_0S^{\mathrm{T}}$, $G_t = H_tS^{-1}$ である．式 (5.24) はより次元の小さな状態ベクトル $\delta\boldsymbol{z}_0$ の関数となっているため，最小化のための計算コストは小さくなる．ここで，$\boldsymbol{d}_t$ は変数変換前の状態ベクトル $\boldsymbol{x}_t$ を使って評価されている点に注意されたい．変換行列 S としては，計算格子を間引いたり，物理モデルを単純化したりといった処理が考えられる．また，第6章で述べるような流れ場から抽出したモードを利用した変換も可能である [38]．インクリメント法の詳細は文献 [2] を参考にされたい．

5.3　周期的な流れ場の推定

5.3.1　データ同化の問題設定

本書では逐次型データ同化手法であるアンサンブルカルマンフィルタと変分型データ同化手法である4次元変分法による推定の様子を同一の流体問題にお

いて比較する．そのために本節でも 4.1.4 項で説明した双子実験を行うことにする．ここでは 4.2 節と同様に，カルマン渦列の周期的な流れ場において，渦放出の位相ずれを修正するような問題を考える．4 次元変分法で検討するパラメータとしては，表 5.4 に示す同化ウィンドウの長さ，評価関数の最小化における反復回数，同化する疑似計測データの時空間密度，そして，疑似計測値に含まれるノイズ分散の大きさである．同化する疑似計測データの時空間密度に関しては，アンサンブルカルマンフィルタによる検討で用いた値と同一にする．計測範囲についても図 4.5 と同様である．

5.3.2 推定された流れ場の様子

図 5.12 に 4 次元変分法による初期流れ場の推定の過程を示す．ここではカルマン渦列の位相ずれを修正しているが，修正の行われる範囲は図 4.5 に示した

表 5.4 周期流れの位相ずれ修正で考慮したデータ同化に関わるパラメータ

パラメータ	値
同化ウィンドウ長さ（時刻ステップ）	50, **150**, 250
評価関数の最小化における反復回数	30, **50**, 70
空間計測密度（格子点ごと）	2, **4**, 16
時間計測密度（時刻ステップごと）	10, **40**, 70
疑似計測値のノイズ分散	**0.0**, 0.01, 0.1

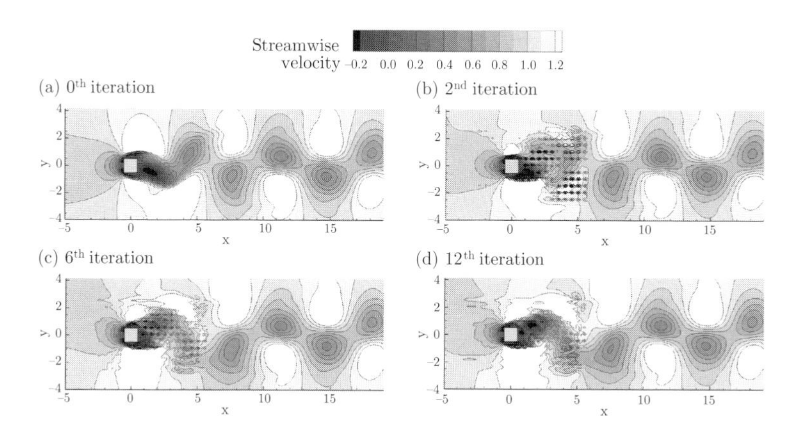

図 5.12 初期流れ場の修正の様子

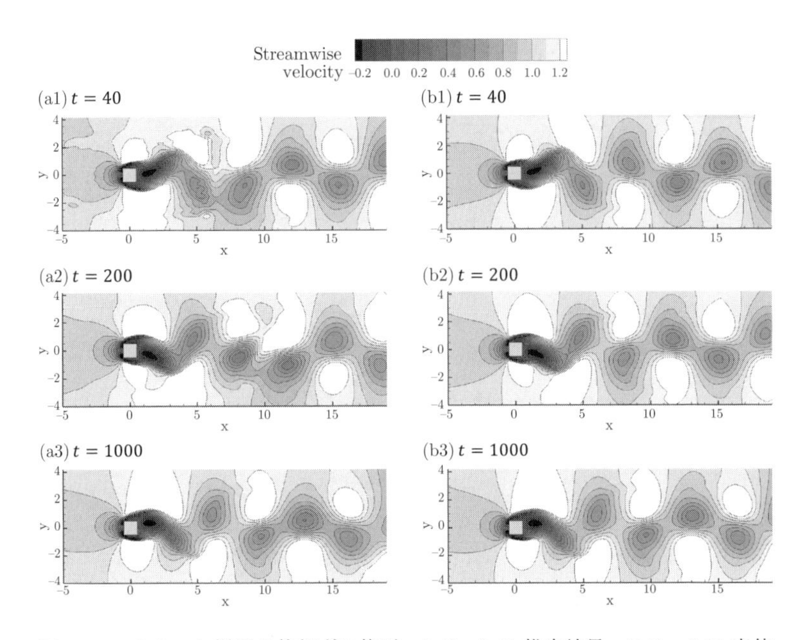

図 5.13　カルマン渦列の位相ずれ修正，(a1)－(a3) 推定結果，(b1)－(b3) 真値

計測領域に限定されるため，図 5.12(d) の 12 回目の反復に見られるように角柱近傍でのみ渦放出の様子が修正されている．このように見ると流れ場全体としては十分修正されていないように見えるが，図 5.12(d) に示す修正された場を初期値として計算を継続していくと，図 5.13 に示すように修正の影響が計算領域全体に広がり，位相ずれの修正されたカルマン渦列が再現される．ここで図 5.13(a1)－(a3) がデータ同化後の流れ場，(b1)－(b3) が真値である．結果として 1000 時刻ステップ目においてほぼ真値と同じ流れ場が得られている．なお，図 5.12 では修正された領域で流れ場の振動が見られるが，これは計測データが 4 格子点ごとに与えられるためである．このような振動が出るかどうかはデータ同化の設定に加えて，システムモデルである数値シミュレーションコードにも依存する．

4 次元変分法では同化ウィンドウ内の計測データを使って，同化ウィンドウの初期流れ場を修正している．修正された初期流れ場からの時間発展はナビエ・ストークス方程式に従うものであり，アンサンブルカルマンフィルタなどの逐

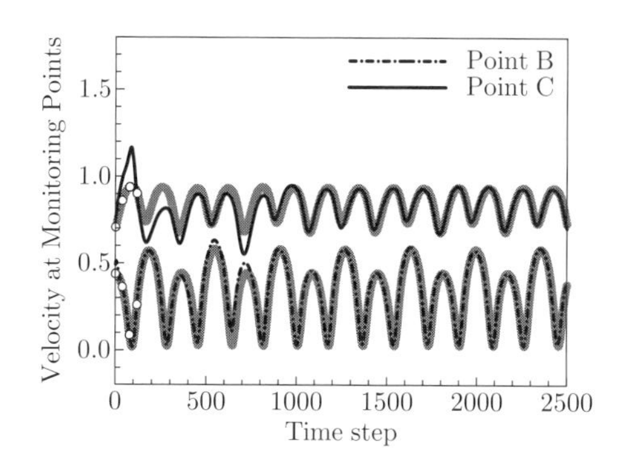

図 **5.14**　モニタリング点における流速の時間履歴

次型データ同化手法のように計測データが存在する時刻における状態ベクトルの修正（すなわち外力）は加わらない．そのような意味で，4 次元変分法による推定は数値シミュレーションモデルの力学的に自然であると言われる．図 5.13 のデータ同化後の流れ場では，角柱後方の計測データの影響が及んでいない範囲においては位相の修正が行われていないが，角柱付近の修正が時間発展とともに下流に伝播し，位相の修正が完了する．上述のとおり，この過程で計測値による外力は働いていない．4.2.3 項でも述べたが，この流れ場ではカルマン渦列の存在が安定であり，位相の修正は少しのきっかけで起こすことができることを示している．

図 5.14 に角柱後流のモニタリング点（図 4.5 参照）における x 方向流速の履歴を示す．高々 4 時刻において疑似計測値を与えただけであるが，時間発展につれて流速が真値に一致していくことがわかる．モニタリング点 C における初期の乱れは計測範囲内における流れ場修正の影響が点 C に達していないためであり，点 B は修正領域内に含まれるため，はじめから比較的真値によく一致している．図 5.15 に評価関数の最小化反復における評価関数値と x 方向流速のモニタリング点における収束履歴を示す．150 時刻ステップのデータ同化ウィンドウ内で繰り返し速度場が修正されていることを示している．モニタリング点 B で流速の時間履歴が徐々に真値に近づいていることがわかる．一方，モニタリング点 C は計測範囲から離れているため計測データによる流れ場の修正の影響

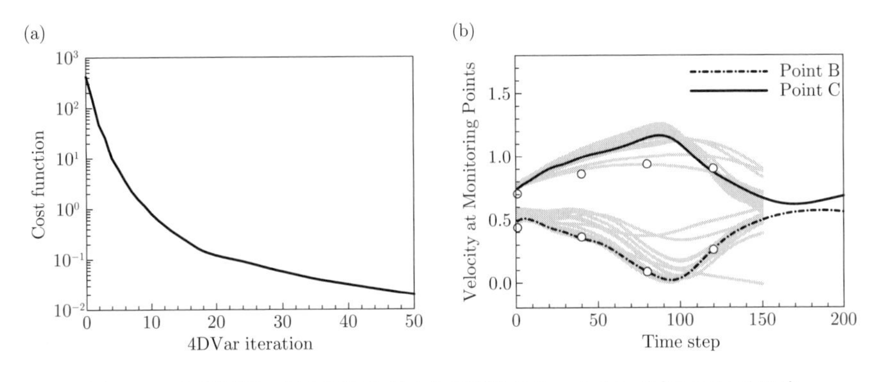

図 5.15　評価関数の収束履歴と最小化反復時のモニタリング点における流速

をあまり受けていない．このようにして計測データによく一致する初期流れ場が得られると，そこから継続した状態ベクトルの時間発展はその後の計測データにもよく一致するというような初期値問題を考えるのが 4 次元変分法である．

図 5.16 にデータ同化に関係するパラメータが推定結果に与える影響を示す．図 4.8 と同様にモニタリング点 C における流速からその影響を見る．図 5.16(a) に 4 次元変分法のデータ同化ウィンドウ長さの影響を示す．4 次元変分法では同化ウィンドウの長い方がより長期間の計測データを用いて初期値を推定できるものの，評価関数の分布が複雑化するため初期値推定が困難になる [39]．図 5.16(a) に示すように同化ウィンドウ 250 時刻ステップでは初期流れ場の推定精度が十分ではないため流速が大きく乱れ，2000 時刻ステップ以降も真値とのずれがあることがわかる．同化ウィンドウ 50 および 150 時刻ステップではあまり結果は変わらない．一方で，同化ウィンドウが極端に短く，例えば，1 時刻ステップになってしまうと，3 次元変分法による推定と同様になり数値シミュレーションモデルのダイナミクスを考慮する 4 次元変分法の利点が失われることになる．4 次元変分法で長いデータ同化ウィンドウを扱う方法としては，5.4.3 項で述べる工夫や弱拘束の 4 次元変分法がある [35]．図 5.16(b) は 4 次元変分法で初期値を推定するための最適化計算における反復回数の影響を見たものである．ここでは省メモリ BFGS 法を用いた準ニュートン法による初期値探索を行っており，反復回数の違いは評価関数の収束度合いの違いと関係しているが，ここ

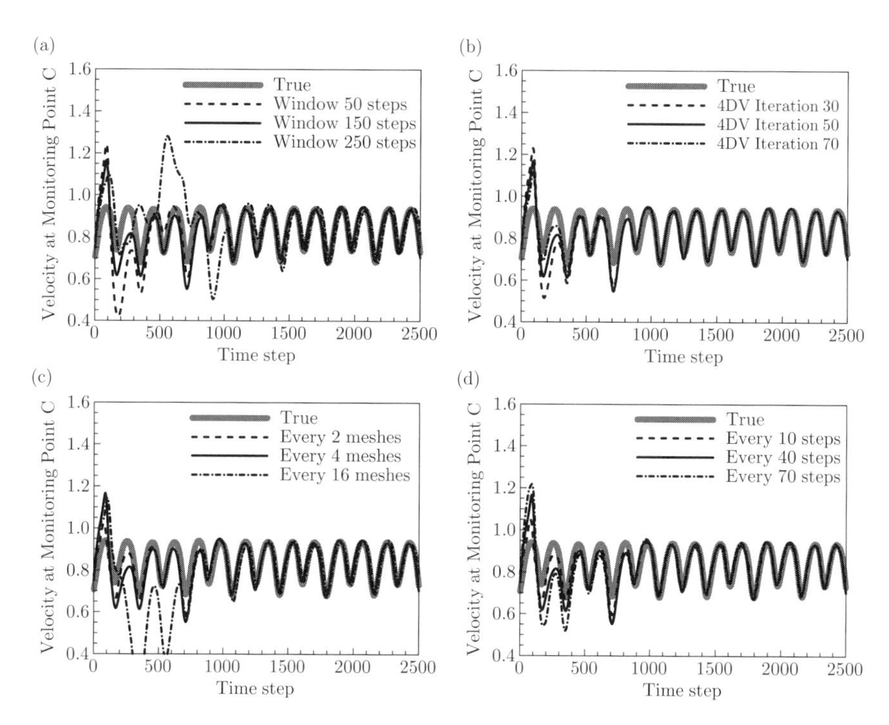

図 5.16 モニタリング点 B における主流方向流速のパラメータ依存，(a) 同化ウィンドウ長さ，(b) 評価関数最小化の反復回数，(c) 空間計測密度，(d) 時間計測密度

で調べた範囲では最終的なカルマン渦列流れの結果にはあまり影響していないことが確かめられる．空間方向の計測情報量の影響を図 5.16(c) に示す．同化ウィンドウ（150 ステップ目まで）以降の乱れに違いが見られるが，1500 ステップ以降は真値にほぼ一致している．一方，計測データを同化する時刻ステップ間隔の影響を図 5.16(d) に示す．同化ウィンドウ長さ 150 に対して，10, 40, 70 ステップごとに疑似計測データを同化した結果にはあまり違いがない．このように計測データが時間方向に少ない場合にも精度よく推定が可能であるのが 4 次元変分法の強みといえる．

図 5.17 に疑似計測値に含まれるノイズの大きさの影響を示す．データ同化初期の x 方向流速の変動にはあまり影響を与えていないが，1000 時刻ステップ以降の平均二乗平方根誤差 (RMSE) の履歴に疑似計測値に含まれるノイズの影響

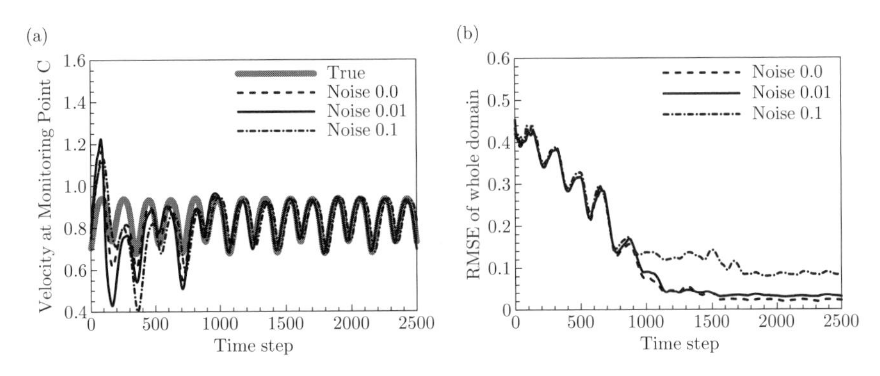

図 5.17　疑似計測値に含まれるノイズの大きさの影響

があることがわかる.

5.3.3　データ同化サイクル

前項の結果からわかるように，カルマン渦列の位相ずれを単一の同化ウィンドウを用いた4次元変分法によって修正する場合には同化ウィンドウ長さに制限があった．しかしながら，同化ウィンドウ終端における推定値を次の時間区間に設定した同化ウィンドウにおける初期値とし，繰り返し4次元変分法を適用するといった使い方もできる．このように同化ウィンドウを繰り返し設定することで，推定値が真の流れ場に近づいていくことが期待できる．図5.18にモニタリング点Cにおける流速の時間履歴を示す．全てのケースで同化ウィンドウ長さを150時刻ステップとしているが，4DV Onceでは4次元変分法を0〜150時刻ステップで一度だけ適用，4DV Cycleでは0〜150時刻ステップ，151〜300時刻ステップ，301〜450時刻ステップなどのようにそれぞれの同化ウィンドウで4次元変分法を適用している．その際，前述のように前の同化ウィンドウ終端の推定値を次の同化ウィンドウにおける初期値としている．図5.18に示すようにデータ同化ウィンドウを150時刻ステップとした4次元変分法を繰り返し適用することで，一度のみしか適用しなかった場合と比較して，1000時刻ステップ以降のRMSEが小さくなっている．空間計測密度を4格子ごとから16格子ごとと減らした場合 (4DV Cycle Coarse) においても，2000時刻ステップ以

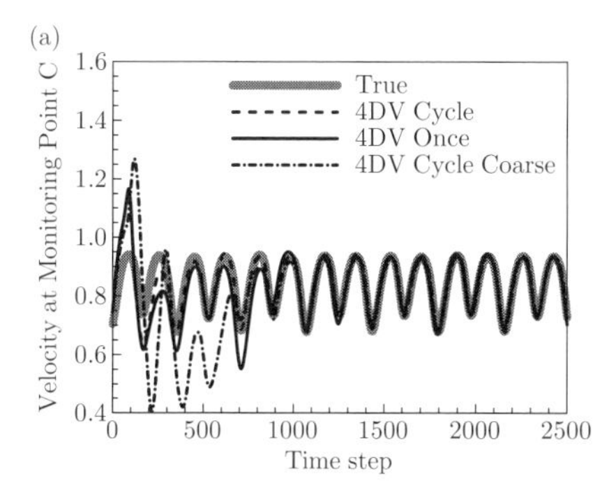

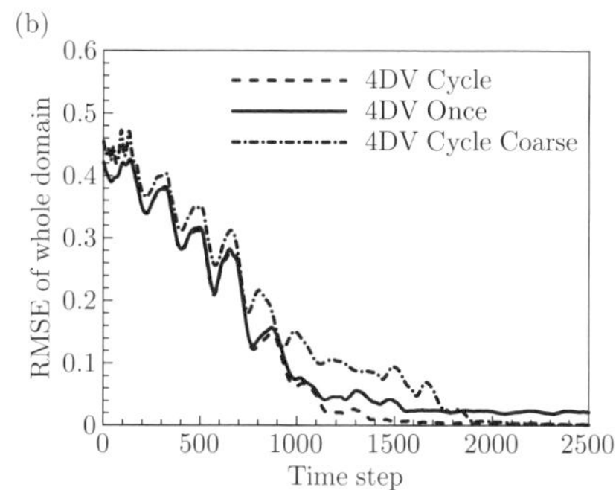

図 5.18 4 次元変分法を繰り返し適用した場合のモニタリング点における流速履歴

降で RMSE が小さくなっている．このようなデータ同化サイクルでの適用は，数値気象予測で行われている方法とほぼ同じである．一方で，4 次元変分法の時間を遡った初期条件の推定は同化ウィンドウの範囲内でしか行うことができないため，目的に応じて適用方法を考える必要がある．

5.4 過渡的な流れ場の推定

5.4.1 データ同化の問題設定

4.3 節と同様の流れ場において 4 次元変分法による推定を行う．前節のカルマン渦列の場合と異なり，過渡的な渦流れの予測を行うための初期流れ場を推定する問題となっており，4 次元変分法に適した問題であると考えられる．ここでは，カルマン渦列の位相ずれを設定しないので，角柱後流の流れ場はここでの推定にほぼ影響しない．擬似的な計測データとなる流れ場には Burnham-Hallock 渦モデルから定義される速度場を重ね合わせる．この渦は角柱およびカルマン渦列と干渉しながら流れていくことになる．計測の方法などの条件設定は 4.3 節と同一である．データ同化に関わるパラメータを表 5.5 に示す．

5.4.2 推定された流れ場の様子

図 5.19 に 4 次元変分法によって初期流れ場を推定する過程を示す．移流渦が角柱に当たるまでの時間程度の同化ウィンドウ長さを設定することで初期渦を

表 **5.5**　移流渦の推定で考慮したデータ同化に関わるパラメータ

パラメータ	値
同化ウィンドウ長さ（時刻ステップ）	50, **150**, 250
評価関数の最小化における反復回数	30, **50**, 70
空間計測密度（格子点ごと）	1, **2**, 4
時間計測密度（時刻ステップごと）	8, **16**, 32
疑似計測値のノイズ分散	**0.0**, 0.01, 0.1

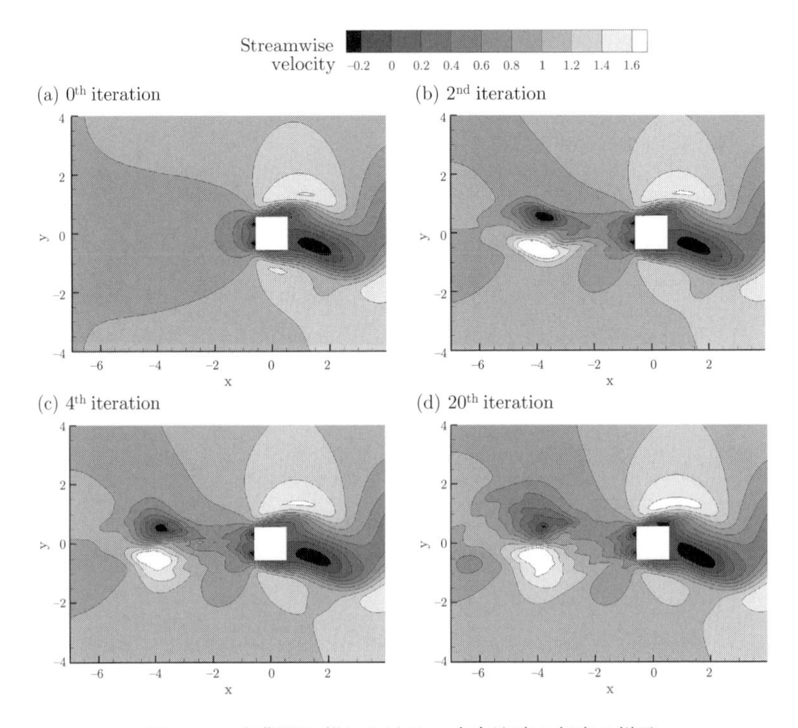

図 **5.19**　初期流れ場における x 方向流速の収束の様子

再現することができている．推定の結果，角柱前方の何もない領域に渦を表す速度変化（$x=-4.0$, $y=0.0$ を中心とした渦の x 方向速度成分）が浮き上がってくるのがわかる．

図 5.20 は図 5.19 で推定された初期流れ場から始まる流れ場の時間発展の様子である．図 5.20(a1)–(a3) が推定値，(b1)–(b3) が真値である．4 次元変分法の推定により初期流れ場に乱れが存在するが，その後の時間発展ではナビエ・

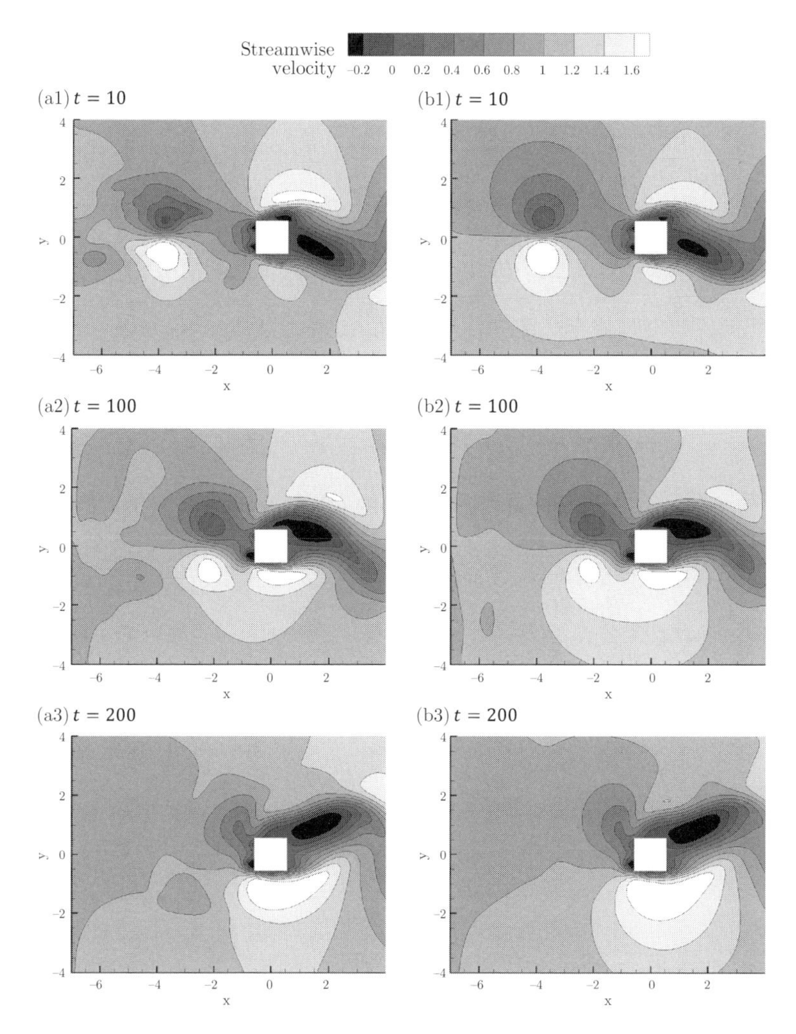

図 5.20　移流渦の推定，(a1)-(a3) 推定結果，(b1)-(b3) 真値

ストークス方程式の平滑化効果により滑らかな流れ場となっており，真値ともよく一致しているのが確認できる．

図 5.21 は角柱前方に配置したモニタリング点 A における x 方向流速の時間履歴である．丸で示す時刻で計測値を同化することで，黒実線のように渦によ

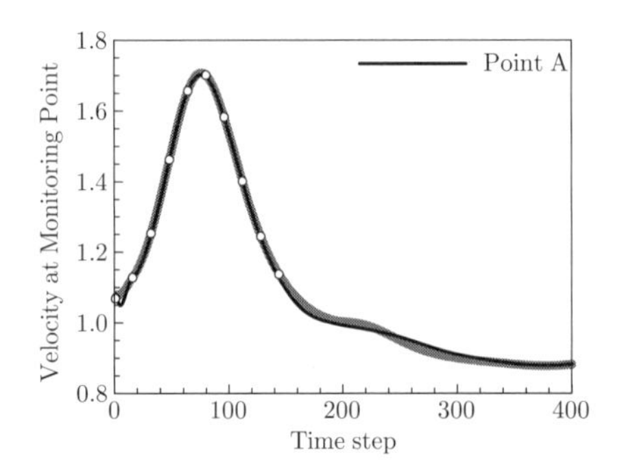

図 5.21　モニタリング点における流速の時間履歴

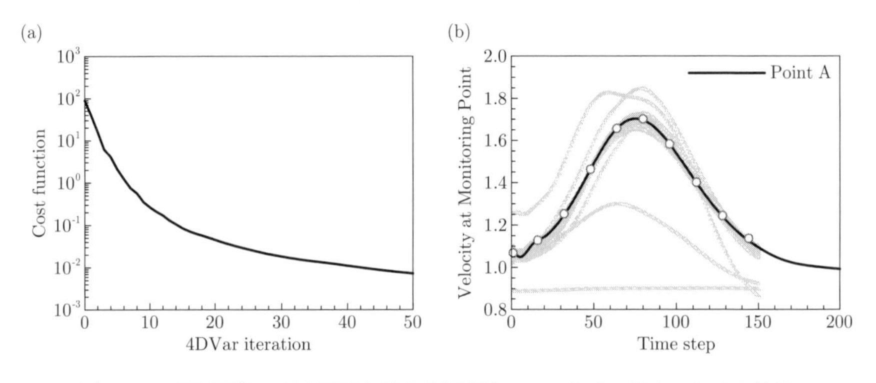

図 5.22　評価関数の収束履歴と最小化反復時のモニタリング点における流速

る速度変化が再現されている．初期値を推定しているため，時間履歴を見ると初期から計測値によく一致している．また，図 5.22 に評価関数とモニタリング点 A における流速の収束履歴を示す．初期にモニタリング点 A においては渦の移流による流速変化がなかったが，4 次元変分法の反復を繰り返すことで疑似計測値に一致するような流速の時間履歴が得られている．

周期的流れ場の例と同様に，4 次元変分法によるデータ同化で用いるパラメータが推定結果にどのような影響を与えるかをモニタリング点 A における流速の違いから検討する．図 5.23(a) に同化ウィンドウ長さの影響を示す．同化ウィンドウを 50 時刻ステップとした場合には真値からの多少のずれが見られる．図 5.23(b) に 4 次元変分法の反復回数の影響を示すが，周期流れの例と同様に影響

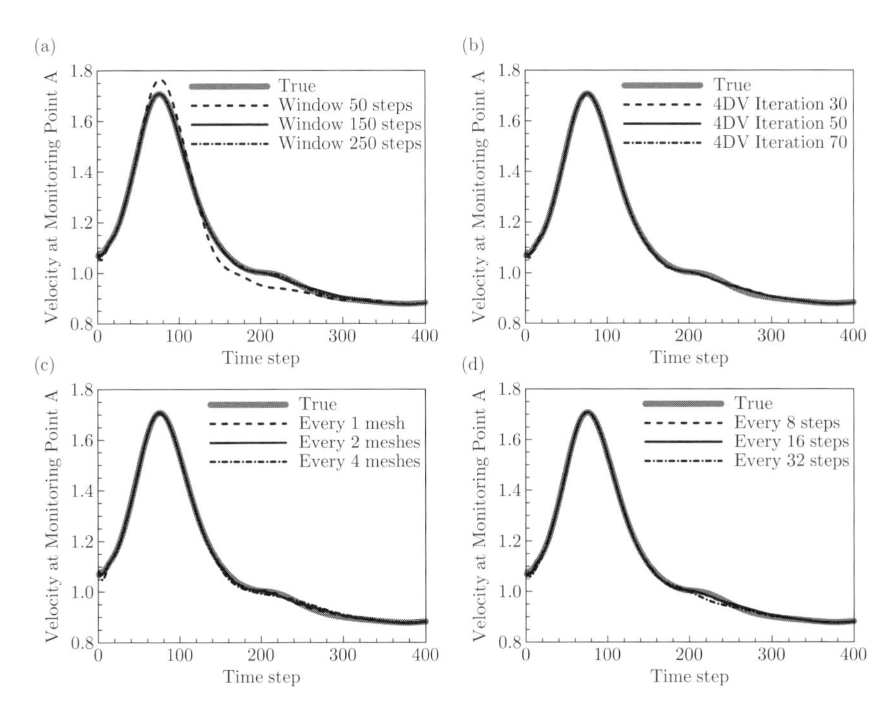

図 5.23 過渡的流れ場におけるデータ同化パラメータの影響，(a) 同化ウィンドウ長さ，(b) 評価関数最小化の反復回数，(c) 空間計測密度，(d) 時間計測密度

は小さい．計測点の空間的な密度の影響を図 5.23(c) に示す．計算格子点 1 点ごと，そして，4 点ごとの場合にも流速の時間履歴をよく再現している．また，図 5.23(d) に計測を同化するステップ間隔の影響を示す．150 時刻ステップの同化ウィンドウ内で，8 および 16 時刻ステップごとに計測を同化した結果にはあまり違いがない．32 時刻ステップごとでは後半で真値からのずれが見られる．

図 5.24 に疑似計測値に含まれるノイズの大きさの影響を示す．ノイズが大きくなると RMSE も増加し，ノイズを考慮しないときの結果が最もよい．5.3.3 項と同様に，短い同化ウィンドウ長さ（150 時刻ステップ）で 4 次元変分法を繰り返し適用した場合の結果を図 5.25 に示す．当然ながら，4 次元変分法を繰り返し適用することで，150 時刻ステップ以降の RMSE が小さくなる．

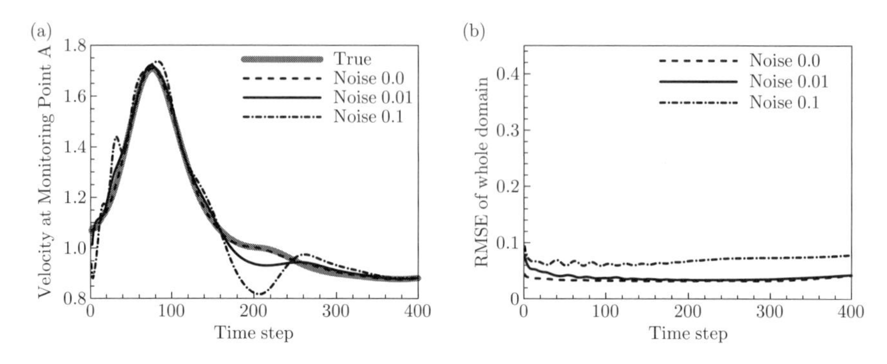

図 5.24　疑似計測値に含まれるノイズの大きさの影響

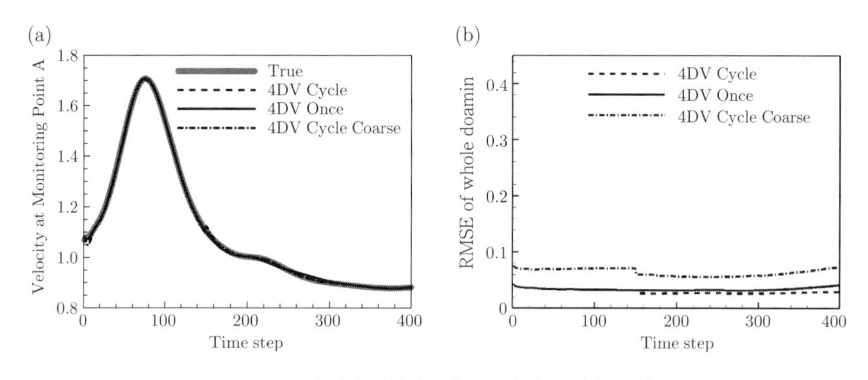

図 5.25　4次元変分法を繰り返し適用した推定結果

5.4.3　同化ウィンドウを長くするための工夫

同化ウィンドウ内で計測と一致するような流れ場を，アンサンブルカルマンフィルタにおける解析インクリメントのような外力を加えることなく求めることができるのは4次元変分法を用いる大きな利点の一つであるが，対象とする流体現象によって同化ウィンドウの長さ（すなわち，遡ることのできる時間の長さ）に制限がある．周期的な現象の推定では前項のように4次元変分法を短い同化ウィンドウで繰り返し適用することによって，長時間の現象に対して推定精度を高めていくことができた．しかしながら，長期間の計測データに基づき初期値推定を行いたい場合にはそのような方法をとることができない．同化

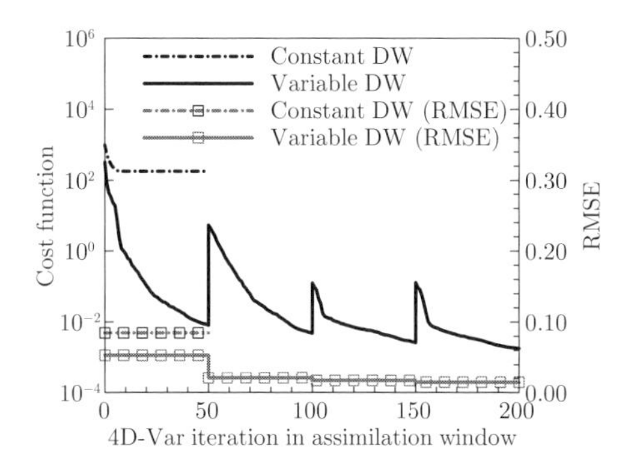

図 5.26　同化ウィンドウを徐々に長くしたときの評価関数値と RMSE

ウィンドウの制限に関しては，同化ウィンドウが長くなるにつれて，評価関数が複雑化（多峰化）することが 3 変数の**ローレンツモデル** (Lorenz model) に関して Pires ら [39] によって調べられている．そのような多峰性の評価関数の最小化には，一般にはより高度な最適化手法の利用や勾配情報に頼らない大域的な最適化手法の利用が必要である．その一方で，4 次元変分法においては同化ウィンドウを徐々に長くしていくことで，最終的に長い同化ウィンドウを扱うこともできる [39].

ここでは 5.4.1 項の移流渦の初期流れ場を推定する問題において，同化ウィンドウを長くする工夫を適用した例を紹介する．まず，同化ウィンドウを 400 時刻ステップとしたときの評価関数値の履歴と得られた流れ場の RMSE を図 5.26 に一点鎖線で示す．ここで図の横軸は 4 次元変分法における評価関数最小化のための反復回数を示している．評価関数値は数回の反復で減少が下げ止まっており，これ以上反復を行ってもさらなる減少は望めない．このときの RMSE を四角つきの灰色一点鎖線で示している．これは移流する渦の角柱との衝突が非線形性の強い現象であり，線形化した方程式を用いた勾配法に基づく 4 次元変分法の限界であろうと考えられる．一方で，同化ウィンドウを 100 時刻ステップから 400 時刻ステップまで 100 時刻ステップずつ増やしていった結果を実線で示す．それぞれの同化ウィンドウに対して 50 回の反復を行っている．図 5.26 から同化ウィンドウを 100 時刻ステップとすることで評価関数値が 4 桁程度以上減少していることがわかる（横軸の反復回数0〜50回の範囲）．このときの流れ場RMSEは先ほどの同化ウィンドウ400時刻ステップの場合より小さくなっている．ここでは同化ウィンドウ100時刻ステップで推定された初期流れ場をデータ同化の初期値として，同化ウィンドウを200時刻ステップに延ばし，さらに50回の反復を行う．このとき評価関数は同化ウィンドウが長くなったことにより一旦上昇し，その後は順調に減少する（評価関数は計測点における誤差を時間方向に足し加えたものであるため同化ウィンドウが延長されると評価関数値が大きくなる）．このときRMSEが大幅に減少していることがわかる．長い同化ウィンドウにおける複雑な評価関数に対して，短い同化ウィンドウの推定結果が適切な初期値を与えて以降の最適化がうまく進行していることがわかる．このような処理を繰り返すと，同化ウィンドウを最終的に400時刻ステップとしても評価関数を減少させることができ，このときの流れ場のRMSEは単一のデータ同化ウィンドウを設定した場合よりも大幅に小さくなっている．

5.4.4　背景誤差項の効果

背景誤差項はベイズ推定における事前分布（事前知識）に相当するものであり，気象予報ではデータ同化を行う時刻までの数値予測の結果を事前情報として背景誤差項に取り込んでいる．しかしながら，一般的な流体問題では背景誤差項の設定が難しい場合も多い．例えば，本章で取り上げたカルマン渦列の位相ずれの修正では位相がどのくらいずれているかはそもそも推定すべきものであるため事前の情報を与えるのは難しい．アンサンブルカルマンフィルタにおいて考えたタイムラグアンサンブルは，位相ずれの可能性のあるものからアンサンブルを作成しているので，位相ずれに関する事前情報をうまく利用しているといえるが，4次元変分法においては特定の量だけ位相のずれた流れ場を背景誤差項に設定するのは適切ではない．また，移流渦の推定においても推定すべき渦の初期位置や大きさは事前に不明とするのが推定問題としてはフェアであると考えられるが，4.3.3項の渦アンサンブルのように多少妥協して渦の位置のみがおおよそ既知であるといった場合には，その位置に強さの異なる渦を置いた流れ場を背景誤差項に設定することができるかもしれない．

一方で，データ同化の対象によってはより一般的な事前情報から背景誤差項を設定することができる．4 次元変分法では，ナビエ・ストークス方程式などの支配方程式が強い拘束条件として考慮されているが，加えて，推定された初期流れ場が滑らかであるという条件はレイノルズ数にも依存するが普遍的な事前情報として与えられるかもしれない．図 5.12 に示した結果のように，計測位置や計測量によっては推定された初期流れ場に支配方程式または数値計算手法に起因する振動が発生する場合がある．このような数値的な振動への対策として，ここでは背景誤差項に設定する流れ場として，推定された流れ場に数値的な平滑化フィルタを適用することで平滑化した場を考える．評価関数は以下のようになる．

$$J(\boldsymbol{x}_0) = J_b(\boldsymbol{x}_0) + J_o(\boldsymbol{x}_0) = \frac{1}{2}\chi(\boldsymbol{x}_0 - \boldsymbol{x}_0^I)^{\mathrm{T}}(\boldsymbol{x}_0 - \boldsymbol{x}_0^I) + J_o(\boldsymbol{x}_0) \qquad (5.25)$$

ここで J_b は背景誤差項，J_o は観測誤差項，$\boldsymbol{x}_0$ および $\boldsymbol{x}_0^I$ はそれぞれ推定すべき初期流れ場および平滑化フィルタを適用した滑らかな流れ場である．ここで背景誤差共分散行列 B_0 は対角要素が $1/\chi$ の対角行列であると仮定し，式 (5.25) では背景誤差項にかかる係数として扱っている．平滑化フィルタとしては数値的な振動を取り除くために用いられる以下の 2 次精度数値フィルタを用いる [40].

$$\hat{\phi}_i = \frac{1}{4}(\phi_{i-1} + 2\phi_i + \phi_{i+1}) \qquad (5.26)$$

ここでは 4 次元変分法における収束反復中の流速成分 $u_{i,j}^t$ および $v_{i,j}^t$ に対して，それぞれ i 格子線方向および j 格子線方向に式 (5.26) を一度ずつ適用した流れ場を $\boldsymbol{x}_0^I$ とする．フィルタ後の流れ場 $\boldsymbol{x}_0^I$ は初期流れ場 $\boldsymbol{x}_0$ の関数であるが，ここでは定数として扱うことにする．評価関数の勾配に関しては J_o に関する部分に加えて，背景誤差項に関する勾配を以下のように求めることができる．

$$\nabla_{\boldsymbol{x}_0} J_b(\boldsymbol{x}_0) = \chi(\boldsymbol{x}_0 - \boldsymbol{x}_0^I) \qquad (5.27)$$

この勾配 $\nabla_{\boldsymbol{x}_0} J_b(\boldsymbol{x}_0)$ はアジョイント方程式の時間逆方向の積分で得られた勾配 $\nabla_{\boldsymbol{x}_0} J_o$ に加算される．式 (5.25) の定義から，推定された初期流れ場 $\boldsymbol{x}_0$ が振動しており，$\boldsymbol{x}_0^I$ との差が大きければ評価関数は大きな値をとることがわかる．また，式 (5.27) から $\boldsymbol{x}_0$ と $\boldsymbol{x}_0^I$ の差，すなわち，平滑化された振動成分が $\nabla_{\boldsymbol{x}_0} J_b(\boldsymbol{x}_0)$

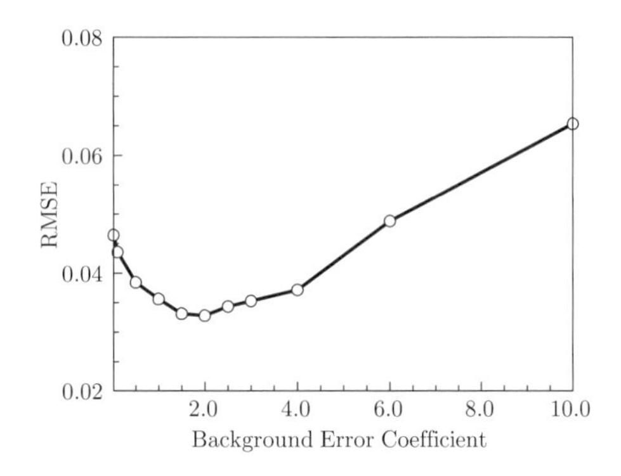

図 5.27　背景誤差項の係数と流れ場全体の RMSE の関係

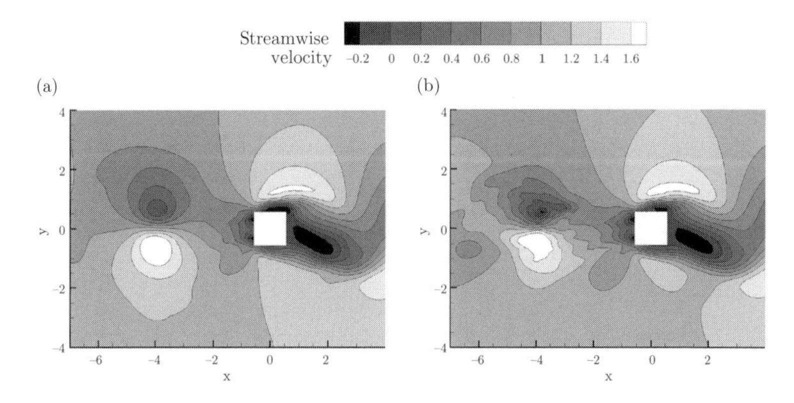

図 5.28　初期流れ場推定における背景誤差項の効果，(a) $\chi = 2.0$，(b) $\chi = 0$

として初期流れ場の修正に利用されることがわかる．

式 (5.25) で定義した背景誤差項を考慮した 4 次元変分法によるデータ同化を，移流渦の問題に適用してみる．図 5.27 に式 (5.25) の係数を変化させたときの RMSE を流れ場全体で評価した結果を示す．図から $\chi = 2.0$ 付近で RMSE が最も小さくなることがわかる．このような $J_b(\boldsymbol{x}_0)$ の考慮によって背景誤差項がない場合 ($\chi = 0$) よりも RMSE が小さくなっている点は特筆すべきである．図 5.28 に背景誤差項の有無による推定された初期流れ場の違いを示す．$J_b(\boldsymbol{x}_0)$ の考慮によって滑らかな初期流れ場が推定できていることがわかる．図 5.20(b1)

に示す真値との比較からも推定が改善されていることがわかる.

上述のように背景誤差項を使って評価関数に事前情報を取り込むことで，一般的に劣決定問題となるデータ同化問題を正則化（適切化）することができる．また，支配方程式では拘束できない変数間の関係を保存則のような拘束として考慮するといった利用法も考えられる．加えて，イノベーションの影響を計測のない領域まで広げる効果もあり [41]，流れ場の構造に関する適切な事前知識がある場合には，背景誤差項が推定結果に大きな影響を与えることがわかる．これはアンサンブルカルマンフィルタにおいて，生成されたアンサンブルが推定結果に大きく影響したことと類似しており，高次元の状態ベクトルを少ない計測から求めるためのポイントといえるかもしれない．

5.5 おわりに

本章では，変分型データ同化の代表的手法である 4 次元変分法を周期的および過渡的な流れ場に適用し，推定の様子を説明した．加えて，同化ウィンドウを長くする工夫や背景誤差項を考慮した例を紹介した．4 次元変分法ではアジョイントコードが必要となるため，アンサンブルカルマンフィルタなどの逐次型データ同化手法と比較すると導入の障壁が高い．しかしながら，高次元の状態ベクトルを効率よく求める手法であるため必要とされる場面もあるであろう．第 2 章のコラムでも触れたように，深層・機械学習において人工ニューラルネットワークのパラメータを最適化するためにアジョイント法と同様の方法で評価関数（損失関数）の勾配を計算していることを考えると，深層・機械学習のユーザーや開発者にとっては一般的な数値シミュレーションモデルのアジョイントモデルも身近なものとなりうるかもしれない．本章の推定例を第 4 章の結果を見比べることで，逐次型および変分型データ同化手法の推定の様子の違いを理解し，それらの手法の技術的な困難さではなく推定する対象や利用できる計測データの種類によって適用すべきデータ同化手法を選択することができるようになる手助けができれば，本書の目的はほぼ達成されたことになる．

コラム（データ同化の難しさ）

データ同化の難しさはどこにあるであろうか．第4章および第5章の例では，比較的単純な流体問題における推定においても条件設定によっては希望どおりの推定ができるとは限らないことを述べた．これは高次元の状態ベクトルを限られた量の計測データで定めることが本質的に難しいということを示していると考えられる．CFDの観点では格子点数（モデル自由度）を極限まで増やせば，乱流モデルなど仮定に基づくモデルに頼ることなく，ナビエ・ストークス方程式から一意に流れ場が得られる．しかしながら，初期・境界条件などをデータ同化で推定するとなると，CFDにおいて格子点数を最大化するという高精度化の方針が足かせとなる．すなわち，モデル自由度とそれを制御する計測データ量の比が問題となってくる．では，CFDの精度を十分確保しつつ，データ同化で適切に扱うことのできる状態ベクトルの大きさに関して，何か指針はあるのだろうか．例えば，逆問題では行列反転の観点から，解の求めやすさが行列の条件数で定量化できる場合もある．対処法としては正則化（適切化）などの方法が知られているが，これは出力データのみからは規定できない入力データ候補に対して何らかの制約を加えることである．データ同化の場合も同様に，4次元変分法では事前情報（事前分布）を背景誤差項により取り込むことで正規化のための条件を加えている．アンサンブルカルマンフィルタではアンサンブルの生成において推定すべき現象に対する情報を加えて，求めるべき解を得やすくしている．結局のところ，少ない計測情報から高次元の未知ベクトルを定める万能な方法はないと考えられる．現象に対する理解と適切なデータ同化の問題設定によって，はじめて真に望むべき現象が計算機内に再現されることになる．

第2章のコラムでも触れたように，何かしらのシステムモデルを用いるデータ同化においては，物理現象などに基づく支配方程式が状態ベクトルの要素間の関係を拘束しているため，状態ベクトルの次元が数百万から数千万程度あったとしても実質の自由度はそれよりも小さくなっているはずである．特に流体現象の場合には実自由度はレイノルズ数に依存する．したがって，計測データ量が少ない場合にも，物理現象の実自由度を適切に拘束できるような計測データが与えられるならば，高次元の状態ベクトルを推定することが可能になる．これは第7章でも触れるデータ同化における計測の最適化につながる．一方で，予測の表現自由度を失わない範囲で状態ベクトルの次元圧縮を行うというのも有効な方法である．これには第6章で紹介するように流れ場のモード展開が有望な手段であるが，推定すべき流れ場に仮定をおくことを考えると，背景誤差項やアンサンブルの工夫に通じる部分の多いアプローチであるともいえる．

6 データ同化の高速化

第 4 章および第 5 章で紹介した逐次型および変分型データ同化手法を適用した際の計算コストは，オリジナルコードの 1 回の実行よりも増加する．例えば，アンサンブルカルマンフィルタではおおよそアンサンブルメンバー数の分だけ，4 次元変分法ではアジョイントモデルの計算と評価関数最小化における反復計算の分だけ計算コストが増えることになる．データ同化の導入によって実現されるであろう解析精度の向上や実計測データを反映した解析が，そのような計算コストの増加に見合うものであれば，データ同化の導入が有効であるといえるが，そうでない場合には得られる利点と計算コスト増加とのトレードオフとなる．数値流体力学 (CFD) などの比較的計算コストの大きな計算機支援工学 (CAE) 分野では上記のような問題を考えなければならないが，数値シミュレーションモデルの計算コストが小さい場合にはデータ同化の導入による計算コスト増加はあまり問題にならないかもしれない．本章では，数値シミュレーションの計算コストを削減するいくつかの手法を紹介し，データ同化との組み合わせを検討する．

6.1 次元縮約モデル

6.1.1 流れ場の固有直交分解

CFD シミュレーションの結果から特徴量を抽出する手法として**固有直交分解** (proper orthogonal decomposition, POD) [42] や**動的モード分解** (dynamic mode decomposition, DMD) [43] が知られている．固有直交分解はデータに含まれる変動を最もよく表現する基底ベクトル（POD 基底ベクトル）を導出する手法であり，いわゆる主成分分析である．すなわち，

$$\arg\min_{\boldsymbol{\Psi}} |\boldsymbol{Y} - \boldsymbol{\Psi}\boldsymbol{\Psi}^{\mathrm{T}}\boldsymbol{Y}| \tag{6.1}$$

となるような POD 基底ベクトル $\boldsymbol{\Psi}$ を求める．ここで $\boldsymbol{Y}$ はデータの含まれるベクトルである．一方，動的モード分解では時間変化する場を振幅と周波数の関連づけられた複数のモード（動的モード）に分解することができる．固有直交分解が周波数の情報を持たないのと対照的である．

非定常流れの CFD 解析結果に対して固有直交分解を適用する場合には，一定の時間間隔で流れ場を保存し，その流速ベクトルを並べることで以下のように行列 X を構成する（スナップショット POD [44]）．

$$X = \begin{bmatrix} \vdots & & \vdots \\ \tilde{u}^1_{i+\frac{1}{2},j} & & \tilde{u}^K_{i+\frac{1}{2},j} \\ \vdots & \cdots & \vdots \\ \tilde{v}^1_{i,j+\frac{1}{2}} & & \tilde{v}^K_{i,j+\frac{1}{2}} \\ \vdots & & \vdots \end{bmatrix} \tag{6.2}$$

ここで，流速ベクトルの要素数（流れ場の変数 × 格子点数）は M とする．ここでは，これまでの章と同様に 2 次元空間内の直交する流速成分 u および v を考えている．K は時間方向に取得した流速ベクトルの数である．ここで，行列 X の各流速ベクトルからは K 時刻の流れ場から計算した平均流速ベクトル $\hat{\boldsymbol{u}} = [\ldots, \hat{u}_{i+\frac{1}{2},j}, \ldots, \hat{v}_{i,j+\frac{1}{2}}, \ldots]^{\mathrm{T}}$ が引いてある．これを利用して行列 $X^{\mathrm{T}}X$ の固有値問題，

$$X^{\mathrm{T}}X\boldsymbol{\Phi}_k = \xi_k\boldsymbol{\Phi}_k \tag{6.3}$$

を解くことで固有値 ξ_k と固有ベクトル $\boldsymbol{\Phi}_k$ を得る．これから互いに直交する POD 基底ベクトルが，

$$\boldsymbol{\Psi}_k = \frac{X\boldsymbol{\Phi}_k}{\sqrt{\xi_k}} \tag{6.4}$$

と計算される．このとき，流れ場の変動に対する各 POD 基底ベクトル（モード）の寄与率が固有値 ξ_k からわかる．主要な POD 基底ベクトルは非定常流れ場における主要な変動を表すように構成されることから，非定常流れ場の特徴を把握するのに適している．そして，POD 基底ベクトルを用いると，もとの流れ場は以下のように再構成することができる．

$$\boldsymbol{u}(\boldsymbol{x},\tau) = \hat{\boldsymbol{u}}(\boldsymbol{x}) + \sum_{k=1}^{K} \zeta_k(\tau)\boldsymbol{\Psi}_k(\boldsymbol{x}) \tag{6.5}$$

ここで，$\boldsymbol{u}(\boldsymbol{x},\tau)$ は再構成された流速ベクトル，$\hat{\boldsymbol{u}}(\boldsymbol{x})$ は時間に依存しないので特に空間座標の関数として示している．$\boldsymbol{\Psi}_k(\boldsymbol{x})$ は式 (6.4) で求めた POD 基底ベクトルであり時間に依存しない．そして，$\zeta_k(\tau)$ は POD 基底ベクトルの重ね合わせに用いる係数であり，これが時間の関数となる．式 (6.5) からわかるように，時間および空間の関数である流速ベクトルが時間依存しない POD 基底ベクトルと時間変化を表す **POD 係数**で再構成されている．ここで，POD 係数 $\zeta_k(\tau)$ は以下のように計算される．

$$\zeta_k(\tau) = [\boldsymbol{u}(\boldsymbol{x},\tau) - \hat{\boldsymbol{u}}(\boldsymbol{x})] \cdot \boldsymbol{\Psi}_k(\boldsymbol{x}) \tag{6.6}$$

ここで $\cdot$ は内積を表す．式 (6.5) の右辺第 2 項の和 K は保存した流速ベクトルの数，すなわち，POD 基底ベクトルの数となっているが，流れ場の再構成に必要とされる精度に応じて，より少ない POD モードの和とすることができる．非圧縮性流れ場において，流速ベクトルに対して固有直交分解を行った際に得られる固有値 ξ_k は，流れ場の運動エネルギーに相当することから，再現した流れ場が占める運動エネルギーの割合に応じて考慮する POD モードの数を設定することができ，それにより流れ場の再現精度を変化させることができる．

前章でも利用したカルマン渦列流れにおいて，第 1〜第 6 モードの POD 基底ベクトルをそれぞれ図 6.1(a)–(f) に示す．第 1 および第 2 モードがカルマン渦列の主要な構造を表現している．これらは位相が 90° ずれた場になっている．ここでは流れ場の運動エネルギーによってモード分解をしていることになるので，これらは流れ場の主要な構造を表現していることになる．より高次のモードはカルマン渦列よりもさらに小さな構造を表現しているが，図 6.2 に示す固有値の

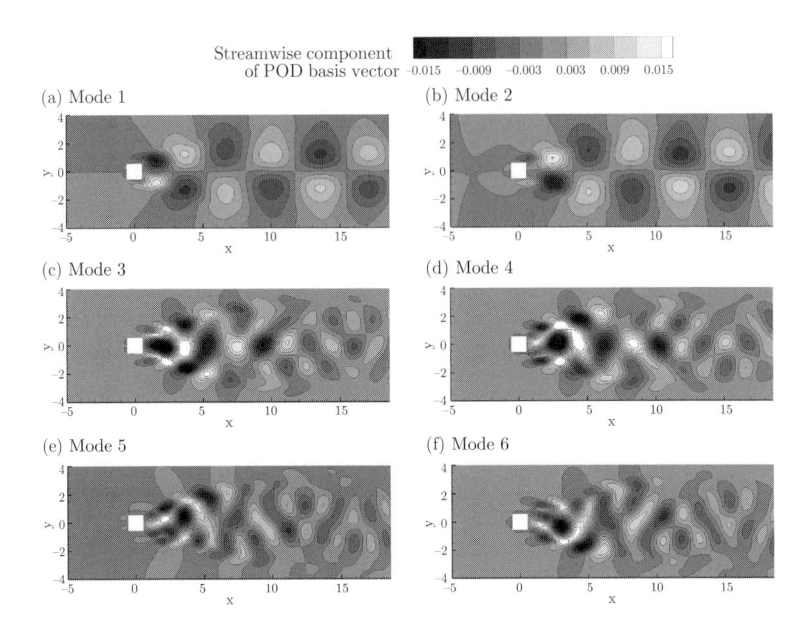

図 **6.1**　カルマン渦列流れで計算された POD 基底ベクトル（第 1〜第 6 モード）

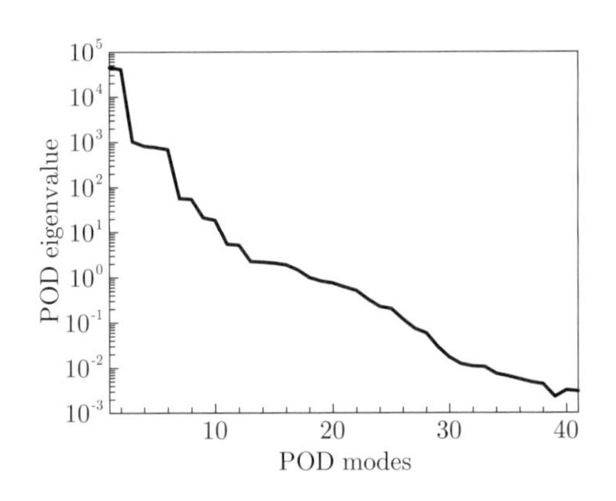

図 **6.2**　各 POD モードの固有値（運動エネルギー）の分布

分布からわかるように高次モードの寄与は小さい．流体現象では大きなスケールの渦のエネルギーが大きく，渦スケールが小さくなるにつれてエネルギーが小さくなっていくこと（エネルギーカスケード）に対応して，高次モードでは空間スケールの小さな構造が現れる．固有直交分解は周期現象を少ないモードで表現するのに適しており，過渡的な現象の表現には多くのモードが必要となる．

6.1.2 次元縮約モデルの構築

POD 基底ベクトルは互いに直交する性質を利用して偏微分方程式から次元縮約モデル (ROM)[1] を構築する際にも用いられる．システムモデルの計算コストが大きい場合には，このような次元縮約モデルによるデータ同化の大幅な高速化が期待できる．流体問題の場合を考えると，ナビエ・ストークス方程式と各モードの POD 基底ベクトルに関して内積をとることにより，POD 係数に関する連立常微分方程式が得られる（**ガレルキン射影**：Galerkin projection）．非圧縮性ナビエ・ストークス方程式と POD 基底ベクトル $\boldsymbol{\Psi}_k$ との内積は形式的に以下のように表すことができる．

$$\left\langle \frac{\partial \boldsymbol{u}}{\partial t} + (\boldsymbol{u}\cdot\nabla)\boldsymbol{u} + \nabla\tilde{p} - \frac{1}{\mathrm{Re}}\nabla^2\boldsymbol{u}, \boldsymbol{\Psi}_k \right\rangle = 0 \tag{6.7}$$

ここで，内積は $\langle\ ,\ \rangle$ および $\cdot$ で表している．流速ベクトル $\boldsymbol{u}$ を式 (6.5) に基づき P モード ($P < K$) の POD 基底ベクトルの重ね合わせで表現することにして ($\boldsymbol{u} = \hat{\boldsymbol{u}} + \sum_{p=1}^{P}\zeta_p\boldsymbol{\Psi}_p$)，式 (6.7) に代入すると，

$$\begin{aligned}
\sum_{p=1}^{P}\frac{d\zeta_p}{d\tau}\langle\boldsymbol{\Psi}_p,\boldsymbol{\Psi}_k\rangle &= -\sum_{p=1}^{P}\langle\boldsymbol{\Psi}_p,(\hat{\boldsymbol{u}}\cdot\nabla)\hat{\boldsymbol{u}}\rangle + \frac{1}{\mathrm{Re}}\sum_{p=1}^{P}\langle\boldsymbol{\Psi}_p,\nabla^2\hat{\boldsymbol{u}}\rangle \\
&\quad - \sum_{p=1}^{P}\zeta_p\langle(\boldsymbol{\Psi}_p\cdot\nabla)\hat{\boldsymbol{u}},\boldsymbol{\Psi}_k\rangle - \sum_{p=1}^{P}\zeta_p\langle(\hat{\boldsymbol{u}}\cdot\nabla)\boldsymbol{\Psi}_p,\boldsymbol{\Psi}_k\rangle + \frac{1}{\mathrm{Re}}\sum_{p=1}^{P}\zeta_p\langle\nabla^2\boldsymbol{\Psi}_p,\boldsymbol{\Psi}_k\rangle \\
&\quad - \sum_{p=1}^{P}\sum_{q=1}^{P}\zeta_p\zeta_q\langle(\boldsymbol{\Psi}_p\cdot\nabla)\boldsymbol{\Psi}_q,\boldsymbol{\Psi}_k\rangle - \langle\nabla\tilde{p},\boldsymbol{\Psi}_k\rangle
\end{aligned} \tag{6.8}$$

となる．圧力勾配項と POD 基底ベクトルとの内積は以下のように変形することができる．

$$\begin{aligned}
\langle\nabla\tilde{p},\boldsymbol{\Psi}_k\rangle &= \int_V[\nabla\cdot(\tilde{p}\boldsymbol{\Psi}_k) - \tilde{p}\nabla\cdot\boldsymbol{\Psi}_k]dV \\
&= \int_S\tilde{p}\boldsymbol{\Psi}_k\cdot\hat{\boldsymbol{n}}dS - \int_V\tilde{p}\nabla\cdot\boldsymbol{\Psi}_k dV
\end{aligned} \tag{6.9}$$

[1] 次元削減モデル，model order reduction(MOR) などとも呼ばれることがある．

ここで，各POD基底ベクトルは連続の式を満たす（発散ゼロ）ことから，式(6.9)の2行目第2項は消える．一方，式(6.9)の2行目第1項は流れ場の境界条件に関係しており無視することはできないが，外部境界を十分大きくとるなどしてゼロとしてしまう場合も多い．ここでは詳しく述べないが，このようにして導出した次元縮約モデルは高レイノルズ数流れにおいて不安定であることが知られており，安定化のための補正がしばしば行われる[45]．そのような補正によって第1項をゼロと扱うことの誤差を吸収してしまうような対処法がとられる．さて，式(6.8)に現れる内積$\langle \boldsymbol{\Psi}_p, \boldsymbol{\Psi}_k \rangle$は，個々のPOD基底ベクトルが直交していることを考慮すると$\langle \boldsymbol{\Psi}_p, \boldsymbol{\Psi}_k \rangle = \delta_{pk}$となる．ここで$\delta_{pk}$はクロネッカーのデルタである．この関係を利用すると，式(6.8)は以下のように整理することができる[6]．

$$
\begin{aligned}
\frac{d\zeta_k}{d\tau} &= A_k + \sum_{p=1}^{P} B_{kp}\zeta_p + \sum_{p=1}^{P}\sum_{q=1}^{P} C_{kpq}\zeta_p\zeta_q \\
A_k &= -\langle (\hat{\boldsymbol{u}} \cdot \nabla)\hat{\boldsymbol{u}}, \boldsymbol{\Psi}_k \rangle + \frac{1}{\mathrm{Re}}\langle \nabla^2 \hat{\boldsymbol{u}}, \boldsymbol{\Psi}_k \rangle \\
B_{kp} &= -\langle (\boldsymbol{\Psi}_p \cdot \nabla)\hat{\boldsymbol{u}}, \boldsymbol{\Psi}_k \rangle - \langle (\hat{\boldsymbol{u}} \cdot \nabla)\boldsymbol{\Psi}_p, \boldsymbol{\Psi}_k \rangle + \frac{1}{\mathrm{Re}}\langle \nabla^2 \boldsymbol{\Psi}_p, \boldsymbol{\Psi}_k \rangle \\
C_{kpq} &= -\langle (\boldsymbol{\Psi}_p \cdot \nabla)\boldsymbol{\Psi}_q, \boldsymbol{\Psi}_k \rangle
\end{aligned}
\tag{6.10}
$$

この連立常微分方程式の初期条件は式(6.6)を用いて$\zeta_k(\tau_0) = \langle \boldsymbol{u}(\boldsymbol{x}, \tau_0) - \hat{\boldsymbol{u}}(\boldsymbol{x}), \boldsymbol{\Psi}_k \rangle$のようにもとの流れ場の初期条件から求められる．式(6.10)によって各PODモードのPOD係数が時間発展されれば，式(6.5)からPOD基底ベクトルを用いて時間発展する流れ場を再構築することができる．式(6.10)は考慮したモード数P本の連立常微分方程式であり，計算コストは$P \ll M$であることを考えるとナビエ・ストークス方程式の場合と比較して非常に小さい．

ガレルキン射影に基づく次元縮約モデルにおいては，式(6.10)による予測自体は高速であるが，次元縮約モデルの構築時には内積計算をモード数Pに関して行わなければならないため，事前の計算コストは小さくない（式(6.10)のC_{kpq}はPモードから3モードを並べる順列）．カルマン渦列の流れ場から式(6.6)を用いて計算したPOD係数の時間履歴を図6.3に示すが，次元縮約モデルはこのPOD係数の時間履歴を再現または予測（ζ_k^{t-1}からζ_k^tを予測）するようなモデルとなっていればよいわけである．したがって，固有直交分解を行った際に得られている POD 係数の時系列データからそれらの予測モデルを構築するような機械学習的アプローチを適用することができる．以下では，POD 係数に対して**放射基底関数** (radial basis function, RBF) による予測モデルを構築し，アンサンブルカルマンフィルタによるデータ同化を行った例を示す．

各 POD モードに対応する POD 係数 ζ_k^t の時間履歴が式 (6.6) から求められているとし，ある時刻の POD 係数 ζ_k^t を 1 つ前の時刻の POD 係数 ζ_k^{t-1} から求めるような放射基底関数による予測モデルを考える．すなわち，

$$\zeta_k^t = f_k(\boldsymbol{\zeta}^{t-1}) = \sum_{p=1}^{P} w_{k,p}\phi(r_p), \qquad k = 1, \ldots, P \tag{6.11}$$

ここで $\boldsymbol{\zeta}^t = (\zeta_1^t, \ldots, \zeta_k^t, \ldots, \zeta_P^t)^{\mathrm{T}}$ は時刻 t の POD 係数をまとめたベクトル，$w_{k,p}$ は重み係数，r_p は POD 係数から定義される距離である．ここでは関数 $\phi(r_p)$ として多重二乗関数 $\phi(r_p) = \sqrt{1 + r_p^2}$ を用いる．これにより POD 基底ベクトルの生成に用いた流れ場の時間履歴から求めた係数 ζ_k^t によって重み係数 $w_{k,p}$ を決定することができるので，POD 係数 ζ_k^t の時間発展式が得られる．このとき，式 (6.11) ではスナップショットとして流れ場を保存した時間間隔で係数 ζ_k^t を予測することになるので，より細かな時間ステップの流れ場予測が必要な場合には，式 (6.11) で予測した POD 係数を補間するような処理が必要となる．

上述のとおり，予測した POD 係数 ζ_k^t を用いて流れ場の変数は式 (6.5) のように再構築することができる．データ同化を行うにあたっては，再構築した流速ベクトル（状態ベクトル）に観測モデルを作用させて観測ベクトル $\boldsymbol{y}_t$ を得る．しかしながら，次元縮約モデルの予測が高速な場合には，式 (6.5) による状態ベクトルの再構築の計算コストが目立ってくることがある．そのような場合には，状態ベクトルを全て再構築するのでなく，観測モデルによって $\boldsymbol{y}_t$ を計算するのに必要な領域のみを式 (6.5) で再構成するなどの方法が考えられる．

図 6.3 に POD 係数の時間履歴を示す．図 6.3(a) は第 1 および第 2 モードの POD 係数であり，図 6.3(b) は第 3 および第 4 モードの係数である．時刻ステップ 800 までの区間が固有直交分解に使用した流れ場から式 (6.6) で計算した POD 係数であり，RBF 予測モデルの構築に利用したデータである．したがって，POD

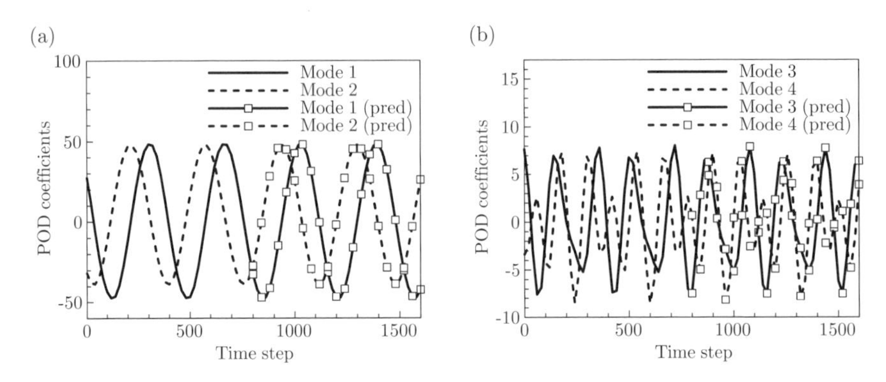

図 6.3　POD 係数の時間履歴（学習データおよび予測データ）

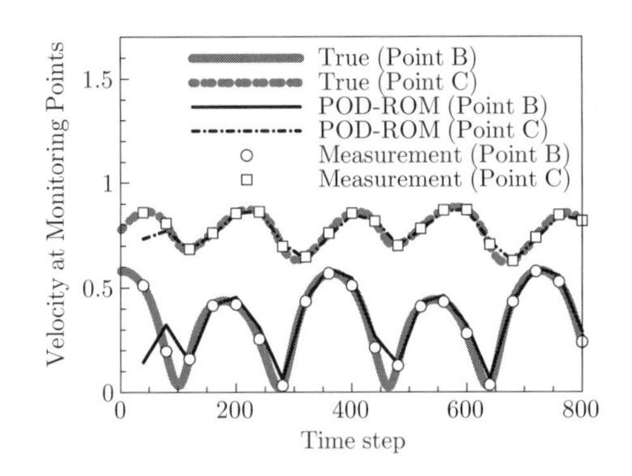

図 6.4　次元縮約モデルとアンサンブルカルマンフィルタを用いたカルマン渦列の位相ずれの修正

基底ベクトルもこの区間の流れ場から計算している．そして，800 時刻ステップ以降は RBF 予測モデルにより予測した結果である．第 1 および第 2 モードの周期的な変動が予測できていることがわかる．第 3 および第 4 モードは図 6.1(c),(d) および図 6.3(b) から細かい構造が短い周期で変動しているものであることが確かめられる．このような短い周期の変動に関しても RBF 予測モデルは妥当な予測を行っていることがわかる．

図 6.4 は第 4 章と同様にカルマン渦列の位相ずれを修正するようなデータ同化問題におけるモニタリング点での x 方向流速の時間履歴である．状態ベクト

ルとしてPOD係数ベクトル$\boldsymbol{\zeta}^t$を設定し，アンサンブルカルマンフィルタによるデータ同化を行った．データ同化の条件は4.2節と同様である．次元縮約モデルではPOD係数の修正を通して位相ずれをより直接的に修正できることから，数回疑似計測データを同化するだけで位相ずれが修正されていることがわかる．このときの計算コストはナビエ・ストークス方程式をシステムモデルに使用したデータ同化と比べると非常に小さい．一方で，このように生成したPOD次元縮約モデルでは4.3節のような移流渦の推定は難しい．なぜならば，アンサンブルはPOD係数に対して生成しており，POD基底ベクトルは角柱前方に移流渦のない流れ場から構成しているため，POD係数のアンサンブルの生成方法をどのように変化させても移流渦を表現することができないからである．このあたりの事情は，アンサンブルカルマンフィルタにおける場の修正が生成したアンサンブルの摂動に依存していることと同様である．

6.1.3　固有直交分解を用いたアンサンブル生成

第4章で見たように，アンサンブルカルマンフィルタでは推定すべき状態ベクトルに対して適切なアンサンブルを生成しなければならない．そして，タイムラグアンサンブルの例のように，流れ場の推定を行う場合にはナビエ・ストークス方程式の解からアンサンブルを生成するのが理にかなっている．一方で，固有直交分解を用いると非定常流れ場から直交したPOD基底ベクトルを生成することができるため，非定常流れ場における流速変動を表現するアンサンブル摂動に適している場合があると考えられる．POD基底ベクトルを用いると，流れ場のエネルギースペクトルに応じて様々なスケールの摂動をアンサンブルに導入することができるという利点もある．

このようなPOD基底ベクトルで生成した初期アンサンブルを用いてデータ同化を行った結果を図6.5に示す．アンサンブルはデータ同化前の流れ場にPOD基底ベクトルを重ね合わせることで生成した．4.2節と同様のカルマン渦列の位相ずれを修正するようなデータ同化問題であるが，収束の様子などは同様である．1500ステップ目あたりで位相ずれが修正されていることがわかる．この問題では乱数アンサンブルと比較してモニタリング点Cにおいて若干真値への収束が早くなっていることが図6.5(b)のRMSEから確認できる．

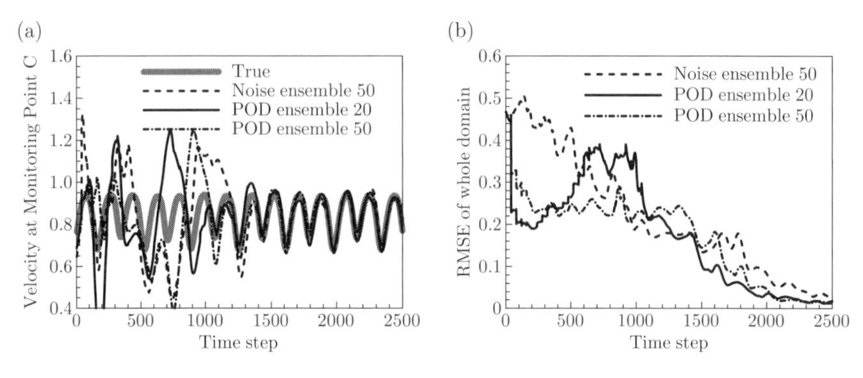

図 **6.5**　POD 基底ベクトルに基づくアンサンブルを用いたデータ同化結果

6.2　代替モデル

6.2.1　応答曲面法

CFD シミュレーションの計算コストは一般に大きく，形状最適化問題などにおいて多数回の CFD シミュレーションが必要な場合には**応答曲面法** (response surface method, RSM) などの**代替モデル** (surrogate model) が用いられている [46]. 代替モデルの一つである応答曲面法は設計パラメータ（入力）と最適化の指標となる性能値（出力）の関係を近似するために用いられ，いわゆる機械学習モデルの一つと考えることができる．想定される範囲内のいくつかの設計パラメータに対して実際に CFD シミュレーションを行って性能値を得ておき，入力–出力の関係を応答曲面法で近似することができれば，CFD シミュレーションを行っていない設計パラメータに対しても近似性能値を得ることができ，その際の計算コストは CFD シミュレーションを行っていないため非常に小さい．

データ同化においても同様のアプローチが有効であると考えられる．データ同化における応答曲面法の利用に関しては，一般に次元の大きな状態ベクトルを応答曲面の入力パラメータとして使用できるか，応答曲面で予測する出力を観測相当値とするか計測との誤差（すなわち尤度関数）とするか，など検討すべき点がいくつかある．以下では，少数のパラメータを状態ベクトルに設定し，観測相当値を予測するような応答曲面を構築してパラメータ推定を高速化する例を紹介する．

先に説明した次元縮約モデルも代替モデルの一つと考えることができるが，システムモデルの状態ベクトルを縮約する過程を含むため本書では特に次元縮約モデルと呼ぶことにする．一方で，本節のように推定しようとしているパラメータと観測相当量や尤度関数の関係を応答曲面法などにより直接近似して，実際のシステムモデルを通して得た結果と似たような出力を得ようとするものを代替モデルと呼んで区別する．そのような意味で，代替モデルは**エミュレータ** (emulator) と呼ばれることもある．

6.2.2 ガウス過程回帰

応答曲面法として，多項式法や動径基底関数法が知られているが，実際の応答分布への適合性の良さや新たな学習データの追加指標が得られる利点から，**ガウス過程回帰** (Gaussian process regression, GPR) がよく用いられている．ガウス過程回帰は**クリギング** (Kriging) 応答曲面法としても知られている．ガウス過程回帰では，予測関数 $\breve{y}(\boldsymbol{x})$ を M 個のパラメータからなるベクトル $\boldsymbol{x} = [x_1, x_2, \ldots, x_M]^{\mathrm{T}}$ の関数として以下のように定義する．

$$\breve{y}(\boldsymbol{x}) = \mu(\boldsymbol{x}) + \boldsymbol{\psi}^{\mathrm{T}}\Phi^{-1}(\boldsymbol{y} - \mathbf{1}\mu) \tag{6.12}$$

ここで，$\boldsymbol{y} = [y_1, y_2, \ldots, y_N]^{\mathrm{T}}$ は応答曲面を構成するために利用した関数値のベクトルであり，N ケースの異なるパラメータから数値シミュレーションモデルを通して生成されたものである．$\mathbf{1}$ は全て要素が 1 の行ベクトルである．相関行列 Φ は以下のように定義される．

$$\Phi = \begin{bmatrix} cor[Y(\boldsymbol{x}^{(1)}), Y(\boldsymbol{x}^{(1)})] & \cdots & cor[Y(\boldsymbol{x}^{(1)}), Y(\boldsymbol{x}^{(N)})] \\ \vdots & \ddots & \vdots \\ cor[Y(\boldsymbol{x}^{(N)}), Y(\boldsymbol{x}^{(1)})] & \cdots & cor[Y(\boldsymbol{x}^{(N)}), Y(\boldsymbol{x}^{(N)})] \end{bmatrix} \tag{6.13}$$

ここで相関関数は，

$$cor[Y(\boldsymbol{x}^{(k)}), Y(\boldsymbol{x}^{(l)})] = \exp\left[-\sum_{j=1}^{M} \theta_j |x_j^{(k)} - x_j^{(l)}|^2\right] \tag{6.14}$$

であり，任意の 2 パラメータ間 $x_j^{(k)}, x_j^{(l)}$ の相関を表している．式 (6.12) の $\boldsymbol{\psi}$

は学習データのパラメータと，いま予測しようとしているパラメータの相関であり，

$$\boldsymbol{\psi} = \begin{bmatrix} cor[Y(\boldsymbol{x}^{(1)}), Y(\boldsymbol{x})] \\ \vdots \\ cor[Y(\boldsymbol{x}^{(N)}), Y(\boldsymbol{x})] \end{bmatrix} \tag{6.15}$$

となる．また，式 (6.12) の右辺第一項は $\mu(\boldsymbol{x}) = (\mathbf{1}^{\mathrm{T}}\Phi^{-1}\boldsymbol{y})/(\mathbf{1}^{\mathrm{T}}\Phi^{-1}\mathbf{1})$ となる．式 (6.14) の相関関数に含まれるハイパーパラメータ $\boldsymbol{\theta} = [\theta_1, \theta_2, \ldots, \theta_M]^{\mathrm{T}}$ は以下の尤度関数を遺伝的アルゴリズムなどによって最大化することで求める．

$$\mathcal{L}(\boldsymbol{\theta}) \approx -\frac{N}{2}\ln(\sigma^2) - \frac{1}{2}\ln|\Phi| \tag{6.16}$$

ここで σ^2 は予測値の分散であり，$\sigma^2 = ((\boldsymbol{y} - \mathbf{1}\mu)^{\mathrm{T}}\Phi^{-1}(\boldsymbol{y} - \mathbf{1}\mu))/N$ で計算される．ガウス過程回帰では expected improvement(EI) 値のように応答曲面の精度を向上させるためのサンプル点の追加指標を利用することができる．EI 値は新たなパラメータに対する関数値を追加して応答曲面を再構築した際に，推定される関数値 $\hat{y}$ がどれだけ改善されるかを期待値として表す [46]．

6.2.3　マルコフ連鎖モンテカルロ法による移流渦の推定

精度の高い応答曲面を構築することができれば，パラメータの推定は容易である．応答曲面を経由して観測相当量もしくは尤度関数を得ることによって，粒子フィルタやマルコフ連鎖モンテカルロ法など，一般に計算コストが大きい（試行回数が多い）ベイズ推定手法を用いることができる．第4章および第5章で扱った移流渦の問題において，渦の初期位置の x, y 座標を推定するような問題を考え，ガウス過程回帰と 2.5.1 項で説明したマルコフ連鎖モンテカルロ法を用いてそれらパラメータの確率分布を求めてみよう．

移流渦の問題に関して，渦の形や強さが事前にわかっている場合には渦の初期位置を推定する問題となる．実際に，4.3.3 項では初期渦の位置と強さを変えたアンサンブルを生成してデータ同化を行い推定精度向上を確認していたが，それならば初期渦の座標を直接推定するようなデータ同化問題を設定してもよさそうである．初期渦の x, y 座標を状態ベクトルに加えてアンサンブルカルマ

ンフィルタによる推定を行うこともできるが，ここではガウス過程回帰を用いたより効率的な方法を考える．上述のようにガウス過程回帰のような代替モデルを利用するにあたっては，入力パラメータに加えて出力値（関数値）を設定する必要がある．データ同化においては観測相当量や尤度関数の代替モデルを作成することが考えられるが，有限の学習データから代替モデルを構築する場合には，予想される関数値の分布が単調で滑らかである方が近似精度が高くなる．したがって，パラメータ推定においては観測相当値や尤度関数のうち，より分布が単調で滑らかとなりそうなものを代替モデルの出力値として選定すべきであろう．注意が必要な点として，ガウス過程回帰のような手法を用いる場合には，通常スカラー値である尤度関数には応答曲面を一つ構築すればよいのに対して，観測相当値やそれと計測値の差をとったイノベーションを考える場合には，観測ベクトルの要素数や計測時刻の数に応じた多数の応答曲面を構築する必要があることである．したがって，次元の大きな観測ベクトルに対応した応答曲面を構築する場合には高速化のメリットを享受できない可能性がある．この点に関しては，例えば，固有直交分解に基づく代替モデル（次元縮約モデル）は観測ベクトルの次元が大きな場合にも対応できる [8]．その他にも，各種機械学習手法により様々な対処方法が考えられるであろう．

第 4 章および第 5 章で扱った移流渦の問題と類似の設定において，角柱前方の移流渦が通過する 1 点 ($x = -2.5,\ y = 0.0$) において x 方向流速が計測されるとする．時間方向には移流渦が角柱に到達するまでの間に 10 回の計測が行われるとする（データ同化ウィンドウを 200 時刻ステップとし，20 時刻ステップごとに計測を行う）．実験計画法で 40 組の初期渦座標を $-4.0 \leq x \leq -1.0$, $-0.5 \leq y \leq 0.5$ の範囲で生成し，数値シミュレーションを行って観測相当値を得る．そして，この疑似計測値を予測するようなガウス過程回帰モデルを構築する．ここでは，計測点は 1 点であるが 10 時刻で計測を行っているので，それぞれの時刻の観測相当量に対してガウス過程回帰モデルを構築している．これまでと同様に双子実験を行うので，真値となる数値シミュレーション結果から，上記の要領で疑似計測値を得ておく．

図 6.6 は 4 時刻における観測相当量の分布を示す．これは構築したガウス過程回帰モデルから任意の初期渦座標に対する観測相当量の分布を可視化したも

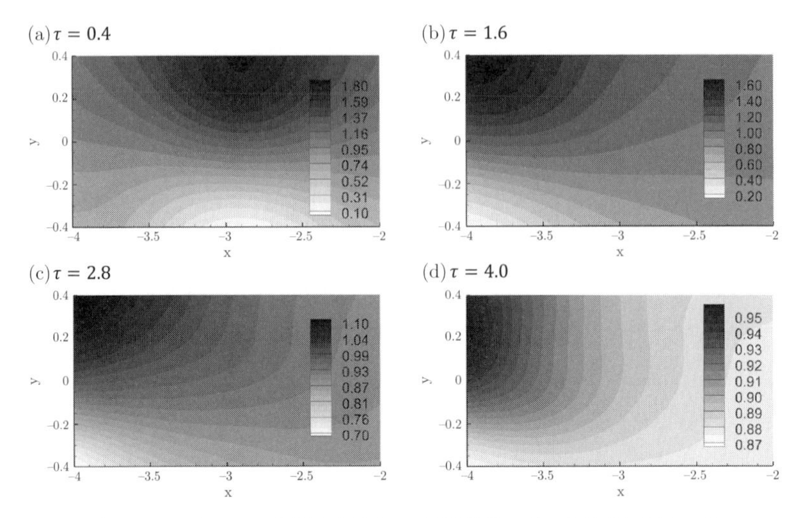

図 6.6　いくつかの時刻における x 方向流速のガウス過程回帰モデル

のである．これらは比較的滑らかな分布となっており，ガウス過程回帰モデルによる近似に適したものとなっている．このようにガウス過程回帰モデルが構築されると，任意の渦初期座標に対して行う観測相当値の予測から各時刻において誤差を足し合わせて尤度関数を評価することができる．マルコフ連鎖モンテカルロ法では尤度を最大化するようにパラメータを変化させつつ，パラメータの確率分布を求めることができる．そのようにして求めた確率分布を図 6.7 に示す．最頻パラメータ値は $x = -2.9534$, $y = 0.002$ となり，真値に設定した $x = -3.0$, $y = 0.0$ がほぼ推定できていることがわかる．マルコフ連鎖モンテカルロ法においては数万回の尤度評価を行ったが，ガウス過程回帰モデルによる予測の計算コストは非常に小さいのでパラメータ推定における計算コストは小さい．

6.2.4　アンサンブルカルマンフィルタとガウス過程回帰

第 1 章でも触れたが，計測データに基づく不確かなモデルパラメータの推定はデータ同化の有力な利用方法である．少数のパラメータ推定に関しては前節でガウス過程回帰を用いた方法を紹介したが，アンサンブルカルマンフィルタ

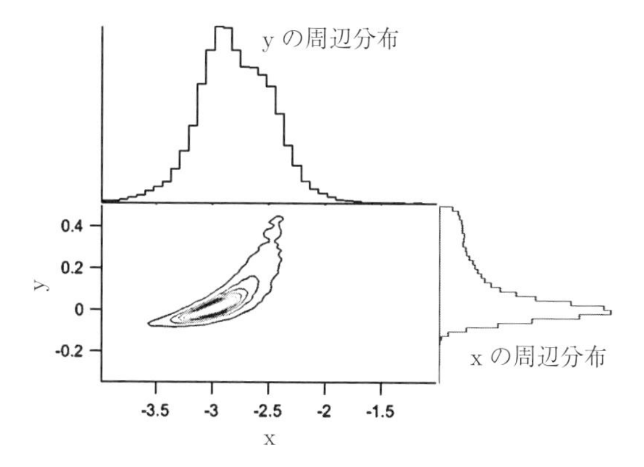

図 **6.7**　移流渦の初期座標の確率分布

において，状態ベクトルに推定したいパラメータを加えて拡大状態ベクトルとする方法もよく行われる（第8章参考）．ここでは拡大状態ベクトルを用いたアンサンブルカルマンフィルタによるパラメータ推定とガウス過程回帰によるパラメータ推定の類似性を確認しておこう．拡大状態ベクトルに関するシステムモデルおよび観測モデルは以下のようになる．オリジナルの状態ベクトルを $\boldsymbol{x}_t$，推定するパラメータベクトルを $\boldsymbol{a}_t$ と区別して表記している．

$$\begin{bmatrix} \boldsymbol{x}_t \\ \boldsymbol{a}_t \end{bmatrix} = f_t\left(\begin{bmatrix} \boldsymbol{x}_{t-1} \\ \boldsymbol{a}_{t-1} \end{bmatrix}, \boldsymbol{v}_t\right) \tag{6.17}$$

$$\boldsymbol{y}_t = h_t\left(\begin{bmatrix} \boldsymbol{x}_t \\ \boldsymbol{a}_t \end{bmatrix}, \boldsymbol{w}_t\right) \tag{6.18}$$

ここでは4.2.4項で行ったのと同様にカルマンゲインと解析インクリメントの中身を調べて，パラメータ $\boldsymbol{a}_t$ の修正の様子を検討する．4.2.4項と同様に，共分散行列を構成するために拡大状態ベクトルをアンサンブル分だけ並べた行列を定義しよう．

$$\tilde{E}_{t|t-1} = \frac{1}{\sqrt{N-1}} \begin{bmatrix} \vdots & & \vdots \\ \tilde{u}^{t,1}_{i+\frac{1}{2},j} & & \tilde{u}^{t,N}_{i+\frac{1}{2},j} \\ \vdots & \cdots & \vdots \\ \tilde{v}^{t,1}_{i,j+\frac{1}{2}} & & \tilde{v}^{t,N}_{i,j+\frac{1}{2}} \\ \vdots & & \vdots \\ \tilde{\boldsymbol{a}}^1_t & & \tilde{\boldsymbol{a}}^N_t \end{bmatrix} \tag{6.19}$$

ここでも行列の要素はアンサンブル平均が引かれている．また，簡単のために計測点は1点とし，水平速度成分を格子点1点 (I,J) だけ抜き出すような観測モデルを考えると，

$$H_t\tilde{E}_{t|t-1} = \frac{1}{\sqrt{N-1}}[\tilde{u}^1_{I,J}, \ldots, \tilde{u}^N_{I,J}] \tag{6.20}$$

となる．このとき，カルマンゲインは以下のようになる．

$$\begin{aligned} \hat{K}_t &= \hat{V}_{t|t-1}H_t^{\mathrm{T}}(H_t\hat{V}_{t|t-1}H_t^{\mathrm{T}} + R_t)^{-1} \\ &= \frac{1}{N-1} \begin{bmatrix} \vdots & & \vdots \\ \tilde{u}^{t,1}_{i+\frac{1}{2},j} & & \tilde{u}^{t,N}_{i+\frac{1}{2},j} \\ \vdots & \cdots & \vdots \\ \tilde{v}^{t,1}_{i,j+\frac{1}{2}} & & \tilde{v}^{t,N}_{i,j+\frac{1}{2}} \\ \vdots & & \vdots \\ \tilde{\boldsymbol{a}}^1_t & & \tilde{\boldsymbol{a}}^N_t \end{bmatrix} \begin{bmatrix} \tilde{u}^1_{I,J} \\ \vdots \\ \tilde{u}^N_{I,J} \end{bmatrix} [H_t\tilde{E}_{t|t-1}(H_t\tilde{E}_{t|t-1})^{\mathrm{T}} + R_t]^{-1} \end{aligned} \tag{6.21}$$

計測点が1点であるという仮定から，逆行列の計算はスカラー値の割り算となる．このようなカルマンゲインを用いた拡大状態ベクトルの修正を考えると，

$$\begin{bmatrix} \boldsymbol{x}^n_{t|t} \\ \boldsymbol{a}^n_{t|t} \end{bmatrix} = \begin{bmatrix} \boldsymbol{x}^n_{t|t-1} \\ \boldsymbol{a}^n_{t|t-1} \end{bmatrix} + \frac{1}{N-1} \begin{bmatrix} \vdots & & \vdots \\ \tilde{u}^{t,1}_{i+\frac{1}{2},j} & & \tilde{u}^{t,N}_{i+\frac{1}{2},j} \\ \vdots & \cdots & \vdots \\ \tilde{v}^{t,1}_{i,j+\frac{1}{2}} & & \tilde{v}^{t,N}_{i,j+\frac{1}{2}} \\ \vdots & & \vdots \\ \tilde{\boldsymbol{a}}^1_t & & \tilde{\boldsymbol{a}}^N_t \end{bmatrix} \begin{bmatrix} \tilde{u}^1_{I,J} \\ \vdots \\ \tilde{u}^N_{I,J} \end{bmatrix}$$

$$\times [H_t \tilde{E}_{t|t-1} (H_t \tilde{E}_{t|t-1})^{\mathrm{T}} + R_t]^{-1} (\boldsymbol{y}^n_t - H_t \boldsymbol{x}^n_{t|t-1}) \tag{6.22}$$

となり，拡大状態ベクトルのアンサンブル行列と観測相当量のアンサンブルの積に注目すると，パラメータ $\boldsymbol{a}_t$ に関する解析インクリメントは流れ場変数 $\boldsymbol{x}_t$ の解析インクリメントとは独立していることが確認できる．したがって，パラメータの修正による流れ場の収束途中の変化を捉える必要がない場合には，パラメータの修正，すなわち，

$$\boldsymbol{a}^n_{t|t} = \boldsymbol{a}^n_{t|t-1} + \frac{1}{N-1} \left[\tilde{\boldsymbol{a}}^1, \ldots, \tilde{\boldsymbol{a}}^N \right] \begin{bmatrix} \tilde{u}^1_{I,J} \\ \vdots \\ \tilde{u}^N_{I,J} \end{bmatrix}$$

$$\times [H_t \tilde{E}_{t|t-1} (H_t \tilde{E}_{t|t-1})^{\mathrm{T}} + R_t]^{-1} (\boldsymbol{y}^n_t - H_t \boldsymbol{x}^n_{t|t-1}) \tag{6.23}$$

のみを考えればよい．もとの形に戻すと以下のようになる．

$$\boldsymbol{a}^n_{t|t} = \boldsymbol{a}^n_{t|t-1} + \hat{V}_{t|t-1} H^{\mathrm{T}}_t (H_t \hat{V}_{t|t-1} H^{\mathrm{T}}_t + R_t)^{-1} (\boldsymbol{y}^n_t - H_t \boldsymbol{x}^n_{t|t-1}) \tag{6.24}$$

ところで，この式は観測モデルによって変数が観測空間に変換されている点が異なっているがガウス過程回帰の予測式 $\check{y}(\boldsymbol{x}) = \mu(\boldsymbol{x}) + \boldsymbol{\psi}^{\mathrm{T}} \Phi^{-1} (\boldsymbol{y} - \mathbf{1}\mu)$ と類似している．実際，カルマンフィルタもガウス過程回帰も最小分散推定を行っているため，同じような式が現れるのは当然である．ガウス過程回帰では共分散行列の計算に指数関数を使うなど，より表現自由度の高い相関関数による推定を行っていることになる．一方，カルマンフィルタでは繰り返し適用することが前提であるため，簡素な共分散行列となっている．少数の時不変パラメータの推定ではアンサンブルカルマンフィルタを繰り返し適用するよりも，一度計

測値の数だけ応答曲面を生成し，マルコフ連鎖モンテカルロ法などを用いてパラメータの推定を行う方が効率的な場合もある．

6.3 おわりに

ここではデータ同化の高速化に役立つ手法をいくつか紹介した．自明ではあるが，計算コストの削減には状態ベクトルの次元削減が有効である．また，ガウス過程回帰のような機械学習的手法によって，推定すべき状態ベクトルと観測相当量の関係をモデル化（エミュレート）するアプローチも有効である．データ同化においては，次元の大きな状態ベクトルをそのまま推定するよりも，事前の知識から適切なモード近似を行うことも重要である．アンサンブルカルマンフィルタでは事前情報に基づき適切なアンサンブルを生成することが重要であったが，これは次元縮約モデルにおいて特定のモードを利用することと関係している点は本章でも議論した．

コラム（ものづくりとデータ同化）

本書ではデータ同化の流体工学分野での応用に焦点を絞っているが，データ同化のアプローチは CAE を利用する様々な分野に適用可能であると考えられる．ここでは機械加工分野における切削加工にデータ同化を適用した例を紹介する．

被加工部材を回転させ，切削工具を移動させつつ除去加工を行う旋盤加工は，切削加工の代表的なものである．このような切削加工の有限要素法 (FEM) 解析は，計測が難しい加工部の残留応力を調べるためなどに用いられている．しかしながら，高圧力・高温度の加工状態の物理モデル（構成方程式や摩擦係数など）においては不確かな要因が多い．そこでデータ同化を用いて不確かさの低減を行うことが考えられる．加工部においてセンサー等を設置するような接触計測は困難なため，画像計測データを利用したデータ同化による切削デジタルツインを検討する（図 6.8）．

詳細は文献 [47] で述べられているが，ここでは図 6.9 に示すようなデータ同化システムを構築した．切削加工時に発生する切りくずの形態は加工条件や応力状態によって変化することが知られており，切りくず形態に関する特徴の再現度合いを定量化し，それに基づき切削 FEM を改善する画像ベースのデータ同化を行った．計測データとしては旋盤加工時の映像データを用い，切りくずの種類に応じてアノテーションを行った後，深層ニューラルネットワークの学習データとする．FEM モデルにおいても同様の切削状態を解析することとし，観測モデルとして，FEM 結果を実画像のように可視化する処理を考える．最終的に FEM 結果を実画

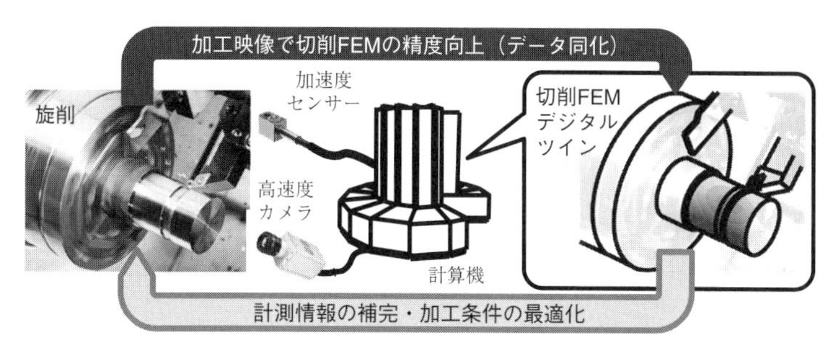

図 6.8 画像ベースのデータ同化によるデジタルツイン構築と活用

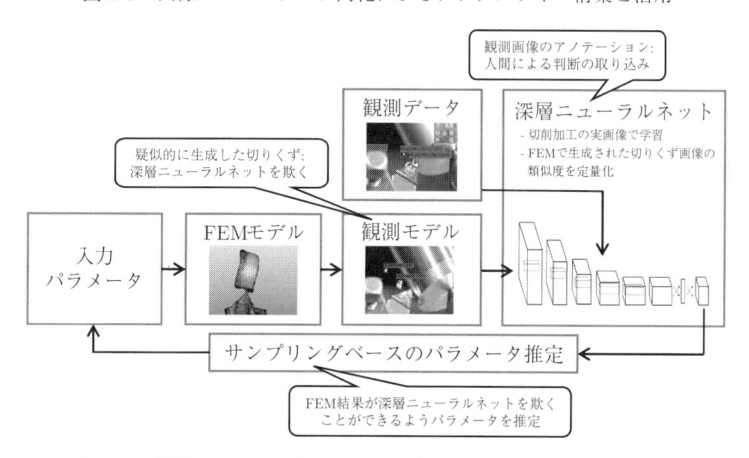

図 6.9 深層ニューラルネットワークを用いたデータ同化システム

像で学習した深層ニューラルネットワークに入力し，FEM で生成した切りくず画像の実物との類似度を評価する．このような評価が可能となると，切りくず形態の類似度から切削 FEM に含まれる不確実なパラメータの推定が可能となる．これは本物のような切りくずが生成されるようになればモデルが正しく修正されているはず，という仮定に基づいている．

図 6.10(a) に FEM 切削モデルに含まれる 2 つのパラメータと，深層ニューラルネットワークから得られる信頼度スコア（ここではパラメータ推定における尤度として利用）に関する応答曲面を示す．また，いくつかの条件において FEM 切削モデルで生成した切りくずの様子も示している．尤度の応答曲面となっているため，この応答曲面上で尤度が最も高い点に相当するパラメータが求めるべきパラメータである．図 6.10(b) および (c) にそれぞれ同一切削条件における実際の切りくずと推定されたパラメータを用いて FEM で生成した切りくずを示す．FEM の

結果では意図的に母材部分も残している点に注意されたい．切りくずの形態（厚み，丸まり具合）などが比較的似通っていることがわかる．このようなデータ同化アプローチは，数値シミュレーションおよび計測から数値データを得て尤度関数を定義するのが難しいような問題に対する特徴情報に基づくデータ同化に適していると考えられる．

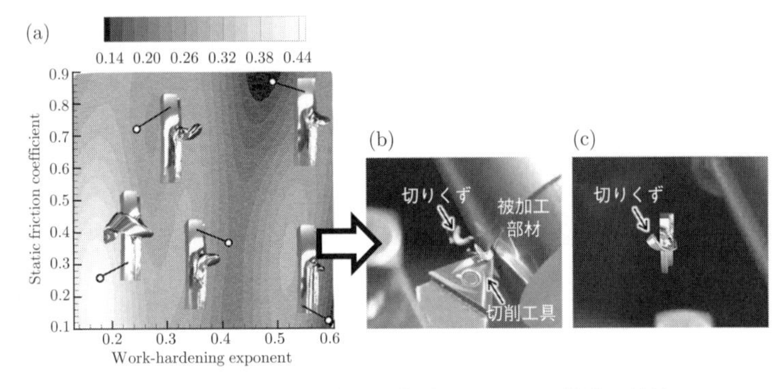

図 6.10　切りくずの特徴に基づくパラメータ推定の結果

第 II 部

応用編

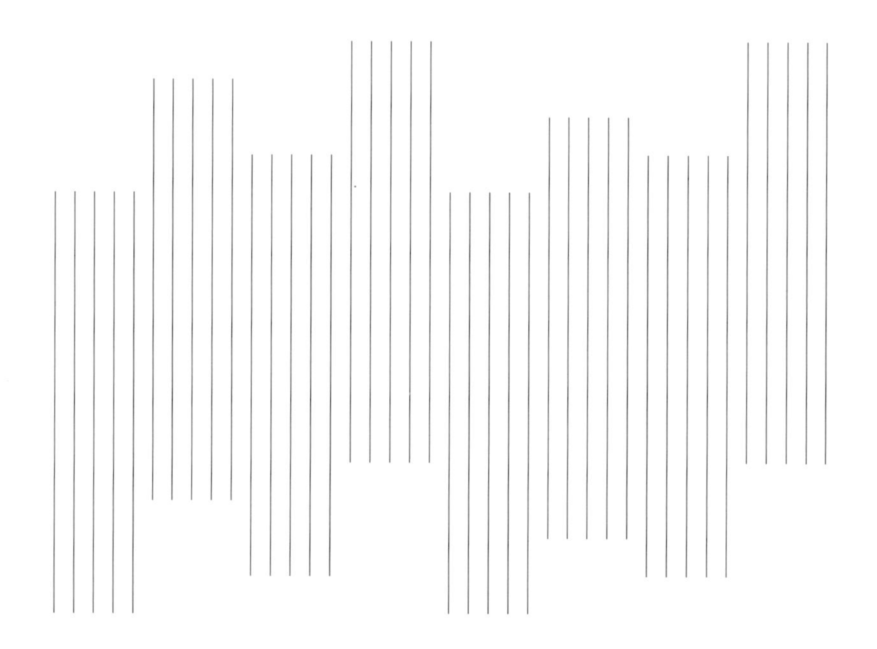

7 計測システムの改善

第4章および第5章において，局所化や背景誤差項のような推定精度向上のための工夫を解説した．一方で，データ同化における状態ベクトルと観測ベクトルの次元の比に起因する困難を緩和する手段として，計測位置や方法の最適化が考えられる．計測方法の有効性の調査を形式的に行うことができれば，多様な問題へのデータ同化の適用が容易になる．

気象分野では観測システムシミュレーション実験として，観測データの気象予測精度への影響を調査する研究が行われている．予測精度を向上させるための観測点の追加は，**targeted observation** と呼ばれ，台風の進路予測精度向上を目的として，航空機から投下されるドロップゾンデ[1)] を利用したデータ同化実験が行われている [48]．観測データの影響評価や観測点の追加にはデータ同化によって得られる感度情報を用いることができる．データ同化手法の一つである3次元変分法を用いて観測データの影響評価を行った例 [49] や，同様のことを多数回の気象予測モデルの解析から行うアンサンブルベースの手法がある [50]．Daescu らは異なる時刻で得られた観測値や気象予測モデルの時間発展を考慮した4次元変分法において，観測ベクトルや誤差共分散行列等に対する感度を求める一般的な定式化を与えている [51]．

上述のようにデータ同化手法の枠組みで行う計測位置の最適化方法に対して，制御理論における**可観測性** (observability) を利用した計測位置の最適化が提案

1) 投下型の気象観測装置であり，無線測定器にパラシュートなどを付けたもの．

されている [52]．制御理論における可観測性とは，有限時間だけ観測される値によりシステムの初期状態を把握することができるかどうかを示す指標である．線形システムにおいては**可観測性グラム行列** (observability Gramian) によりシステムの可観測性を評価することができるが，後述するように非線形モデルへの拡張によって数値シミュレーションコードの改変を必要としない非侵襲型の計測最適化手法となりうる．

観測点の最適化では観測点の追加が予測の改善につながる領域を特定するのが目的であるため，流れ場における微小な変化がその後の流れ場の大きな変化につながるような領域がその候補となる．**特異ベクトル法** (singular vector method) では，線形化したモデルの特異値分解により特異ベクトルを得る．特異ベクトルにより予測の不確実性につながる最も不安定な擾乱が可視化されることから，観測点追加の指標としても用いられる [53]．また，類似の特徴ベクトルを得る手法として**成長モード育成法** (breeding of growing modes, BGM) がある [54]．この手法では摂動を与えた複数の気象シミュレーションを実行し，拡大するそれらの場の差を規格化しながら特徴ベクトルである**ブレッドベクトル** (bred vector) を得る方法であり，比較的容易に流れ場の特徴を把握することができる．

本章ではデータ同化における計測システムの改善に焦点を絞り，簡単な流体問題による数値実験例を通してデータ同化に基づく計測位置改善の様子を示す．

7.1　システムモデル

データ同化に基づく計測点追加の具体例を単純な非定常流れ場を用いて示す．ここでは前章までと同様に，図 7.1 に示すような 2 次元長方形の計算領域内に置かれた正方形物体（角柱）まわりの非圧縮性粘性流れを考える．角柱の辺の長さおよび主流速度から定義されるレイノルズ数は 100 であり，図 7.1 の左境界から右境界への流れによって角柱後流にはカルマン渦列が生じる．支配方程式はナビエ・ストークス方程式であり，対流項は 3 次精度の風上差分，粘性項は 2 次精度の中心差分によって離散化される．時間積分には簡単のために 1 次精度の陽解法を用いた．格子点数は図 7.1 の x 方向に 200 点，y 方向に 100 点であり，角柱一辺に 10 点の格子点が配置されている．時間刻みは 0.01 に固定

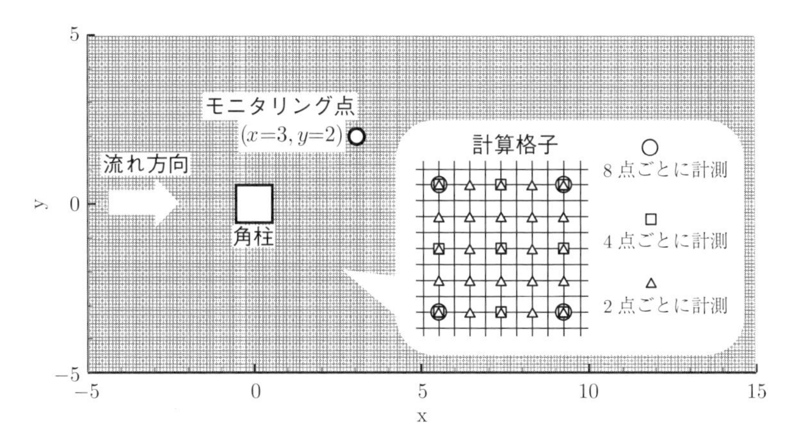

図 7.1 計算領域と計測点の設定

した．角柱は埋め込み境界法により物体内部の格子点に壁面で速度ゼロとなるような反対方向の速度ベクトルを与えることで表現している．

7.2 データ同化の問題設定

上記のシステムモデルを用いて，代表的なデータ同化手法の一つである 4 次元変分法を適用する．第 5 章で導入したように，4 次元変分法では以下のような評価関数を考え，その最小化問題を解くことで与えられた計測値によく一致する流れ場（状態ベクトル）を求める [55]．

$$J(\boldsymbol{x}_0) = \frac{1}{2}[\boldsymbol{x}_0 - \boldsymbol{x}_b]^{\mathrm{T}} B_0^{-1} [\boldsymbol{x}_0 - \boldsymbol{x}_b] + \frac{1}{2}\sum_{t=0}^{T} [\boldsymbol{y}_t^{\mathrm{obs}} - h_t(\boldsymbol{x}_t)]^{\mathrm{T}} R_t^{-1} [\boldsymbol{y}_t^{\mathrm{obs}} - h_t(\boldsymbol{x}_t)] \tag{7.1}$$

ここで $\boldsymbol{x}_t$ は状態ベクトル，$\boldsymbol{y}_t^{\mathrm{obs}}$ は観測ベクトル，h_t は観測モデルであり，状態ベクトルを観測ベクトルと比較できる形にするための処理に相当する．R_t は観測誤差共分散行列であり，計測値の相対的な重み付けを行うのに使用される．$\boldsymbol{x}_b$ は推定する $\boldsymbol{x}_0$ に対して何かしら事前情報が存在する場合に設定し，B_0 は重み付けを行うための背景誤差共分散行列である．添字 t はシステムモデルの時刻を表しており，右辺第 2 項は 0 から T ステップまでの和となっている．式 (7.1) の評価関数の最小化のための具体的な手法は第 5 章で説明したように，推定すべき変数の次元が大きいため，一般的にはアジョイントモデルに基づく勾配法が用いられる．

ここではデータ同化に基づく計測最適化の簡単な例を示すために，単純な問題設定による双子実験を考える．上記のカルマン渦列の例において，渦放出のタイミングのずれ（位相のずれ）をデータ同化により修正するような問題を設定する．式 (7.1) の右辺第 1 項は省略し，右辺第 2 項を最小化する問題となる．簡単のために観測誤差共分散行列は考えない．数値シミュレーションの 8 時刻ステップごとに計測値が得られるとし，計測点数を図 7.1 に示すように空間的に変化させて，流れ場の再現性を検討する．計測点はシミュレーションの格子点に一致するように設定する．

図 7.2(a)–(c) に双子実験において擬似的な計測値として使用する真値，データ同化前，そして，データ同化後の x 方向流速の初期分布を示す．ここでは計算領域の全格子点の流速データを計測値として用いたため，データ同化後の流れ場再現性は非常によい（5.3.2 項の限られた計測範囲によるデータ同化結果も参照）．しかしながら，このような条件における本データ同化システムでは渦放出周期の 1/6 程度のずれを修正するのが限界であった．それ以上の時間ずれを設定すると，評価関数の最小化が行き詰まり，流れ場も真値に近づかない状況となった．これは評価関数の最小化手法やデータ同化の条件設定にも依存するが，適切な事前分布すなわち正則化が重要であることがわかる．図 7.3 に計算領域内の一点（図 7.1 のモニタリング点）で抽出された x 方向流速の収束の様子を示す．位相のずれが反復 10 回程度で修正され，時間変化は真値をよく再現することがわかる．

このような問題設定において，計測点数を変化させることで推定精度がどのように変わるかを見ていく．図 7.4 は計測点を全格子点，x, y 方向にそれぞれ 2 格子点ごと，4 格子点ごと，8 格子点ごととしたときの評価関数の収束の様子である．計測データ量にかかわらず，反復初期の評価関数値で規格化した評価関数値が同程度まで減少しているのがわかる．

しかしながら，ここで示しているのは計測点における誤差が同程度に減少しているということだけであって，計測点数が少ないときにも流れ場全体の誤差が同様に減少しているとは限らない．ここでは数値実験を行っているため，推定

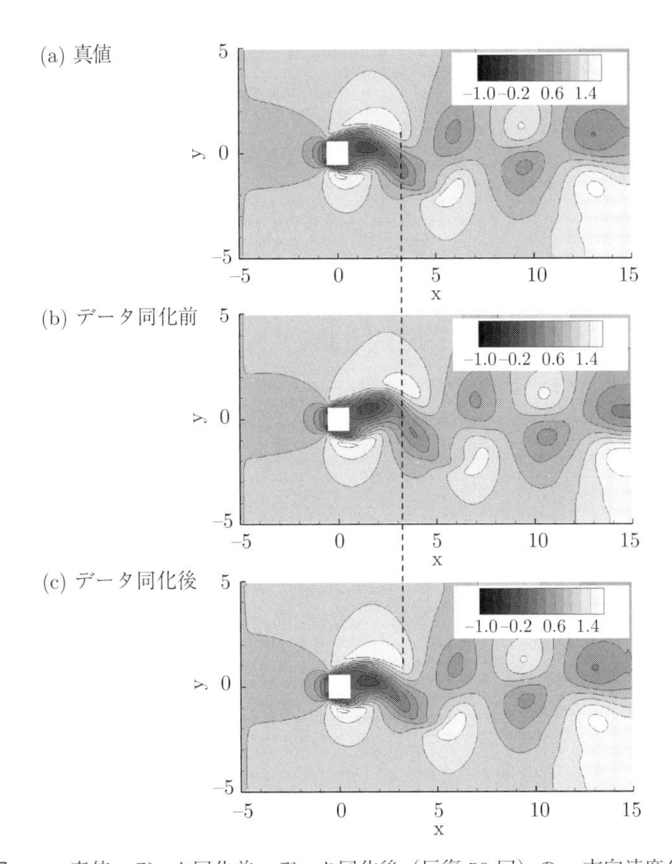

図 7.2 真値，データ同化前，データ同化後（反復 50 回）の x 方向速度分布

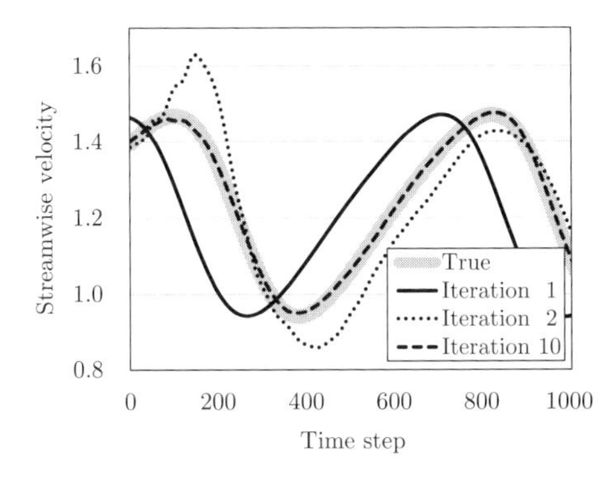

図 7.3 モニタリング点における x 方向流速の収束の様子

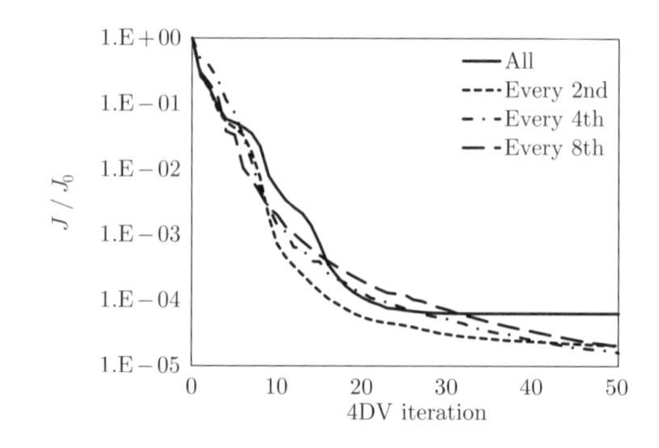

図 **7.4**　評価関数の収束の様子

表 **7.1**　流れ場全体で評価した誤差の比較

計測方法	RMSE	計測点／計算点
全ての格子点	1.67E − 03	20,000/20,000
2 格子点ごと	3.63E − 03	5,000/20,000
4 格子点ごと	8.37E − 03	1,250/20,000
8 格子点ごと	1.56E − 02	300/20,000

すべき真の流れ場と推定された場との平均二乗平方根誤差 (RMSE) を時空間方向の全格子点に関して評価することができる．このようにして評価した RMSE と計測点の傾向を表 7.1 に示す．この表から明らかなように，計測点が少なければ，このような短時間のデータ同化においても比較的大きな誤差となっていることがわかる．

7.3　4 次元変分法を用いた計測点の追加

前節では 4 次元変分法によるデータ同化において計測点数によって流れ場推定の精度が変わることを単純化した問題で確かめた．そこで本節ではデータ同化において流れ場の情報に基づいて計測点を効率的に配置する方法を検討する．ここで，効率的とはより少ない計測点数で小さな推定誤差を実現するという意味であり，特に空間的な計測点の分布方法について調査する．

4 次元変分法では評価関数の初期流れ場に関する勾配情報を使って評価関数を最小化することでデータ同化を行う．同様に，式 (7.1) の観測ベクトルに関

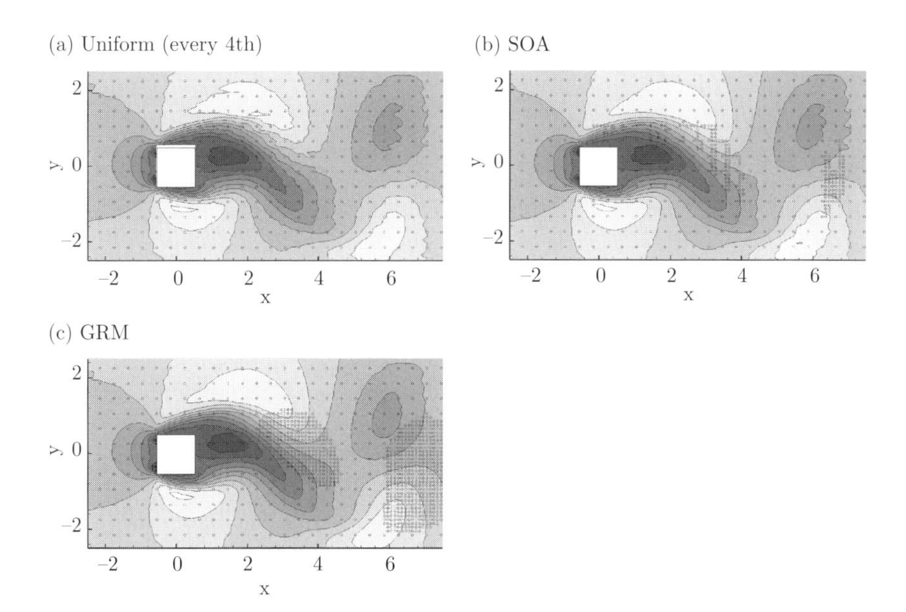

図 7.5 追加された計測点の分布と再現された流れ場，(a) 4 格子点ごと，(b) 4 次元変分法，(c) 可観測性グラム行列

する勾配（感度）を求めることができれば，その値の大きな場所は評価関数を効果的に減少させることのできる計測位置であるといえる．Daescu らによると計測感度は 4 次元変分法の枠組みを利用して以下のように求められる [51,56].

$$\nabla_{\boldsymbol{y}} J^v = R_t^{-1} H_t \frac{\nabla_{\boldsymbol{x}} J^v}{\nabla^2_{\boldsymbol{x}_0 \boldsymbol{x}_0} J(\boldsymbol{x}_0)} \tag{7.2}$$

ここで $\nabla^2_{\boldsymbol{x}_0 \boldsymbol{x}_0} J(\boldsymbol{x}_0)$ はヘッセ行列であり，2 次アジョイント法によって求められる [57]．J^v はデータ同化結果の検証を行う時刻における評価関数であり，H_t は線形化した観測モデルである．ここでは式 (7.2) によって計算した計測感度の大きな計算格子位置に計測点を追加設定することにした．

図 7.5(a) に 4 格子点ごとに計測を行って再現した流れ場を示す．図 7.5 では特に角柱付近を拡大している．図中の丸が計測点を表しており，背景が x 方向流速分布である．このときの誤差は表 7.1 に示したとおりである．角柱直後の領域で速度分布に振動が見られる．一方で，図 7.5(b) に計測感度の高い領域に

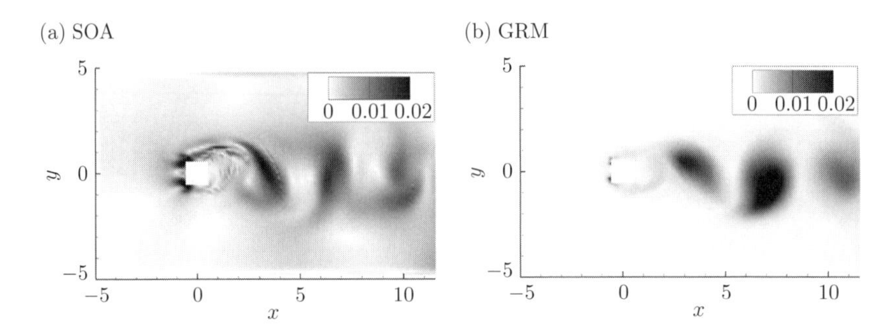

図 7.6　変分法および可観測性グラム行列から得られた計測感度の比較

計測点を追加した結果を示す．計測点追加によって推定された流速分布がより滑らかになっていることがわかる．また，この計測点追加に利用した計測感度の分布を図 7.6(a) に示す．追加計測点としては，各計算格子点で得られた計測感度の大きさから上位 1,250 点を選択し，初期計測点（4 格子点おき）に追加している．

7.4　可観測性グラム行列を用いた計測点の追加

データ同化システムと組み合わせることのできる計測最適化の手法として，制御理論における可観測性の考え方に基づいた方法がある．計測の最適化に関係する可観測性とは線形システムにおいて計測値からその状態を推定できるかどうかを判断する手法であり，具体的には次のような可観測性グラム行列 G_o の固有値を調べることで，可観測性を評価する [52].

$$G_o = \int_0^t e^{-A^{\mathrm{T}}\tau} C^{\mathrm{T}} C e^{-A\tau} d\tau \tag{7.3}$$

ここで A は線形システム行列，C は観測行列である．行列 G_o が正則であるとき，対象とするシステムは可観測である．データ同化への活用においては非線形システムへの対応が必要になるため，直接可観測性グラム行列を評価するのではなく，近似的な可観測性グラム行列を用いた方法を以下に示す [58].

$$G_o = \sum_{k=1}^{K} Y_k^{\mathrm{T}} Y_k \tag{7.4}$$

$$Y_k = [\Delta \boldsymbol{y}_{k,1,\lambda}, \ldots, \Delta \boldsymbol{y}_{k,n,\lambda}, \ldots, \Delta \boldsymbol{y}_{k,N,\lambda}] \tag{7.5}$$

$$\Delta \boldsymbol{y}_{k,n,\lambda} = \frac{1}{2\rho}[\boldsymbol{y}(\tau_k, \boldsymbol{x}_0 + \rho \boldsymbol{w}_n, \lambda) - \boldsymbol{y}(\tau_k, \boldsymbol{x}_0 - \rho \boldsymbol{w}_n, \lambda)] \tag{7.6}$$

ここで，$\Delta \boldsymbol{y}_{k,n,\lambda}$ は摂動ベクトル $\boldsymbol{w}_n$ で状態ベクトルを変化させたときの観測ベクトルの差，λ は観測に関するパラメータ（位置など），ρ は小さな正数である．N モードの初期摂動を与えた数値シミュレーション結果から K 時刻ステップで $\Delta \boldsymbol{y}_{k,n,\lambda}$ をサンプリングすることで評価を行っている．この手法では状態ベクトルに対して摂動を与え，計測位置で観測モデルを通して取得した摂動値から近似的に可観測性グラム行列を構成し，その固有値を用いて計測位置を最適化する．例えば，King らは最小固有値を最大化するように λ を修正する計測位置最適化を行った [52]．ここでは，流れ場から固有直交分解によって得られる POD 基底ベクトルを摂動ベクトル $\boldsymbol{w}_n$ として利用することで，対象とする流れ場に基づいて摂動を与える．可観測性グラム行列に基づく方法は，前節の 4 次元変分法に基づく手法と異なり既存の計算コードの出力から計測位置の最適化ができるような非侵襲型のアプローチとなっている．

図 7.5(c) に計測感度の高い領域に計測点を追加した結果を示す．可観測性グラム行列を用いた場合にも速度分布がより滑らかになっていることがわかる．また，図 7.6(b) は式 (7.4) から求めた固有値を計算格子点にマッピングしたものである．この固有値分布に基づき，図 7.5(c) では計測点を追加している．図 7.6(a) と (b) の比較から，渦近くに感度の高い領域が存在し，渦が 1/6 周期移動する領域に相当することが確かめられる．可観測性グラム行列を用いて 4 次元変分法と同様の感度分布が得られたことから，可観測性グラム行列の計測最適化への利用が期待できる．4 次元変分法で得られた感度は流出境界付近で大きくなっていた点が，可観測性グラム行列の固有値分布と異なっていた．表 7.2 に示す誤差値からは，出口境界付近にも計測点を追加した 4 次元変分法の RMSE が若干小さいことがわかる．また，表 7.2 から，計測感度に基づいた計測点追加を行うことで，2 格子点ごとに一様に計測した場合と同程度の推定誤差をより少ない計測点で実現できていることが確認できる．

表 7.2　異なる計測方法における RMSE の比較

計測方法	RMSE	計測点／計算点
2 格子点ごと	3.63E − 03	5,000/20,000
4 格子点ごと	8.37E − 03	1,250/20,000
変分法	3.51E − 03	2,500/20,000
可観測性	5.43E − 03	2,500/20,000

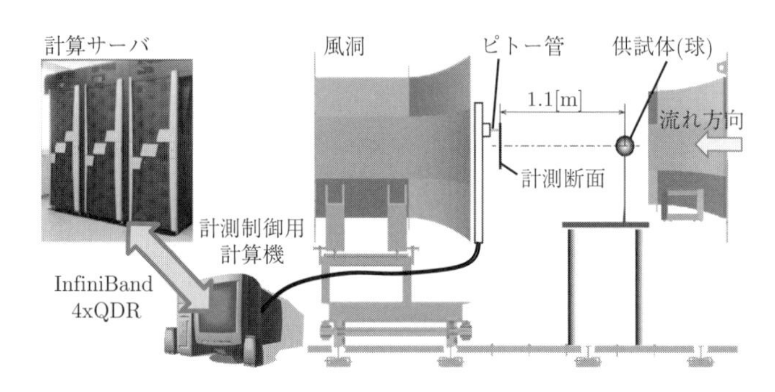

図 7.7　データ同化に基づく計測最適化の実証実験システム

7.5　最適計測システムの例

図 7.7 は計測感度に基づく計測位置の最適化を風洞で実証実験した際のシステム構成図である [59]．計測感度の解析を含むデータ同化システムを風洞内における球の後流計測に適用し，データ同化から得られる計測感度に基づきピトー管を支持したトラバース装置 [2] を動作させており，データ同化を核としたスーパーコンピュータと風洞計測装置の双方向連携システムとなっている．東北大学流体科学研究所の低乱熱伝達風洞とスーパーコンピュータは InfiniBand による高速ネットワーク [3] で接続されており，実験計測と数値シミュレーション解析が連携できる環境が整えられていたため，これを利用した．CFD の計算コストが支配的であったため，実行時にはデータ同化計算の待ち時間が大きい結果となった．また，ピトー管による流速の時間平均値は情報量としては大きくな

[2] 計測装置を支持してコンピュータ制御により 3 軸 (x, y, z) 方向に移動させることのできる装置である．ここでは計測データの処理とトラバースの制御を National Instruments の LabView を使って一括して行っている．

[3] 普通の有線 LAN の通信速度が 1Gbps (bits per second) なのに対し，InfiniBand 4xQDR の規格では最大通信速度が 40 Gbps である．

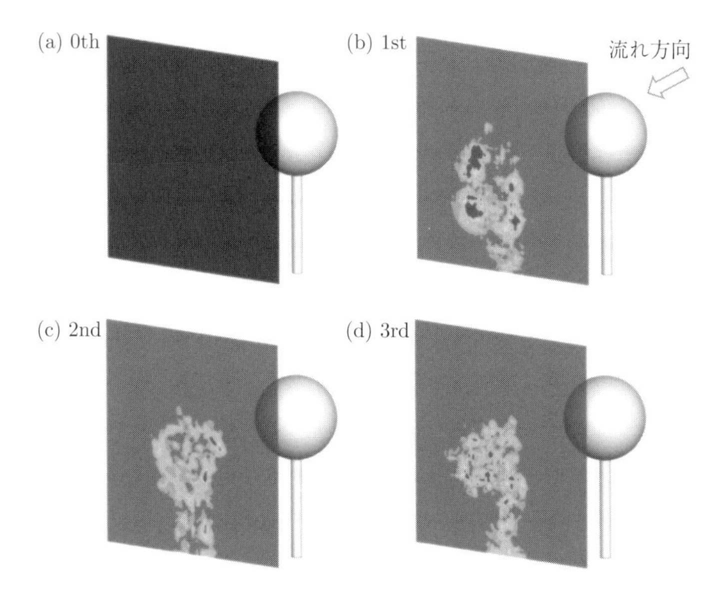

図 7.8　球の後流断面における計測点追加中の計測感度の分布

かったため，高速ネットワークの能力を使い切るには画像計測など情報量の大きな計測との組み合わせが考えられる．ここで計測感度は式 (7.2) においてヘッセ行列を近似的に計算することで求めた．

図 7.8 に球の後流断面における計測点追加中の計測感度の分布を示す．また，図 7.9 に球の後流断面における計測点追加の様子を示す．まず，図 7.9(a) に示すように等間隔で粗く計測を行い，その結果を用いてデータ同化および計測感度の計算を行う．そのようにして得られた計測感度の分布が図 7.8(b) であり，計測感度の高い位置で図 7.9(b) に示すように複数点の計測を追加で行う．そのような繰り返しを行いつつ，データ同化結果の改善を行っていく．図 7.10 に計測点および計測断面全体で評価した RMSE の計測点追加中の推移を示す．ここでは事前に空間高密度に計測した結果を用いて RMSE の評価を行っている．計測点の RMSE は 4 次元変分法の評価関数と同様に各計測点における RMSE の和となっているため計測点の追加により増加するが，計測断面全体で評価した RMSE はデータ同化により減少していくことが確認できる．

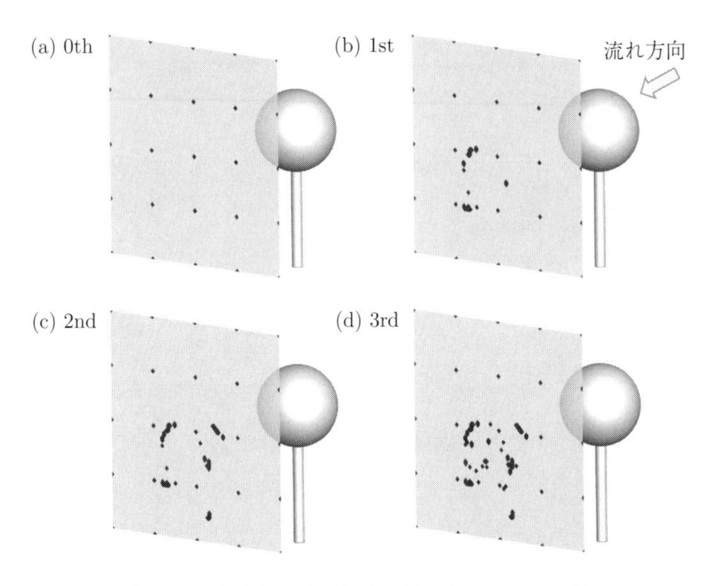

図 7.9　球の後流断面における計測点追加の様子

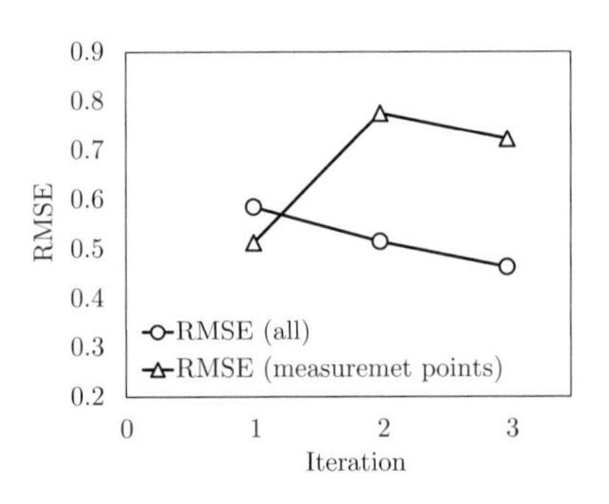

図 7.10　計測点および計測断面全体で評価した RMSE の計測点追加中の推移

7.6　おわりに

本章ではデータ同化に基づく計測システムの改善に焦点を絞り，関連する研究を紹介した．さらに，簡単な流体問題を設定し，具体例な数値実験例を通してデータ同化に基づく計測点追加の様子を示した．そして，最適計測の実証実験結果を示した．

上記の例では統計的な状態推定手法であるデータ同化において重要なシステムノイズおよび観測ノイズを陽には扱わなかった．しかしながら，可観測性に基づく方法を含めて，観測ノイズを考慮した系への適用は可能である．また，逐次型データ同化手法への適用には言及しなかったが，4 次元変分法の感度情報を用いる方法と異なり，可観測性グラム行列に基づく方法は逐次型データ同化手法における計測位置の改善にも利用できる．

8 乱流モデルの高度化

8.1 はじめに

大気中を飛行する航空機の性能（燃費，運動性能）はその機体形状に依存する部分が車や電車のような乗り物よりも多く，航空機設計においては空気力学（空力）に基づく機体形状設計が非常に重要である．現在，航空機の空力設計では風洞実験（実験流体力学：EFD）および数値シミュレーション（数値流体力学：CFD）が利用され，最終的には実機の飛行試験による検証が行われる．したがって，EFD，CFD および飛行試験を統合的に利用した航空機開発を行うためには，それらから得られる結果の不確かさをしっかり把握することが必要となる（図 8.1）．例えば，EFD と飛行試験を比較すると，通常 EFD には縮尺模型を用いることから流れのレイノルズ数が異なる場合があり，はく離などレイノルズ数に依存する流体現象が存在する場合には注意が必要である [1]．

一方で，CFD には EFD および飛行試験に対して物理モデルの不確かさが存在する．CFD の物理モデルの不確かさのうち，特に定常空力解析 [2] に用いられる乱流モデルに関する不確かさは航空機の性能推定や形状設計・最適化において大きな影響を持つため，本章ではデータ同化を用いて風洞試験データに基づき乱流モデルの不確かさを低減する手法を紹介する．ここで扱うのは**レイノル**

---

[1] 主翼まわりの流れのはく離は失速につながるため，その特性は欠かせない設計情報であるが，CFD や風洞実験の条件設定が適切でないとはく離特性が実機と異なってしまう場合がある．

[2] 航空分野の数値シミュレーションでは巡航状態のようにはく離がなく，流れ場が時間変化しないと仮定する定常解析と，はく離などによる流れの時間変化を考慮する非定常解析がある．

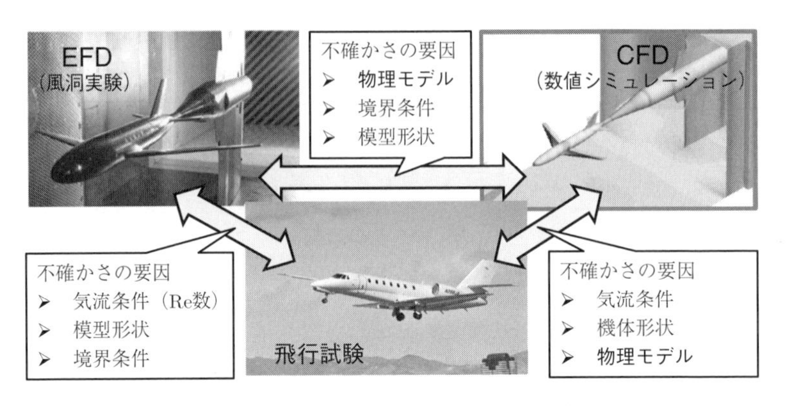

図 8.1　実機に対する EFD および CFD の不確かさ [60]

ズ平均ナビエ・ストークス方程式 (Reynolds-averaged Navier-Stokes equations, RANS)[3] を解く際に現れるレイノルズ応力テンソルのモデル化に関するものである．レイノルズ応力とは，小さなスケールの渦により流体中の任意の断面で運動量が輸送されたときに，その面に対して作用する運動量の変化量に応じたせん断応力のことである．よく行われるレイノルズ応力テンソルのモデル化としては**ブジネスク近似** (Boussinesq approximation) があり，次式で表されるようにレイノルズ応力 $-\overline{u_i' u_j'}$ と平均速度場の勾配に線形関係を仮定する．

$$-\overline{u_i' u_j'} = 2\nu_{tb} S_{ij} - \frac{2}{3} k \delta_{ij} \tag{8.1}$$

ここで，u_i' は流速の変動成分，ν_{tb} は渦動粘性係数，S_{ij} はひずみ速度テンソル，k は乱流運動エネルギー，δ_{ij} はクロネッカーのデルタである．また，渦動粘性係数 ν_{tb} は渦粘性係数を μ_{tb} を密度 ρ で除したものである．この式ではレイノルズ応力が平均速度場の勾配から計算される S_{ij} に比例する形になっており，ナビエ・ストークス方程式の粘性項と同じ形となることから渦粘性係数や渦粘性乱流モデルといった表現が用いられる．渦粘性乱流モデルではナビエ・ストークス方程式の粘性項にかかる係数である分子粘性係数 μ に対して，乱流の影響

[3] 巡航状態においても境界層（流れが機体に接する境界付近に生じる速度変化のある層）内の流れは実は非定常であり，このような小さなスケールの非定常流れを時間平均してしまうのがレイノルズ平均である．これにより一般的に非定常解析より計算コストの小さな定常解析を行うことができる．

を渦粘性係数 μ_{tb} として取り入れ，粘性係数が $\mu + \mu_{tb}$ となったナビエ・ストークス方程式の計算を行うことになる．レイノルズ応力の作用が流れに対してあたかも流体の粘性が大きくなったかのような影響を及ぼすことを表現している．

乱流のモデリング手法としては，上記の RANS 乱流モデルに加えて，**ラージエディシミュレーション** (large eddy simulation, LES) が有名である．RANS 乱流モデルでは乱流による小さなスケールの変動を時間的にモデル化し，乱流変動の影響は乱流運動エネルギーなどの物理量に閉じ込めてしまう．一方，LES では使用している計算格子よりも小さなスケールの渦をモデル化し，計算格子よりも大きなスケールの渦はナビエ・ストークス方程式によって陽に解く方法である．計算格子以下の渦を扱うために，Smagorinsky モデルのような LES 乱流モデルが用いられる．RANS および LES に加えて，乱流のモデリングを行わない**直接数値シミュレーション** (direct numerical simulation, DNS) がある．DNS では渦が消失するまでの小さなスケールを計算格子で解像する必要がある．レイノルズ数は流れ場における渦スケールの幅広さに関係しており，レイノルズ数の大きな流れでは大きなスケールから小さなスケールまで幅広い流れ場の変動を解像する必要があり，計算格子に対する要求が大きくなる．したがって，高レイノルズ数流れの DNS は計算コストの観点から難しいものとなっている．第 3 章ではレイノルズ数の小さな流れに対して，乱流モデルを考慮しない DNS を行っているが，第 3 章で導入した風上差分は格子スケールに応じた粘性成分（すなわち陰的な LES 乱流モデル）を導入していると考えることもできる．乱流モデリングの詳細は専門書を参照されたい [26].

さて，航空分野の CFD 解析においては，**Spalart-Allmaras 乱流モデル**（SA モデル）[61] および **Menter k-ω せん断応力輸送乱流モデル**（shear stress transport model，SST モデル）[62] という渦粘性乱流モデルが広く用いられている．これらの乱流モデルに関しては，複雑な乱流をより精密に再現・予測するために，これまで多くの修正版が提案されてきている．これらの修正版の詳細は米国航空宇宙局 (NASA) Langley 研究所が提供している turbulence modeling resource によくまとめられている [63]．乱流モデルは理論的に導出され，含まれる定数の一部は比較的単純な流れ場における数値実験によって決定されている．例えば，SST モデルの開発時には，平板，せん断流れ，逆圧力勾配流れ，後ろ向きステップ，NACA 4412 翼，遷音速バンプなどの 2 次元流れによって妥当性検証が行われている [62]．このような乱流モデルに対して，近年，乱流モデルの定数を DNS や風洞実験の結果に基づき推定するアプローチが提案されている [64]．例えば，DNS の結果から機械学習を用いてレイノルズ応力テンソルを平均速度場の非線形関数として関連づけたり，既存の乱流モデル式自体はそのまま利用して対象とする流れ場に適したモデル定数を推定するような研究が行われている．

本章では Menter が 2003 年に修正した SST モデル（SST-2003 モデル）[65] をベースに，モデル定数を計測データに基づき改善する．ただし，これまで行われてきたデータ駆動型乱流モデリングとは異なり，SST-2003 モデルに含まれる定数の背景を検討し，厳選した少数のモデル定数に関して最適値を推定することで乱流の再現・予測精度の向上を目指す．そのため，本手法は多数のモデル定数を同時に扱う過去の研究と比べて格段にシンプルになっている．

SST モデルでは以下の乱流運動エネルギー k および比散逸率 ω の輸送方程式を解く．

$$\frac{\partial(\rho k)}{\partial \tau} + \frac{\partial(\rho u_j k)}{\partial x_j} = P - \beta^* \rho k \omega + \frac{\partial}{\partial x_j}\left[(\mu + \sigma_k \mu_{tb})\frac{\partial k}{\partial x_j}\right] \tag{8.2}$$

$$\frac{\partial(\rho \omega)}{\partial \tau} + \frac{\partial(\rho u_j \omega)}{\partial x_j} = \frac{\gamma}{\nu_{tb}} P - \beta^* \rho \omega^2 + \frac{\partial}{\partial x_j}\left[(\mu + \sigma_\omega \mu_{tb})\frac{\partial \omega}{\partial x_j}\right] + 2(1 - F_1)\frac{\rho \sigma_{\omega 2}}{\omega}\frac{\partial k}{\partial x_j}\frac{\partial \omega}{\partial x_j} \tag{8.3}$$

これらの輸送方程式の詳細は文献を参照いただくこととして [4] [62,65]，SST モデルの特徴は混合関数により，異なる乱流モデルを組み合わせて使用する点にある．すなわち，SST モデルでは境界層を含む壁面近傍流れの予測精度が高い k-ω モデルと，壁面から離れた自由せん断流れの予測精度の高い k-ε モデルを境界層内外で切り替えることにより，多くの流れ場において高い予測精度を有している．混合関数 F_1 および F_2 はそれぞれ以下で表現される．

$$F_1 = \tanh\left\{\left\{\min\left[\max\left(\frac{\sqrt{k}}{\beta^* \omega y}, \frac{500\nu}{y^2 \omega}\right), \frac{4\rho\sigma_{\omega 2} k}{CD_{k\omega} y^2}\right]\right\}^4\right\} \tag{8.4}$$

[4] 式 (8.2) および式 (8.3) の右辺は k および ω の時間微分項と対流項，左辺は生成項，散逸項，拡散項となっている．乱流の時間平均化されたモデルをそれらの項で表現している．

$$F_2 = \tanh\left[\left[\max\left(\frac{2\sqrt{k}}{\beta^*\omega y}, \frac{500\nu}{y^2\omega}\right)\right]^2\right] \tag{8.5}$$

混合関数 F_1 は境界層から離れた位置で $F_1 = 0$，境界層内では $F_1 = 1$ となることで SST モデルの定数を切り替える．このような混合関数 F_1 を用いて，モデル定数は以下のように表される．

$$\phi = F_1\phi_1 + (1 - F_1)\phi_2 \tag{8.6}$$

ここで ϕ_i $(i = 1, 2)$ はモデル定数 $(\sigma_{ki}, \sigma_{\omega i}, \beta_i, \gamma_i)$ を表し，ϕ はそれらを重ね合わせた定数 $(\sigma_k, \sigma_\omega, \beta, \gamma)$ を表す．SST-2003 モデルにおいては以下のように定数が定められている．

$$\begin{aligned}
&\sigma_{k1} = 0.85,\ \sigma_{\omega 1} = 0.5,\ \beta_1 = \frac{3}{40},\ \gamma_1 = \frac{5}{9}, \\
&\sigma_{k2} = 1,\ \sigma_{\omega 2} = 0.856,\ \beta_2 = 0.0828,\ \gamma_2 = 0.44
\end{aligned} \tag{8.7}$$

二つ目の混合関数である F_2 は渦粘性係数の計算に利用する．最終的に渦粘性係数は以下の式で計算される．

$$\mu_{tb} = \frac{\rho a_1 k}{\max(a_1\omega, SF_2)} \tag{8.8}$$

SST モデルに必要な定数は式 (8.7) に加えて以下である．

$$\beta^* = 0.09,\ \kappa = 0.41,\ a_1 = 0.31 \tag{8.9}$$

式 (8.7) および (8.9) に示す定数の中には，基本的な流れ場で解析的に決定したものもあれば，実験結果に合うように数値実験で決定したものもある．ここでは渦粘性係数を計算する式 (8.8) に関与しているパラメータ a_1 の値を計測データに基づき最適化する．乱流応力の移流効果を表すこの式は，SST モデルにおいて逆圧力勾配の効果を取り入れるために用いられる [62]．この式は乱流応力の移流効果を最初に取り入れたモデルである Johnson-King モデル [66] に基づいている．SST モデルにおいて a_1 に設定されている 0.31 は，Johnson-King モデルにおいて a_1 の値が 0.2 から 0.3 の範囲で変動したという研究結果によるものである．しかしながら，a_1 に関する式が Johnson-King モデルと SST モデルでは異なっている点を踏まえると，Johnson-King モデルで設定された 0.31 という値に十分な根拠があるとはいえない．

上記の考察を踏まえ，SST-2003 モデルにおいて，a_1 を修正することにより逆圧力勾配流れの再現精度を向上させることができるかどうかを調べる．逆圧力勾配領域の存在しない流れが a_1 に依存していないことを踏まえると a_1 のみを変更するというのは利点が多い．逆圧力勾配流れを伴わない場合には式 (8.8) の分母の a_1 は分子の a_1 と打ち消しあうため，逆圧力勾配流れを伴わない状況での SST モデルの信頼性を損なうことなく，逆圧力勾配流れの予測精度を向上させることが期待できる．

本章ではアンサンブルカルマンフィルタの一種である**アンサンブル変換カルマンフィルタ** (ensemble transform Kalman filter, ETKF) [67] を用いて SST-2003 モデルの定数 a_1 を最適化する．まず，SST-2003 モデルにおける a_1 の影響を調べるため，乱流モデルの検証によく用いられる後ろ向きステップ流れを考える [68]．先述の turbulence modeling resource [63] においても，後ろ向きステップ流れの検証が数多く報告されている．これらの検証から，既存の RANS 乱流モデルでは後ろ向きステップ流れに現れるようなはく離，再付着，逆圧力勾配流れの再現が難しいことがわかっている．これらのことから a_1 を後ろ向きステップ流れにおいて推定することで，はく離を伴う流れの予測精度向上が期待できる．最終的に，推定された a_1 をいくつかの流れ場において評価する．

8.2　データ同化手法

逐次型データ同化手法であるアンサンブル変換カルマンフィルタを用いる．ここでは定常数値シミュレーションにおいて時不変のパラメータを時不変の計測データに基づき推定するが，逐次型データ同化手法を繰り返し適用してパラメータを徐々に最適値に収束させることにする．本節ではアンサンブル変換カルマンフィルタに基づいたデータ同化について説明する．

8.2.1 拡大状態空間モデル

状態空間モデルは以下のとおりシステムモデルと観測モデルから構成される．

$$\boldsymbol{x}_t = f_t(\boldsymbol{x}_{t-1}, \boldsymbol{v}_t) \tag{8.10}$$

$$\boldsymbol{y}_t = H_t \boldsymbol{x}_t + \boldsymbol{w}_t \tag{8.11}$$

これらの式において，$\boldsymbol{x}_t$ と $\boldsymbol{y}_t$ はそれぞれ時刻 t における状態ベクトルおよび観測ベクトルを表す．また，$\boldsymbol{v}_t$ および $\boldsymbol{w}_t$ はそれぞれシステムノイズおよび観測ノイズである．式 (8.10) の非線形モデル f_t は数値シミュレーションにおける時刻 $t-1$ から t への時間発展を表す．ここで扱う RANS 方程式の場合には反復解法によって収束解を求める際の反復回数と読み替える．またここでは，システムノイズ $\boldsymbol{v}_t$ は考慮しない．式 (8.11) における観測モデル H_t は観測行列とも呼ばれ，状態ベクトル $\boldsymbol{x}_t$ を観測空間に射影するのに用いられる．状態ベクトルは以下のように定義する．

$$\boldsymbol{x}_t = (\boldsymbol{\xi}_1^{\mathrm{T}}, \boldsymbol{\xi}_2^{\mathrm{T}}, \boldsymbol{\xi}_3^{\mathrm{T}}, \ldots, \boldsymbol{\xi}_m^{\mathrm{T}}, \ldots)^{\mathrm{T}} \tag{8.12}$$

$$\boldsymbol{\xi}_m = (\rho_m, u_m, v_m, p_m, k_m, \omega_m)^{\mathrm{T}} \tag{8.13}$$

ここで，$\boldsymbol{\xi}_m$ は各計算格子点上で定義されている状態ベクトルであり，密度 ρ_m，流速成分 u_m および v_m，圧力 p_m，乱流運動エネルギー k_m，そして，比散逸率 ω_m からなる．推定したいモデル定数 a_1 を状態ベクトルに加えることで，式 (8.14) のように拡大状態ベクトルを構成する．

$$\boldsymbol{x}_t = (\boldsymbol{\xi}_1^{\mathrm{T}}, \boldsymbol{\xi}_2^{\mathrm{T}}, \boldsymbol{\xi}_3^{\mathrm{T}}, \ldots, \boldsymbol{\xi}_m^{\mathrm{T}}, \ldots, a_1)^{\mathrm{T}} \tag{8.14}$$

この拡大状態ベクトルを通常の状態ベクトルと同様にアンサンブル変換カルマンフィルタで扱うことで，流れ場変数と同時に a_1 の推定を行う．ここで，拡大状態ベクトル $\boldsymbol{x}_t$ は各格子点の流れ場変数を並べた縦ベクトルの最後にモデル定数 a_1 を加えたものであり，要素数（状態ベクトルの次元）を M とする．オーダーの異なるパラメータを含む拡大状態ベクトルにおいては要素の規格化を行う必要がある．これは状態ベクトルにオーダーの異なる要素が含まれている場合に共分散行列においてそれらの相関が適切に評価されなくなってしまうためである．

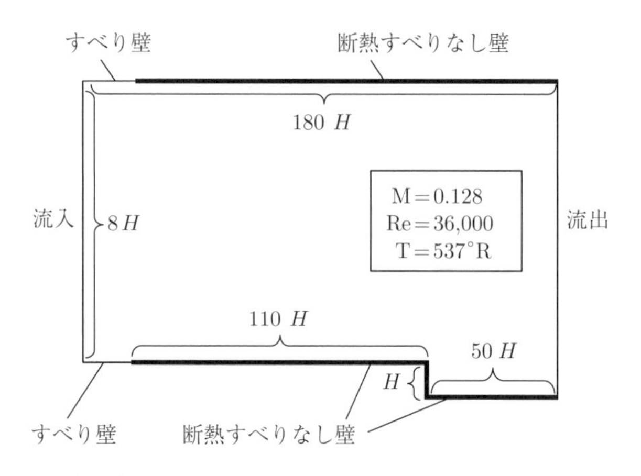

図 8.2　後ろ向きステップ流れの計算領域（図の縦横比は正しくない）

8.2.2　システムモデル

システムモデルとしては，JAXA が開発した CFD コードである FaSTAR [69] を用いる．FaSTAR ではセル中心有限体積法を用いて非構造格子上で圧縮性ナビエ・ストークス方程式を解く．FaSTAR にはいくつかの数値計算手法が実装されている．ここでは，非粘性フラックスは simple low-dissipation AUSM (SLAU) によって計算し [70]，時間積分は前処理付き LU-SGS 陰解法 (preconditioned lower-upper symmetic Gauss-Seidel, pLU-SGS) により行い，定常解を求める [71]．時間積分においては局所時間ステップを用いる．また，菱田の制限関数を使った Green-Gauss 重み付き最小二乗法 (Green-Gauss least square, GLSQ) [72] によって物理量の勾配を求め空間 2 次精度の解析を行う．乱流モデルとしては SST-2003 モデルを用いる．

モデル定数 a_1 は計測データに基づく 2 次元後ろ向きステップ流れにおいて推定する．流れ条件としては，ステップ高さに基づくレイノルズ数 36,000，マッハ数 0.128，温度 537°R（ランキン度）である．これらの条件は turbulence modeling resource [63] と同様であり，そこで示されている結果と比較することができる．計算領域を図 8.2 に示す．この内部領域を 40,594 点の非構造格子で離散化した．壁面付近における法線方向の最小格子幅は約 6.0×10^{-4} である．計算結果に対する法線方向最小格子幅の影響は事前に調べている．

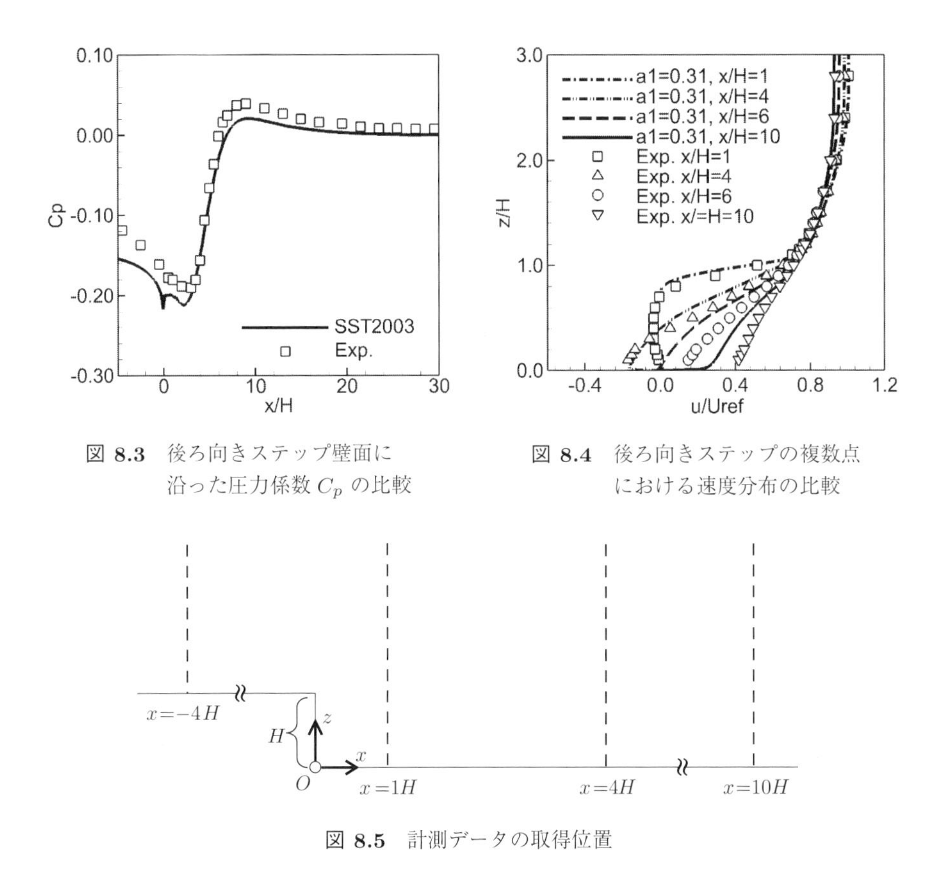

図 8.3 後ろ向きステップ壁面に沿った圧力係数 C_p の比較

図 8.4 後ろ向きステップの複数点における速度分布の比較

図 8.5 計測データの取得位置

図 8.3 および図 8.4 に FaSTAR で得られた後ろ向きステップ壁面に沿う**圧力係数** (pressure coefficient, C_p)[5] および流速分布の計測値 [68] との比較を示している．x が主流方向，z がそれに垂直な方向であり，それぞれステップ高さ H で無次元化している（図 8.5 参照）．主流方向速度 u は主流速度 U_{ref} で無次元化している．図 8.4 では後ろ向きステップ下流の $x/H = 1, 4, 6$ および 10 の位置で計測値との比較を行っている．図 8.4 からわかるように，FaSTAR では後ろ向きステップから離れた $x/H = 6$ および 10 の位置における流速分布を予測することができていない．

[5] 静圧 p を動圧 $\rho u^2/2$ で割って無次元化した係数．

8.2.3　観測モデル

観測モデルは状態ベクトルを Driver らの計測データ（主流方向およびそれに垂直方向の速度分布 [68]）に対応づけるために用いられる．Driver らの研究では広い範囲で流速を計測しているが，推定結果の評価を行うために図 8.5 に示す $x/H = -4, 1, 4, 6$ および 10 における計測データを抽出した．そして，データ同化においては後ろ向きステップ下流で計測された計測値を用いた．

観測モデル H_t は，計算格子点の物理量から計測点に対応する位置で流速成分を抜き出す処理を行うため，H_t の要素は格子点が計測位置に対応しているときに 1，それ以外の場合は 0 である．H_t は $(L \times M)$ 次元行列で，L 個の計測データを M 個の状態ベクトル要素に対応づける．

8.2.4　アンサンブル変換カルマンフィルタ

アンサンブルカルマンフィルタは 2.3.1 項ですでに説明したが，ここで利用するアンサンブル変換カルマンフィルタについて簡単に説明する．カルマンフィルタにおける状態ベクトルおよび共分散行列の更新式を再掲すると，

$$\boldsymbol{x}_{t|t} = \boldsymbol{x}_{t|t-1} + K_t(\boldsymbol{y}_t^{\mathrm{obs}} - H_t\boldsymbol{x}_{t|t-1}) \tag{8.15}$$

$$V_{t|t} = (I - K_tH_t)V_{t|t-1} \tag{8.16}$$

$$K_t = V_{t|t-1}H_t^{\mathrm{T}}(H_tV_{t|t-1}H_t^{\mathrm{T}} + R_t)^{-1} \tag{8.17}$$

ここで，I は単位行列，R_t は観測誤差共分散行列を表す．カルマンフィルタでは式 (8.17) のカルマンゲインによって式 (8.15) のように状態ベクトルと観測ベクトルが重み付けされる．このときシステムの共分散行列も式 (8.16) のように更新される．

アンサンブルカルマンフィルタにはいくつもの派生版があり，その中の一つが**平方根フィルタ** (square root filter, SRF) [73] から導出されたアンサンブル変換カルマンフィルタである [67]．アンサンブル変換カルマンフィルタは他のアンサンブルカルマンフィルタと比べて計算コストが小さいという利点があり，特に計算コストが大きな航空分野の CFD に適していると考えられる．

さて，式 (8.16) の共分散行列を $\hat{V}_{t|t-1} = \tilde{E}_{t|t-1}\tilde{E}_{t|t-1}^{\mathrm{T}}$ で置き換えると [6)]，

[6)] ここからはアンサンブルから計算された共分散行列 $\hat{V}_{t|t}$ を考える．

$$\tilde{E}_{t|t}\tilde{E}_{t|t}^{\mathrm{T}} = (I - \hat{K}_t H_t)\tilde{E}_{t|t-1}\tilde{E}_{t|t-1}^{\mathrm{T}} \tag{8.18}$$

となる．したがって，アンサンブルカルマンフィルタにおいてはフィルタリングによってアンサンブルの共分散行列が式 (8.18) のように修正されればよいことがわかる．2.3.1 項で説明した摂動観測法では観測ノイズを考慮して各アンサンブルを更新することで，フィルタリング後の共分散行列について結果として式 (8.18) が満たされるように工夫していた．一方，平方根フィルタではアンサンブル平均に対してのみ，式 (8.15) のような更新を行い，アンサンブルの摂動に関しては，式 (8.18) を陽に満たすように生成する．すなわち，フィルタリング前後のアンサンブル摂動が $\tilde{E}_{t|t} = \tilde{E}_{t|t-1}T$ となるような変換行列 T を考えて式 (8.18) に代入し，

$$\tilde{E}_{t|t-1}TT^{\mathrm{T}}\tilde{E}_{t|t-1}^{\mathrm{T}} = (I - \hat{K}_t H_t)\tilde{E}_{t|t-1}\tilde{E}_{t|t-1}^{\mathrm{T}} \tag{8.19}$$

となるように定めればよい．ここで，後ほど利用する形に式 (8.17) のカルマンゲインを変形しておく [74].

$$\begin{aligned}
\hat{K}_t &= \hat{V}_{t|t-1}H_t^{\mathrm{T}}(H_t\hat{V}_{t|t-1}H_t^{\mathrm{T}} + R_t)^{-1} \\
&= \tilde{E}_{t|t-1}(H_t\tilde{E}_{t|t-1})^{\mathrm{T}}\left[H_t\tilde{E}_{t|t-1}(H_t\tilde{E}_{t|t-1})^{\mathrm{T}} + R_t\right]^{-1} \\
&= \tilde{E}_{t|t-1}\left[I+(H_t\tilde{E}_{t|t-1})^{\mathrm{T}}R_t^{-1}(H_t\tilde{E}_{t|t-1})\right]^{-1}\left[I+(H_t\tilde{E}_{t|t-1})^{\mathrm{T}}R_t^{-1}(H_t\tilde{E}_{t|t-1})\right] \\
&\quad \times(H_t\tilde{E}_{t|t-1})^{\mathrm{T}}\left[H_t\tilde{E}_{t|t-1}(H_t\tilde{E}_{t|t-1})^{\mathrm{T}} + R_t\right]^{-1} \\
&= \tilde{E}_{t|t-1}\left[I + (H_t\tilde{E}_{t|t-1})^{\mathrm{T}}R_t^{-1}(H_t\tilde{E}_{t|t-1})\right]^{-1}(H_t\tilde{E}_{t|t-1})^{\mathrm{T}}R_t^{-1} \\
&\quad \times\left[(H_t\tilde{E}_{t|t-1})(H_t\tilde{E}_{t|t-1})^{\mathrm{T}} + R_t\right]\left[(H_t\tilde{E}_{t|t-1})(H_t\tilde{E}_{t|t-1})^{\mathrm{T}} + R_t\right]^{-1} \\
&= \tilde{E}_{t|t-1}\left[I + (H_t\tilde{E}_{t|t-1})^{\mathrm{T}}R_t^{-1}(H_t\tilde{E}_{t|t-1})\right]^{-1}\tilde{E}_{t|t-1}^{\mathrm{T}}H_t^{\mathrm{T}}R_t^{-1}
\end{aligned} \tag{8.20}$$

このように変形すると，アンサンブル数の次元を持つ行列に関して逆行列を計算すればよいので，式 (8.17) で観測ベクトルの次元の逆行列を解かなければならないことを考えると，観測ベクトルの次元が大きい場合には有用である．式 (8.20) の導出では観測誤差共分散行列の逆行列が存在することを仮定している．さて，式 (8.19) の右辺に式 (8.20) を代入すると [2],

$$
\begin{aligned}
\tilde{E}_{t|t-1}TT^{\mathrm{T}}\tilde{E}_{t|t-1}^{\mathrm{T}} &= (I-\hat{K}_tH_t)\tilde{E}_{t|t-1}\tilde{E}_{t|t-1}^{\mathrm{T}} \\
&= \Big[I-\tilde{E}_{t|t-1}\Big[I+(H_t\tilde{E}_{t|t-1})^{\mathrm{T}}R_t^{-1}(H_t\tilde{E}_{t|t-1})\Big]^{-1} \\
&\qquad \times (H_t\tilde{E}_{t|t-1})^{\mathrm{T}}R_t^{-1}H_t\Big]\tilde{E}_{t|t-1}\tilde{E}_{t|t-1}^{\mathrm{T}} \\
&= \tilde{E}_{t|t-1}\Big[I-\Big[I+(H_t\tilde{E}_{t|t-1})^{\mathrm{T}}R_t^{-1}(H_t\tilde{E}_{t|t-1})\Big]^{-1} \\
&\qquad \times (H_t\tilde{E}_{t|t-1})^{\mathrm{T}}R_t^{-1}(H_t\tilde{E}_{t|t-1})\Big]\tilde{E}_{t|t-1}^{\mathrm{T}} \\
&= \tilde{E}_{t|t-1}\Big[I+(H_t\tilde{E}_{t|t-1})^{\mathrm{T}}R_t^{-1}(H_t\tilde{E}_{t|t-1})\Big]^{-1}\tilde{E}_{t|t-1}^{\mathrm{T}}
\end{aligned} \tag{8.21}
$$

となることから,

$$
TT^{\mathrm{T}} = \Big[I+(H_t\tilde{E}_{t|t-1})^{\mathrm{T}}R_t^{-1}(H_t\tilde{E}_{t|t-1})\Big]^{-1} \tag{8.22}
$$

のように変換行列 T を決めればよい．これは式 (8.22) 右辺を

$$
\Big[I+(H_t\tilde{E}_{t|t-1})^{\mathrm{T}}R_t^{-1}(H_t\tilde{E}_{t|t-1})\Big] = Z\Sigma Z^{\mathrm{T}} \tag{8.23}
$$

のように固有値分解することで,

$$
T = Z\Sigma^{-\frac{1}{2}}Z^{\mathrm{T}} \tag{8.24}
$$

のように求まる．式 (8.23) 右辺の Z と Σ はそれぞれ左辺の固有ベクトルと固有値を表している．また，上付き添字 -1 および $-1/2$ はそれぞれ逆行列およびその平方根を表している．このときカルマンゲインは式 (8.20) に式 (8.23) を代入すると以下のように計算される [2].

$$
\hat{K}_t = \tilde{E}_{t|t-1}Z\Sigma^{-1}Z^{\mathrm{T}}(H_t\tilde{E}_{t|t-1})^{\mathrm{T}}R_t^{-1} \tag{8.25}
$$

したがって，固有値の対角行列と観測誤差共分散行列の逆行列からカルマンゲインを計算することができる．特に観測誤差共分散行列を対角行列とした場合には，それらの逆行列はスカラーの割り算となる．まとめると，以下のようなアルゴリズムとなる．

アルゴリズム 8.1 アンサンブル変換カルマンフィルタ

1. 初期アンサンブルを生成: $\boldsymbol{x}_{0|0}^n, \ n = 1, \ldots, N$
2. システムモデルで計測時刻まで各アンサンブルメンバーを時間発展
3. 式 (8.23) で固有値分解し，変換行列 T を計算
4. 式 (8.25) でカルマンゲインを計算
5. $\hat{\boldsymbol{x}}_{t|t} = \hat{\boldsymbol{x}}_{t|t-1} + \hat{K}_t(\boldsymbol{y}_t^{\mathrm{obs}} - H_t\hat{\boldsymbol{x}}_{t|t-1})$ でアンサンブル平均をフィルタリング
6. $\tilde{E}_{t|t} = \tilde{E}_{t|t-1}T$ でアンサンブルの摂動を更新
7. $A_{t|t} = A_{t|t}I_N + \sqrt{N-1}\tilde{E}_{t|t}$ でアンサンブルを更新 $(A_{t|t}I_N = [\hat{\boldsymbol{x}}_{t|t}^1, \ldots, \hat{\boldsymbol{x}}_{t|t}^N])$
8. 2. に戻って繰り返す

8.2.5 データ同化の流れ

アンサンブル変換カルマンフィルタに基づくデータ同化は，システムモデルによる予測ステップとフィルタリングステップによって構成される．はじめに初期アンサンブルを用意する．このアンサンブルによりシステムモデルの事前分布を定義する正規分布の平均と分散を表現する．ここでは a_1 の最適値を推定することが目的であるため，アンサンブルメンバーとしては a_1 に関して 0.04 から 1.2 の範囲で異なるパラメータ値を乱数によって生成し，30 メンバーからなるアンサンブルを用意した．拡大状態ベクトルにおいては，流れ場の変数には摂動を与えていない．また，R_t を対角成分が 10^{-6} の対角行列として逆行列の計算を簡単にする．

フィルタリングステップにおいては，アンサンブル変換カルマンフィルタによって a_1 を更新するたびに，その a_1 を用いてシステムモデルによる 1,000 ステップの収束計算を行った．このようなフィルタリングを 40 回繰り返した．a_1 の修正後に 1,000 ステップ程度の計算を行うことで，密度，運動量，エネルギーの二乗残差ノルム（L_2 ノルム）がそれぞれ反復計算の初期値の 10%以下まで減少することを確認している．一方で，フィルタリングの回数に関しては，40 回程度で推定された a_1 のアンサンブル平均が収束することを確認している．以上の手順を要約すると以下のようになる．

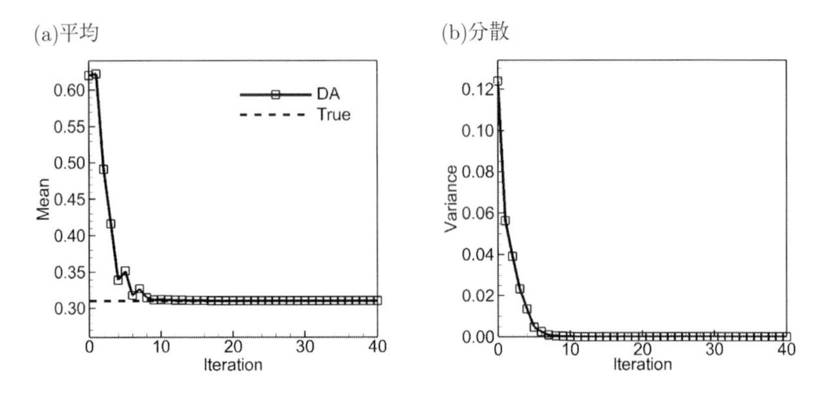

図 8.6　双子実験における a_1 の平均および分散の推定履歴

1. 初期アンサンブルを決定
2. 予測ステップ：各アンサンブルメンバーに関して 1,000 回の反復計算
3. フィルタリングステップ：アンサンブル変換カルマンフィルタで a_1 を更新
4. 繰り返し回数が 40 以下なら 2. に戻る
5. モデル定数 a_1 の最適値を得る

8.3　データ同化結果とその検証

8.3.1　データ同化による a_1 の推定結果

まず，モデル定数 a_1 を推定するためのデータ同化システムの有効性を双子実験によって評価する．双子実験においては，a_1 の真値は既知の値とし，その a_1 で得られる流れ場から擬似計測値を用意する．この疑似計測値を用いてデータ同化により a_1 の真値を推定することで，データ同化システム自体の検証を行う．ここでは a_1 の真値として SST-2003 モデルのモデル定数である $a_1 = 0.31$ を設定した．そして，この a_1 を用いた CFD 解析結果から図 8.5 に示す位置における流速変数を抽出し，それに $N(0, 10^{-6})$ の乱数を加えることで疑似計測値とした．

図 8.6 にアンサンブルから計算した a_1 の平均および分散の履歴を示す．また，図 8.7 に推定前後のアンサンブルから計算した a_1 のヒストグラムを示す．

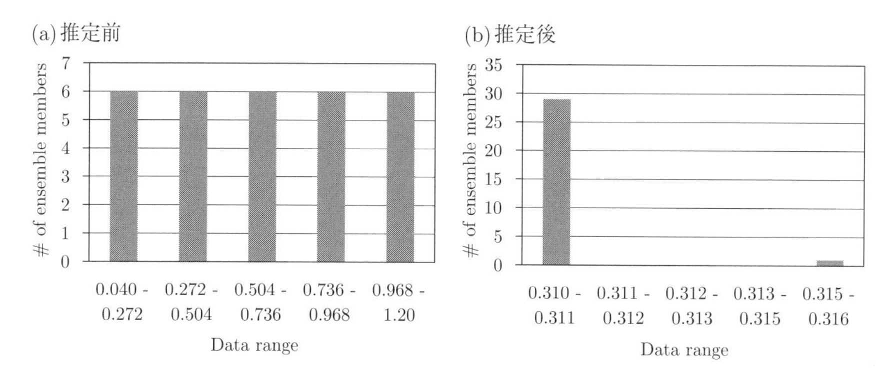

図 8.7　双子実験における推定前後の a_1 のヒストグラム

表 8.1　双子実験における推定前後の a_1 の平均と分散

	推定前	推定後	真値
平均	0.620	0.310	0.310
分散	1.24×10^{-1}	1.23×10^{-6}	—

表 8.2　実計測データを用いた推定前後の a_1 の平均と分散

	推定前	推定後
平均	0.620	1.01
分散	1.24×10^{-1}	5.59×10^{-2}

図 8.7(a) および (b) においてはヒストグラムの間隔が異なることに注意されたい．そして，推定前後の平均および分散の値を表 8.1 に示す．推定前後の a_1 を比較すると，推定によって a_1 のアンサンブルが初期アンサンブルと比較して収束していること，そして，推定した a_1 のアンサンブル平均は真値とほぼ一致していることがわかる．これらの結果から，ここで構築したデータ同化システムによって SST-2003 モデルの定数 a_1 を推定できることが確認できた．

次に，実計測データ [68] を用いてデータ同化を行う．モデル定数 a_1 の推定結果を図 8.8，図 8.9 および表 8.2 に示す．図 8.8 から a_1 のアンサンブル平均が数回程度のフィルタリングで 1.0 に収束していることが確認できる．このとき図 8.8(b) および図 8.9(b) からわかるように，推定した a_1 のアンサンブル分散は双子実験の場合のようには減少していない．これは a_1 が最適値に関して高い自由度を有していることを示唆している．双子実験では使用している CFD コードおよび乱流モデルによって疑似計測値を完全に再現できるという前提があったが，実計測データを使ったデータ同化ではモデルの不確かさが推定に関わって

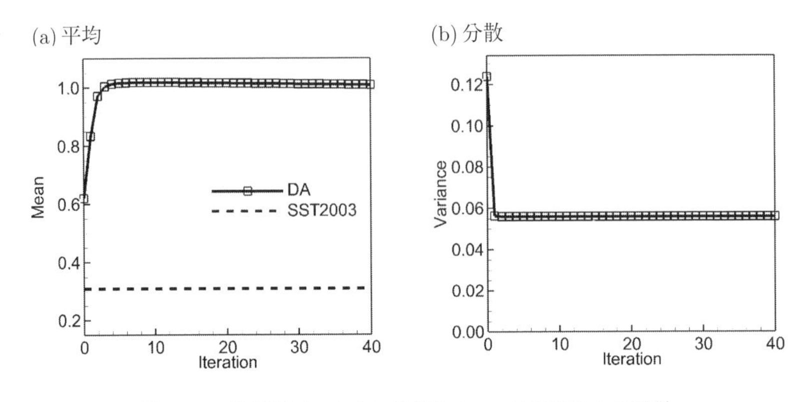

図 **8.8**　実計測データから推定した a_1 の平均および分散

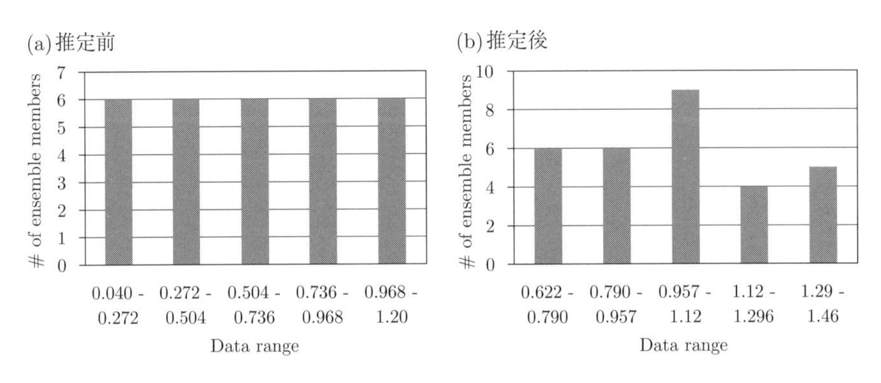

図 **8.9**　実計測データから推定した a_1 のヒストグラム

くるため，推定値にもこのような不確かさ（アンサンブル分散の広がり）が現れることになる．しかしながら，推定においては $a_1 = 1.0$ という明確な値が得られており，これが今回構築したデータ同化システムによる実計測データを用いた推定値ということになる．

8.3.2　推定した a_1 の妥当性確認

推定したモデル定数 a_1 の妥当性を確認するために，後ろ向きステップ流れ，平板境界層，RAE 2822 翼型まわりの 2 次元遷音速流れ，ONERA M6 翼まわり

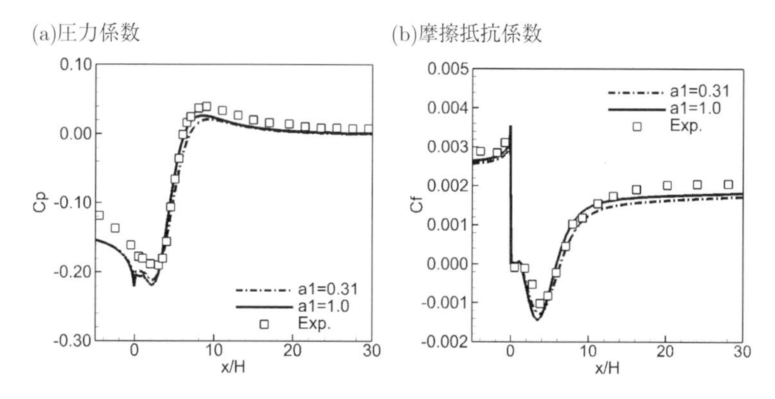

図 8.10 後ろ向きステップ下面における圧力係数 C_p および摩擦抵抗係数 C_f の比較

の 3 次元遷音速流れにおいて $a_1 = 1.0$ として CFD 解析を行った．解析条件は NPARC(national program for applications-oriented research in CFD) [75] および turbulence modeling resource [63] に基づいて設定した．CFD 解析には FaSTAR を用い，計算格子密度の計算結果への影響は確認済みである．SST モデルのオリジナルの定数 $a_1 = 0.31$ は有効数字 2 桁までで決定されているため，本検証においても $a_1 = 1.0$ と記している．

8.3.2.1 2 次元後ろ向きステップ流れ

まず，後ろ向きステップ流れにおいて推定した a_1 を確認した．流れ条件はデータ同化による推定で用いたものと同じである．この計算において用いられた計算手法や格子はデータ同化による推定時と全く同じであり，8.2.2 項で説明している．図 8.10 では後ろ向きステップ下面における圧力係数および**摩擦抵抗係数** (friction drag coefficient, C_f)[7)] を比較しており，図 8.11 では後ろ向きステップ下流の位置（$x/H = 1.0, 4.0, 6.0$ および 10.0）における x 方向の流速分布を実験値と比較している．図 8.10 では実験結果に加えて，$a_1 = 0.31$ および 1.0 とした場合の計算結果をプロットしている．計算された再付着長さ（ステップ端ではく離した流れがまた壁面に沿って流れる地点までの距離）は，実験値が 6.4 であるのに対して，$a_1 = 0.31$ および 1.0 とした CFD 解析結果はそれぞ

[7)] 物体表面におけるせん断応力を $\rho u^2/2$ で無次元化した係数．

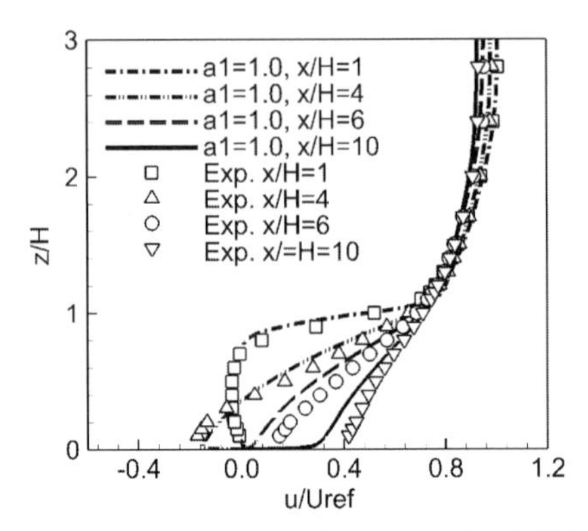

図 8.11　位置 $x/H = 1.0, 4.0, 6.0$ および 10.0 における水平方向流速分布の比較

れ 6.4 と 5.9 であった．圧力係数および摩擦抵抗係数，そして，水平方向の流速分布に関しては $a_1 = 0.31$ よりも $a_1 = 1.0$ とした場合に実験値とのよりよい一致を示している．

8.3.2.2　平板境界層（圧力勾配無し）

次に平板境界層において評価を行った．レイノルズ数は 5×10^6，マッハ数は 0.2 とした．これらの流れ条件は turbulence modeling resource の圧力勾配無し平板境界層と一致させている [63]．この計算では，非粘性フラックス項を Harten-Lax-van Leer-Einfeldt-Wada (HLLEW) によって算出し [76]，時間積分には LU-SGS 陰解法 (lower-upper symmetic Gauss-Seidel, LU-SGS) を用いた [77]．その他の計算手法は 8.2.2 項と同じである．計算格子点数は 419,650 点であり，壁面法線方向の最小格子幅は約 5×10^{-7} である．本計算で使用した格子は turbulence modeling resource で提供しているものと同一である．

圧力勾配のない平板境界層流れでははく離や再付着といった複雑な乱流現象が見られないため，ほとんどの乱流モデルにおいて正確に予測することができる．この確認の目的は $a_1 = 1.0$ と設定することで $a_1 = 0.31$ とした場合と同様に境界層を予測できるかどうかを調べることである．式 (8.8) からははく離・再付着・逆圧力勾配流を伴わない流れにおいて，渦粘性係数の値は a_1 に依存していないと考えられる．図 8.12(a) では，層流および対数則による境界層速度分布

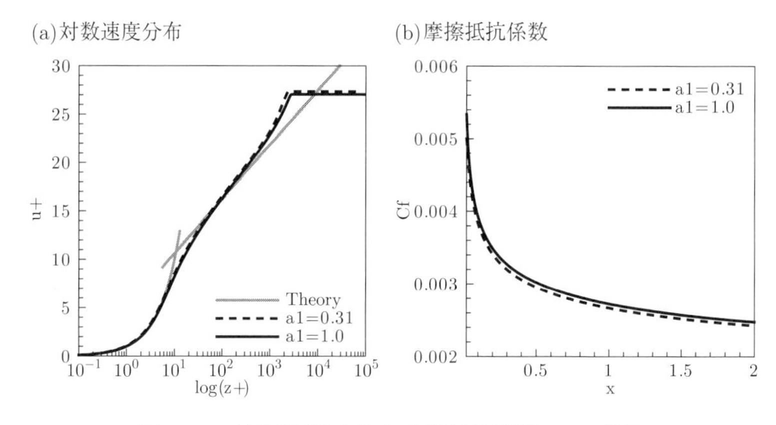

図 **8.12** 対数速度分布および摩擦抵抗係数 C_f の比較

と比較して，$a_1 = 0.31$ および 1.0 としたときの対数速度分布を示している．対数則では $\kappa = 0.41$ と $B = 5.0$ を仮定している．比較結果から，a_1 の値によらずほぼ同一の速度分布を示しており，層流および対数速度分布とも一致している．図 8.12(b) では $a_1 = 0.31$ および 1.0 における摩擦抵抗係数を比較している．圧力勾配無しの平板境界層では，摩擦抵抗係数は a_1 の影響を受けないことが確認できる．

8.3.2.3 RAE 2822 翼型まわりの 2 次元遷音速流れ

さらなる確認として RAE 2822 翼型まわりの 2 次元遷音速流れを扱う．流れ条件は Cook [78] の実験条件に合わせてレイノルズ数 6.5×10^6，マッハ数 0.729，迎角 2.31° とした．この流れ場は NPARC や turbulence modeling resource にも掲載されており，CFD コードや乱流モデルよって衝撃波位置が微妙に変化することが知られている．

流れ場の計算手法としては，非粘性フラックス項の計算に HLLEW，時間積分には一般化最小残差 (generalized minimal residual, GMRES) 陰解法を用いた [79]．時間積分には局所時間ステップを利用し，菱田の制限関数を使った Green-Gauss 重み付き最小二乗法により物理量の勾配を求め空間 2 次精度の解析を行った [72]．計算格子点数は 33,288 点，壁面法線方向の最小格子幅は 3.9×10^{-6} とした．

図 8.13 に翼型まわりの圧力係数に関する計算値と実験値の比較を示す．ここ

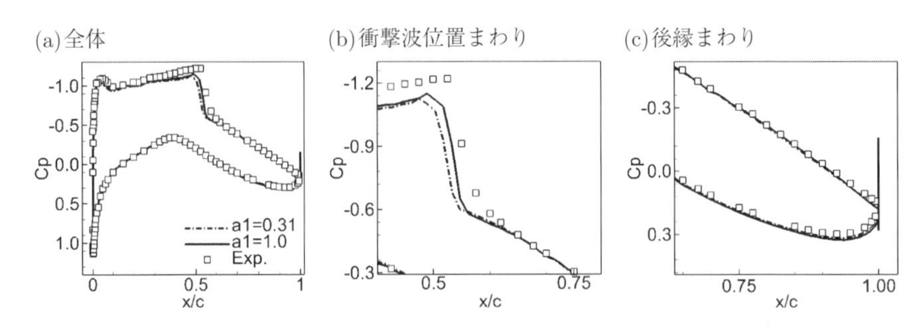

図 **8.13**　RAE 2822 翼型まわりの圧力係数 C_p の比較

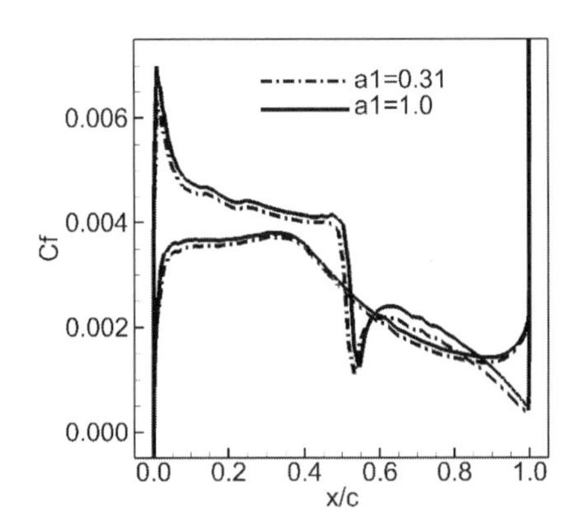

図 **8.14**　RAE 2822 翼型まわりの摩擦抵抗係数 C_f の比較

で横軸は翼弦方向の座標であり，翼弦長で無次元化している．計算は SST-2003 モデルにおいて $a_1 = 0.31$ および 1.0 と設定して行った．$a_1 = 0.31$ および 1.0 で算出した圧力係数はほぼ一致しており，衝撃波近くのみで若干異なる結果となった．衝撃波位置はともに実験値に近かったものの，$a_1 = 1.0$ の結果の方が $a_1 = 0.31$ の場合よりも実験値に近くなっている．図 8.14 に翼型まわりの摩擦係数分布を示す．摩擦抵抗係数は $a_1 = 0.31$ の場合よりも $a_1 = 1.0$ の方が僅かながら大きくなった．

8.3.2.4　ONERA M6 翼まわりの 3 次元遷音速流れ

最後に ONERA M6 翼まわりの 3 次元遷音速流れにおいて推定した a_1 の確

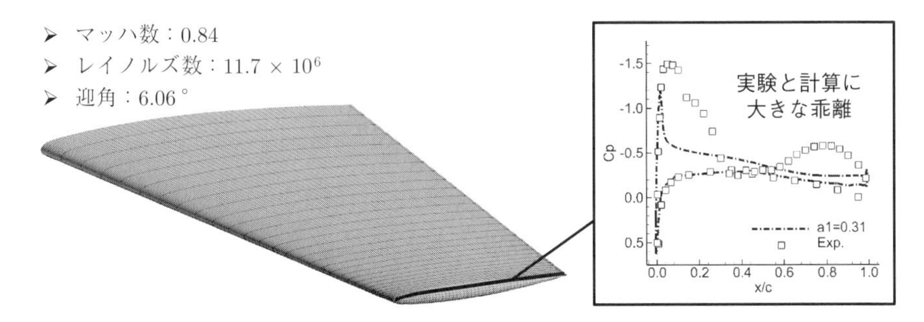

図 **8.15**　ONERA M6 翼と迎角 6.06° における翼端付近の圧力係数分布

認を行う．空力平均翼弦 (mean aerodynamic chord, MAC)[8] 長さに基づく流れ場のレイノルズ数は 11.72×10^6，マッハ数は 0.8395 である．CFD 解析は二つの迎角（3.06° および 6.06°）にて実施した．図 8.15 に ONERA M6 翼を示す．ONERA M6 翼まわり流れの特徴としては，高迎角時（迎角 6.06°）に翼端付近で発生する流れのはく離を予測するのが難しい点が挙げられる．図 8.15 に SST モデルで計算した翼端付近の圧力係数を示すが，はく離に伴う圧力係数の傾向を捉えることができていないのが確認できる．このような流れ場において推定した a_1 がどのように働くかを見てみる．

数値計算手法は前述の RAE 2822 翼型まわりの計算と同様である．計算に用いた 3 次元非構造化格子の格子点数は 678,053 点であり，壁面法線方向の最小格子幅は 9.8×10^{-6} である．

この流れ場に関する計測値は Schmitt らが報告している [80]．迎角 3.06° のケースは NPARC においても述べられている．図 8.16 および図 8.17 に迎角 3.06° および 6.06° の場合の翼表面の圧力係数分布を，$a_1 = 0.31$ および 1.0 とした SST-2003 モデルの結果と実験結果に関して示す．迎角 3.06° の結果は a_1 に大きく依存していないことがわかる．一方，迎角 6.06° では特に $z/b \geqq 0.9$ の翼端まわりで $a_1 = 1.0$ とした場合の圧力係数が後縁付近でより計測値に一致している．翼端まわりにおいても，衝撃波の位置に関しては推定した a_1 でも正確に予測できていないが，$a_1 = 0.31$ とした場合に比べると大きな改善が見られる．

---

[8] 翼弦長が変化する翼が発生させる揚力は翼幅方向に変化するが，そのような翼と同じ揚力を発生する翼弦長一定の翼を考えたときの翼弦の長さである．

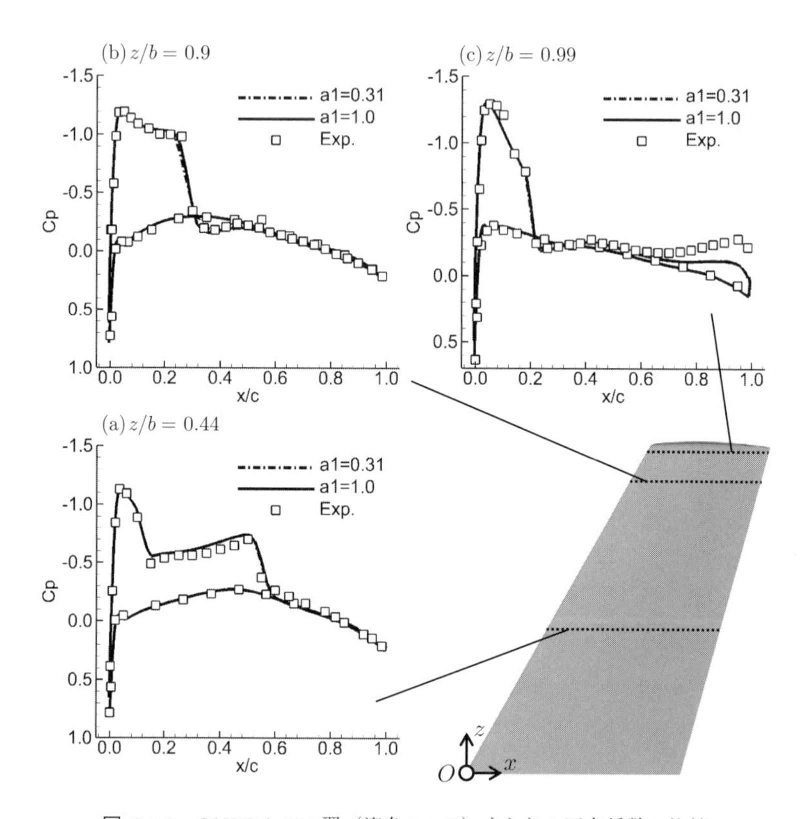

図 **8.16**　ONERA M6 翼（迎角 3.06°）まわりの圧力係数の比較

8.4　おわりに

本章では SST-2003 モデルに含まれる定数の背景を検討した上で，モデル定数 a_1 をはく離が支配的な後ろ向きステップ流れにおいて推定した．まず，モデル定数 a_1 のオリジナル値を踏まえ，データ同化による a_1 推定システムを双子実験において検証した．その後，後ろ向きステップ流れの実計測データを用いたデータ同化を行い，a_1 が 1.0 と推定された．乱流モデル定数の修正は計算結果に大きな影響を与えうるため，推定されたモデル定数 a_1 の妥当性確認を，2 次元後ろ向きステップ流れ，2 次元平板境界層，RAE 2822 翼型まわりの 2 次元遷音速流れ，そして，ONERA M6 翼まわりの 3 次元遷音速流れにおいて行っ

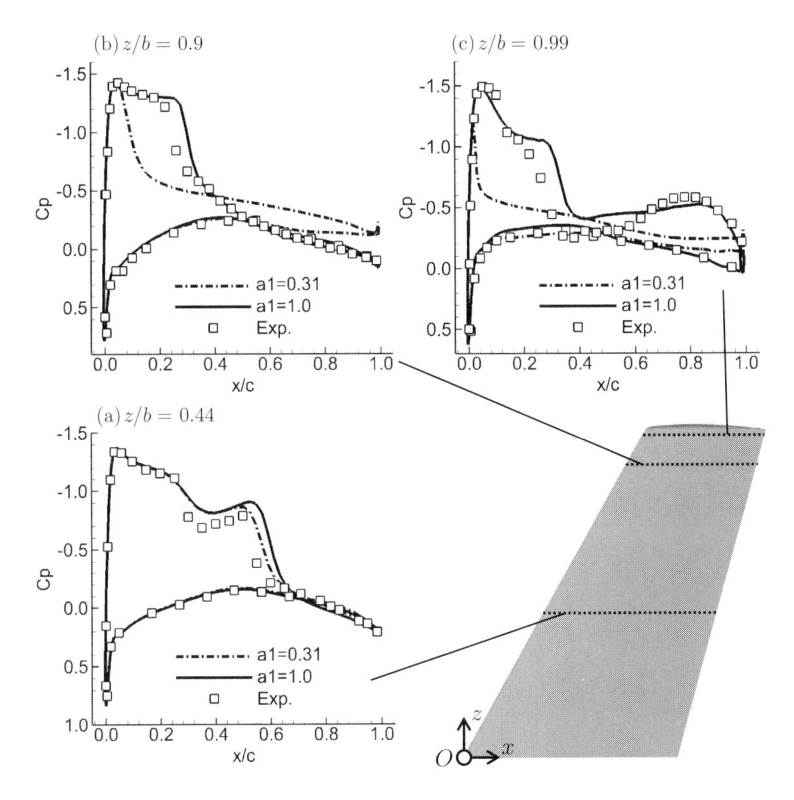

図 **8.17** ONERA M6 翼（迎角 6.06°）まわりの圧力係数の比較

た．結果を以下にまとめる．

1. はく離，再付着および逆圧力勾配がない流れ場（平板境界層など）では，$a_1 = 1.0$（推定値）および $a_1 = 0.31$（オリジナル値）とした場合の SST-2003 モデルによる予測はほぼ同じである．
2. a_1 を 0.31 ではなく 1.0 とすることで，はく離または逆圧力勾配流れにおける SST-2003 モデルの予測精度が向上した（計算値と計測値がより一致した）．

これらの結果から，データ同化により a_1 が効果的に最適化されていることが確認できる．SST-2003 モデルに関して，$a_1 = 0.31$ を $a_1 = 1.0$ と変更するような簡単な修正ではく離流れ予測精度を改善したことになる．ここで注意しておくべき点として，ここで行った検証計算では $a_1 = 0.31$ の SST-2003 モデルの方がより高い精度で予測できる問題が無かったことから，SST-2003 モデルにおけるせん断応力輸送項が逆圧力勾配流れへの応用においては必ずしも必要ではないと断言できない点である．

また，SST-2003 モデルが基本的に線形渦粘性乱流モデルであるため本質的に不完全であるという課題も残っている．このような線形渦粘性乱流モデルは CFD の工学応用では広く用いられているが，翼の付け根など特定の領域において顕著となる非線形性の影響を無視している．実際のところ，SST-2003 モデルでは $a_1 = 1.0$ としても ONERA M6 翼の翼根付近において計測値を再現することができなかった．そのため，現象をより正確に再現するには，Spalart が 2000 年に提案した 2 次構成式を伴う非線形乱流モデル (SA-QCR2000) [81] のような工夫やレイノルズ応力モデルの利用が必要である．

最後に，データ同化によるモデル定数最適化の可能性について言及しておく．ここでは 2 次元数値シミュレーションを通じて単一のパラメータを最適化した．しかしながら，データ同化は初期条件および境界条件を含めた多数のパラメータを最適化することができる可能性を有している．データ同化の適用可能性は計算コストやリアルタイム性の要求によって制限されているものの，これらの問題は計算機性能のさらなる発展によって解決される可能性がある．データ同化のようなアプローチをさらに発展させることにより，今までにない性能を持つ流体機械を設計することが可能となるかもしれない．

9

航空気象への応用

9.1 はじめに

観測研究と数値予報研究をつなぐデータ同化は，気象学，特に数値気象予報において必要不可欠な技術である [55]．数値予報モデルによる予測を行うためには，数値流体力学 (CFD) と同様に計算空間内の格子点に気温，風，水蒸気量などの初期値を与える必要があり，高精度な予報を実現するためにはそれら初期値の精度を高める必要がある．観測手法としては，地上計測器による計測，ラジオゾンデ[1] による上空計測，地上からのリモートセンシング，人工衛星からの観測，船舶や航空機による移動体計測など多種多様な観測データがあり，それらを活用することが求められる．数値予報においては，これらの観測データを用いて精度の高い初期値を推定するのがデータ同化の主な目的である．

航空機による長距離移動は，世界経済や感染症などの不確定要素の影響を受けつつも，人類にとって欠かすことのできない移動手段であり，航空機運航のさらなる安全性および効率の向上は継続して取り組むべき課題である．航空機の運航は気象の影響を受けるため，運航判断や経路決定においては気象予報によって与えられる情報が重要である．特に運航にとって大きなリスクとなりうる気象現象として乱気流があり，航空機や運航技術の高度化に伴って不確定要因である乱気流に関連する事故の割合は増加している [82]．日本運輸安全委員会からは，2003 年から 2012 年における日本の民間航空機事故の 48%が乱気流

[1] 気球に無線計測器を取り付けた装置．

に関連しているという報告がなされている [83]．乱気流は数値予報モデルが対象とする時空間スケールに比べて小規模な気象現象であり，数値予報モデルによる個別の乱気流の直接的な予報は困難であるため，航空安全のさらなる向上のために有効な対策を検討すべき課題の一つである．

9.2　航空機の運航に関連する乱気流

乱気流は発生場所や発生原理の違いによって複数の種類に分類される．以下ではそれらを簡単に説明しつつ，関連したデータ同化研究を紹介する．

[積乱雲中および周辺の乱気流]

発達した積乱雲中および周辺における気流の乱れによる乱気流である．積乱雲は乱気流，雷，ダウンバースト（局所的な強い下降気流）などを伴うことが多く，運航において最も警戒しなければならない気象現象である．現在は機上レーダーにより飛行中に積乱雲を監視することが可能であり，運航に活かされている．

[山岳波による乱気流]

強風が山岳に吹き付けることで，山岳を越えて風下側に発生する山岳波によって発生する乱気流がある．風速や風向，大気の安定性によって発生形態が変わり，低高度で発生するものから，高高度まで伝播するものも存在する．実際に航空機事故につながった例もある．

[晴天乱気流]

晴天時または巻雲などの薄い雲が存在するような状況で見られる乱気流であり，ジェット気流の周辺でしばしば発生する．鉛直方向の水平風速の差，すなわち，ウインドシアが存在するとケルビン・ヘルムホルツ不安定を誘発するが，これが主要因といわれている．積乱雲に関連した乱気流とは異なって雨雲を伴わないため，機上レーダーによって監視することができない．宇宙航空研究開発機構 (JAXA) においては，**航空機搭載型ドップラーライダー** (airborne Doppler lidar)[2] の研究開発が行われており，上空での晴天乱気流の検知と情報提供を実

[2] レーダーは電磁波を用いて雨粒からの反射より雨雲を検知しているのに対して，ライダーは光を用いるため，晴天においても塵やエアロゾルからの反射により気流を計測することができる．

証している．

晴天乱気流に関する研究には大きく二つの課題がある．一つ目は通常の数値予報モデルの時空間解像度よりも小規模な気象現象であり，晴天乱気流の時空間変化を解像した数値シミュレーションを実施することが困難であることである．二つ目は晴天乱気流に関する高解像度の計測データ自体が存在せず，実際に晴天乱気流に遭遇した航空機のフライトデータが流れ場の時間変化に関する情報を含む唯一の手がかりであることである．そこで，筆者らは限られたフライトデータと高解像度計算が可能なCFDシミュレーション手法を用いて，4次元変分法による晴天乱気流の再現を試みた [16]．フライトデータという1次元の計測データから，フライトデータを含む2次元鉛直断面内の非定常な乱気流構造の再現をすることができ，航空気象分野でのデータ同化の有効性が示された．

［地形性乱気流］

気流が地形や人工構造物と干渉し，その周辺や特に風下で発生する乱気流である．空港周辺では，丘陵などの地形，空港内の格納庫や空港ビルが地形性乱気流の主要因であり，航空機の離着陸時の安全性に影響が出る可能性がある．

地形性乱気流の影響を受ける離着陸時の安全性を確保するためには，地形性乱気流の挙動を詳細に予測することが求められる．例えば，山形県の庄内空港では滑走路の北側に小高い丘が存在するが，そこに日本海側から風が吹き付けるため，その後流で地形性乱気流が発生した事例が報告されている．レーダー観測および高解像度のラージエディシミュレーション (LES) の両面から地形性乱気流を捉えることができているが，レーダー観測ではある断面の情報しか得られず，また，高解像度のLESではリアルタイムに気象情報を提供するのが計算コストの観点から難しい．そこで，筆者らは事前に地形性乱気流のLESを実施し，得られた時系列の空間流れ場データから第6章で解説した手法を用いて次元縮約モデルを作成した．そして，低計算コストの次元縮約モデルによりリアルタイムデータ同化を行った [84]．次元縮約モデルの計算コストは十分に小さいため，この研究ではデータ同化手法として粒子フィルタを用いた．空間的に限られたレーダーやライダーの2次元的なスキャンデータから，3次元かつ非定常な地形性乱気流の挙動をリアルタイムに再現することができ，次元縮約モデルとデータ同化を組み合わせることでリアルタイムな風況情報の提供が可能であることを示した．

［後方乱気流］

飛行する航空機の後流には揚力に起因する渦対[3)] を含んだ大気の乱れ，いわゆる，後方乱気流が発生する．後方乱気流は後続の航空機の飛行に影響を与えるため，空港における航空機の離着陸間隔が後方乱気流が減衰するまでの時間によって制限されている．後方乱気流の持続時間は大気の安定度や乱れ具合によって変化することが知られているが，個々の離着陸機に関する後方乱気流の減衰を正確にモニタリングする手法がないため，現在は機体の大きさに応じた数段階の時間間隔を設定して離着陸が行われている．

したがって，後方乱気流の影響を考慮しつつ離着陸間隔の最適化を行うためには，後方乱気流の挙動を詳細に予測する必要がある．後方乱気流はドップラーライダーによって計測が可能であるが，得られる計測結果は 2 次元的な断面スキャンのみであり，後方乱気流の 3 次元的な挙動を知るには不十分である．そこで，筆者らは仙台空港に設置されたドップラーライダーで計測された 2 次元スキャンのデータを，4 次元変分法により LES に同化することで後方乱気流の時空間構造の再現を試みた [5,85,86]．時空間的に限られたドップラーライダーの 2 次元スキャンデータから，3 次元かつ非定常な後方乱気流の挙動を再現することができたが，計算コストが大きいといった課題もあり，後方乱気流の挙動を表現するのに適切な次元縮約モデルを利用する必要性が示唆された．

ここでは航空機の運航に関連する乱気流を，それらへのデータ同化の活用事例とともに紹介した．時空間スケールの小さな気象現象である乱気流に対しては，非定常流れの解析に適した CFD シミュレーション手法を用いたデータ同化が特に事後の詳細な風況の検討において有効である．一方で，乱気流予測を実運航に活かすためにはフライト前やフライト中のリアルタイムな情報提供が

---

3) 翼端渦を起点とした回転方向が反対の平行渦が後方乱気流となるが，その実体は翼端渦というよりも，機体が発生している揚力の反作用としてのダウンウォッシュによる渦対である．したがって，重い機体の後方乱気流は強い．

必要であり，個々の乱気流に対するデータ同化解析によってそれを実現するのは難しいのが現状である．以下では，比較的大きなスケールの気象予測のアンサンブルをフライトデータと組み合わせることで，時々刻々と変化する気象状況を反映した広域の乱気流予測手法を紹介する．

9.3 研究背景と目的

数値予報モデルに含まれる予報誤差は，運航計画における飛行時間の見積もり誤差や非効率な経路決定につながる可能性がある．このような気象情報の不確かさによる運航への影響を定量化し，運航判断に活かすことが求められている．そのような理由から，データ同化を用いた気象情報の高頻度な更新が期待される．通常の気象予報においては数時間ごとにデータ同化が行われる．例えば，日本の気象庁ではメソスケールモデルとローカルモデルを運用しているが，データ同化による気象場の更新間隔はそれぞれ3時間および1時間である．日本国内の運航を考えると飛行時間が1〜2時間程度であることから，乱気流を避けるような飛行を行うためにはより高頻度に気象情報を更新する必要がある．

近年のレーダー観測技術の向上により，高解像度の観測データから強い雨雲の時間変化を把握できるようになってきた．そのようなレーダーによる気象場の時間変化の観測を単純な移流モデルを使って外挿する形で1時間程度までの短期予測を行う**ナウキャスティング** (nowcasting) という手法がある [87]．ナウキャスティングでは高い頻度で気象予測情報を更新することができるが，数値予報モデルを用いた予測ではないため予測時間が長くなると精度が急激に悪化する．また，対象としている物理量を観測していない場合は，数値予報モデルのように観測量と関連づけるモデルが存在しないため予測ができないという問題がある．例えば，雨雲の予測をする場合はその雨雲を観測しておく必要がある．加えて，基本的に観測範囲外の予測はできない．

本章では，航空機運航の支援を目的として，ナウキャスティングのように更新頻度が高く，かつ，航空機の離陸から着陸までを含む数時間の高精度な情報提供を可能とする気象予測システムを目指して，アンサンブル気象予測情報とフライトデータを組み合わせた手法を紹介をする [88]．本手法では，事前に行ったアンサンブル予報の各メンバーの重み係数をフライトデータに基づいて都度更新しつつアンサンブル平均をとることで，飛行空域の気象場，特に風速分布を予測する．重み係数の推定には粒子フィルタを用いる．空間的に限られた観測であるフライトデータを用いたナウキャスティングは一般には困難であるが，アンサンブル気象予測と組み合わせることで，長時間予測における精度の低下を抑えつつ，飛行経路以外の空域における気象場の予測を可能とする方法である．本手法の計算コストは，アンサンブル気象予測を事前に行うことを前提としているため，航空機の飛行中に行う必要があるのは観測値とアンサンブル気象予測との比較，各アンサンブルメンバーの重み係数および重み平均の計算のみであり，通常の数値気象予測に比べると格段に計算コストが低く，ナウキャスティング的な運用が可能である．

データ同化の実問題への適用においては，監視や運用時のモニタリングへの利用も考えられるが，CFD や数値気象予報モデルに代表される計算コストの大きな数値シミュレーションに逐次的に得られる計測データをリアルタイムに同化するのは難しい．そのような場合には，本章で紹介するように起こりうる現象を事前に計算しておき，その結果を高速に参照する手法とリアルタイムの計測データを組み合わせたデータ同化を行うアプローチが有効である．第6章で紹介した計算コストの削減手法も同様の考え方に基づくものである．

9.4 使用するデータセット

上述のように，本手法では事前に計算負荷の大きなアンサンブル気象予測を行っておき，実際に予測を行う段階では時々刻々と得られるフライトデータを用いて逐次的にデータ同化を行っていく．ここでは，システムを構成する重要な要素であるアンサンブル気象予測とフライトデータに関して説明する．

(1) THORPEX Interactive Grand Global Ensemble

アンサンブル気象予測として，World Meteorological Organization の主導による The Observation-system Research and Predictability Experiment (THORPEX) によってまとめられた世界各国の気象予測機関のアンサンブルデータ THORPEX Interactive Grand Global Ensemble (TIGGE) を用いることにする．

表 **9.1** TIGGE データセットの概要

予報センター	水平解像度 [km]	メンバー数	初期時刻 (UTC)	利用した予測時間 [時]
ECMWF	0.5×0.5	50	12:00	6,12,18,24,30
NCEP	1.0×1.0	20	12:00	6,12,18,24,30
UKMO	1.25×0.83	23	12:00	6,12,18,24,30
JMA	1.25×1.25	50	12:00	6,12,18,24,30
KMA	1.25×1.25	23	12:00	6,12,18,24,30

ここでは，European Centre for Medium-Range Weather Forecasts (ECMWF), National Centers for Environmental Prediction (NCEP), United Kingdom Met Office (UKMO), Japan Meteorological Agency (JMA), Korea Meteorological Administration (KMA) の 5 機関のアンサンブルデータとコントロールラン（アンサンブル生成の基準として用いた人工的な摂動を与えないケース）を使用することとした（表 9.1）．アンサンブルメンバー数は各機関のアンサンブルデータ 166 個とコントロールラン 5 個を合わせて 171 個となる．

(2) フライトデータ

観測データとしては，日本上空を飛行する旅客機が 2012 年 2 月 22 日 23 時 (UTC) から 23 日 12 時 (UTC) の間に 10 秒間隔で記録した合計 13 時間分のフライトデータから特に風速および風向データを使用することとした．これらのデータは前処理が施されており，計測誤差は 2 [m/s] 以下になっている．今回示す事例では，前線を伴った温帯低気圧が接近している気象場となっている．使用したフライトデータが取得された飛行経路とそのときの気圧配置を図 9.1 に示す．

9.5 解析の流れ

アンサンブル気象情報とフライトデータを使って，以下のような流れで気象場（特に風況場）の更新を行う．

(1) **アンサンブル予報データの取得**　予測を開始する前に，9.4 節で述べたアンサンブル予報データを取得する．これは対象とする航空機の飛行が開始される約 12 時間前の初期値を使ったアンサンブル予報であるため，飛行開始

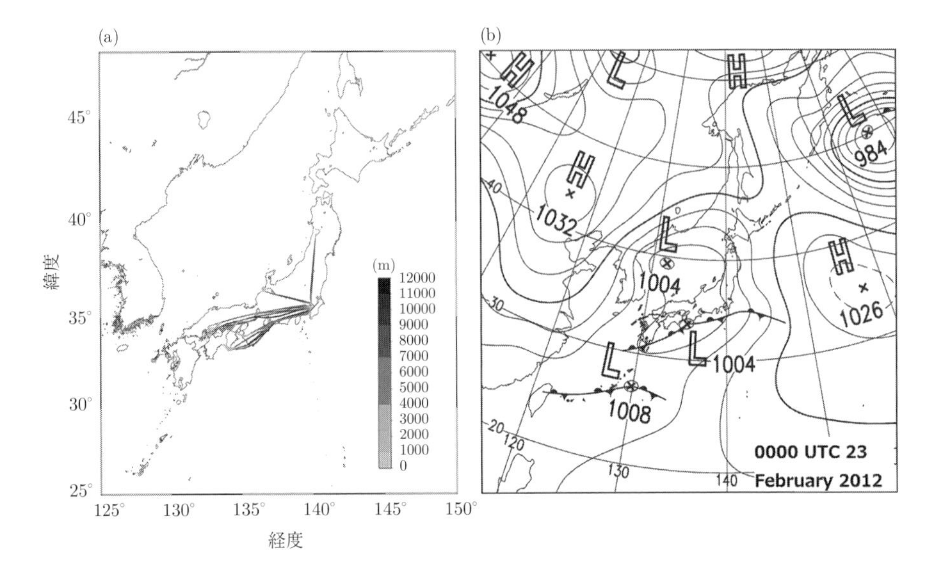

図 9.1　使用したフライトデータが取得された飛行経路と気圧配置図

時刻の前（すなわち，フライトデータの取得開始時刻の前）に全てのアンサンブル予報データが取得できると仮定している．

(2) **フライトデータの取得**　航空機が飛行を開始すると 10 秒ごとに風速および風向データが取得できるとする．ここでは過去の飛行における実際のフライトデータを用いることになるが，予測対象時間内において同時刻に最大で 5 機，少なくとも 1 機の航空機が飛行している状況で風況場の予測を行う．

(3) **アンサンブルメンバーの重み係数を推定**　上記の風速および風向データを用いて各アンサンブルメンバーの重み係数を計算する．重みの決定方法には粒子フィルタを用いる．また比較対象として，単純なアンサンブル平均 (direct ensemble average, DEA)，エリート戦略 (elite strategy, ES)，selective ensemble average (SEAV) および selective ensemble weighted average(SEWE) [89] を用いる．

(4) **アンサンブル重み平均を実施**　式 (9.1) のようにアンサンブルの重み平均を実施することで，フライトデータに基づき風況場を推定する．このとき，

e_t^n は各アンサンブル気象情報であり，w^n は各アンサンブル気象情報の重み係数，$E(x,t)$ は各アンサンブル気象情報の重み平均を表している．N はアンサンブル数であり，今回は 171 個である．

$$E(x,t) = \sum_{n=1}^{N} w^n e_t^n \tag{9.1}$$

ここで，アンサンブルメンバーの重み決定は以下に示すようにいくつかの方法について検討を行う．

［**粒子フィルタ (PF)**］

2.3.2 項で粒子フィルタのアルゴリズムを説明したが，本章で用いた粒子フィルタとの相違点は以下のようになる．2.3.2 項では尤度を評価した後，復元抽出（リサンプリング）を実施しており，これは **sampling importance resampling**(SIR) と呼ばれる手法である．SIR ではリサンプリングを行うごとに粒子が縮退していくため，多様性を確保するためにシステムノイズを加えたり，システムモデル自体による誤差成長に頼ったりといった対策が必要となる．一方で，本章では**逐次重点サンプリング** (sequential importance sampling, SIS) と呼ばれる手法を用いる [4]．SIS では各粒子について尤度関数を評価したのち，各粒子の重みを決定する．SIS のアルゴリズムを以下に示す．以下のステップ 4. において，各粒子の尤度は式 (2.50) と同様に評価する．また，図 9.2 に初期重みが全ての粒子で同じ状態から SIS によるフィルタリングを行ったときの様子を模式的に示す．

アルゴリズム **9.1**　粒子フィルタ (SIS)

---

1. 初期粒子を生成: $\boldsymbol{x}_{0|0}^n$, $n = 1, \ldots, N$
2. 初期の重みを設定: $\gamma_0^n = 1/N$, $n = 1, \ldots, N$
3. 計測時刻まで各粒子を時間発展: $\boldsymbol{x}_{t|t-1}^n = f_t(\boldsymbol{x}_{t-1|t-1}^n, \boldsymbol{v}_t)$, $n = 1, \ldots, N$
4. 各粒子の尤度 λ_t^n を計算
5. 各粒子の重み $\gamma_t^n = \gamma_{t-1}^n \lambda_t^n / (\sum_{k=1}^{N} \gamma_{t-1}^k \lambda_t^k)$ を計算
6. 更新した重みを使いフィルタ分布を計算: $p(\boldsymbol{x}_{t|t}|\boldsymbol{y}_t) \sim \sum_{n=1}^{N} \gamma_t^n \delta(\boldsymbol{x}_{t|t} - \boldsymbol{x}_{t|t}^n)$
7. 3. に戻って繰り返す

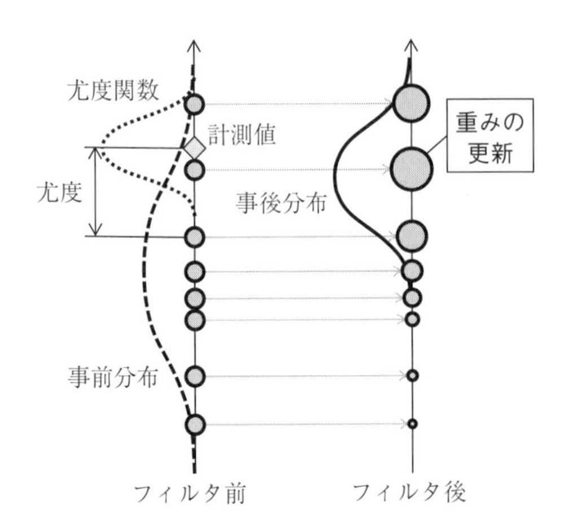

図 9.2　逐次重点サンプリングにおけるフィルタリングの様子

［単純なアンサンブル平均 (DEA)］

DEA は単純なアンサンブル平均であり，各アンサンブルメンバーに対する重みは全て同じであり，式 (9.2) で表される．この方法では，フライトデータとの比較は行わないため，個々のアンサンブルの違いを無視している．DEA での推定を評価のベースラインとして取り扱うことにする．

$$w^n = \frac{1}{N}, \qquad (n = 1, \ldots, N) \tag{9.2}$$

［エリート戦略 (ES)］

ES はその時点で取得しているフライトデータ全てに対して，最も予測性能がよいアンサンブルのみを使用する方法であり，式 (9.3) のように表される．この方法ではフライトデータとの比較を行い，平均二乗平方根誤差 (RMSE) を使用してアンサンブルメンバーを評価する．

$$w^n = \begin{cases} 1: & \text{最も予測性能が高いアンサンブルメンバー} \\ 0: & \text{そのほか全てのアンサンブルメンバー} \end{cases} \tag{9.3}$$

［Selective Ensemble Average (SEAV)］

SEAV はその時点で取得しているフライトデータ全てに対して，各アンサンブルメンバーの RMSE を計算する．全てのアンサンブルの RMSE の平均よりも，小さい RMSE を持つアンサンブルの平均をとる手法である．

［Selective Ensemble Weighted Average (SEWE)］

SEWE はその時点で取得しているフライトデータ全てに対して，各アンサンブルメンバーの RMSE を計算する．次に全てのアンサンブルの RMSE の平均よりも，小さい RMSE を持つアンサンブルを抽出する．その後，RMSE の逆数を用いてアンサンブルごとの重みを計算する．

9.6 フライトデータを用いた解析

9.6.1 アンサンブル予報の精度評価

フライトデータの同化を行うにあたって，アンサンブル予報自体の精度評価を行う．ある航空機の飛行経路上の風速計測データとアンサンブル予報結果の例を図 9.3 に示す．黒実線がフライトデータ，灰実線がアンサンブル予報の結果を示している．飛行経路上において，アンサンブル予報の結果は大きくばらついていることが確認でき，予測精度はアンサンブルメンバーごとに異なることが確認できる．

図 9.4 にアンサンブルメンバーごとの RMSE の評価結果を示す．ここでは予報センターごとに区別できるようにしている．最も低い RMSE を持つアンサンブルメンバーは ECMWF のものであり RMSE は 7.2 [m/s] であった．一方，最も大きな RMSE は JMA のアンサンブルメンバーの 12.0 [m/s] であった．全体のアンサンブルメンバーの平均 RMSE（DEA に相当）は 9.0 [m/s] である．各アンサンブルメンバーの予測精度には大きな違いがあり，最小の RMSE を持つアンサンブルメンバーから見ると最大の RMSE のアンサンブルメンバーでは，RMSE が 1.7 倍となっている．また，最小の RMSE を持つアンサンブルメンバーから見ると DEA は 1.25 倍となる．これは単純なアンサンブル平均である DEA に対して，より精度の高いアンサンブルメンバーを使用することで 20%程度予測性能を改善することができることを意味する．つまり，フライトデータなどの計測データを使ってより精度の高いアンサンブルメンバーを選択して予測を行うことができれば，風況予測精度の改善が望めることがわかる．

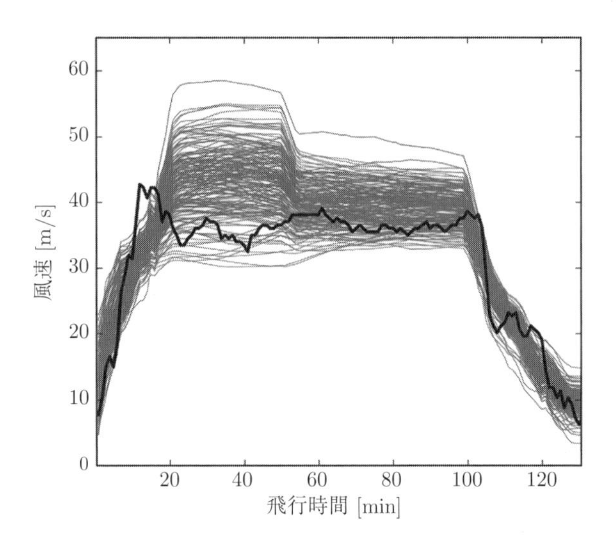

図 **9.3**　飛行経路上の風速データとアンサンブル予報結果

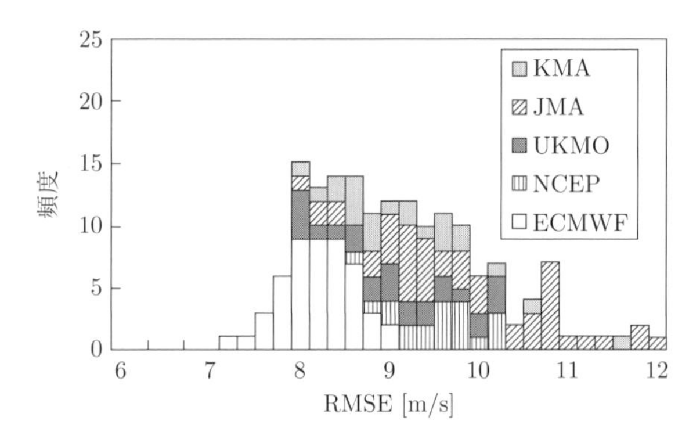

図 **9.4**　各アンサンブルメンバーの RMSE に関するヒストグラム

9.6.2　事例解析

全フライトデータの約半分である 2012 年 2 月 23 日 6 時 (UTC) までのフライトデータを使用して，6 時間後である 12 時 (UTC) を評価時刻として風速の予測を行った結果を以下に示す．図 9.5 に 12 時 (UTC) に最も近い時間に飛行中であった航空機のフライトデータと，SIS，DEA，ES による飛行経路上の風速予測結果の比較を示す．また，図 9.6 に DEA と SIS によって予測された 12

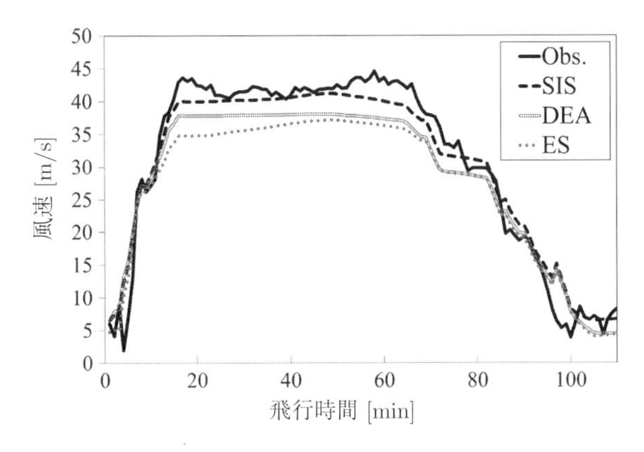

図 9.5 評価時刻に飛行中の航空機フライトデータと予測結果の比較

時 (UTC) における上空 10,000 [m] の水平風速と風向の分布を示す．図 9.5 の結果から DEA および ES ではフライトデータに対して風速を弱く予測している．一方，SIS では風速がフライトデータに近づいていることがわかる．図 9.6 に示すように，蛇行しているジェット気流の谷にあたる日本上空において，DEA と SIS では大きな違いが見られ，DEA に比べて SIS では風速を 10m/s 程度大きく予測していることが確認できる．フライトデータを使用する本手法により，単純な DEA に比べて予測精度が向上することを確認した．

9.6.3 データ同化結果の評価

SIS，DEA，ES，SEAV，SEWE の 5 つの重み決定方法を使用して予測を行い，予測性能の違いを評価する．2 分ごとに 300 分先までの予測計算を実施し，予測性能の評価を実施した．全期間に対する予報時間ごとの予測性能を図 9.7 に示した．図 9.7 では SIS，DEA，ES，SEAV，SEWE の 5 つの重み決定方法に対して，横軸に予報時間，縦軸に RMSE を示している．DEA に対して，SIS，SEAV，SEWE では全体的に改善しているが，ES は予測時間が 60 分を超えたあたりから誤差が大きくなり，予測が進むにつれて 5 つの手法の中で最も悪い予測となった．また，SIS，SEAV および SEWE を比較すると，予測時間 90 分程度までは SIS，SEAV および SEWE はほぼ同程度の予測性能であるが，予測

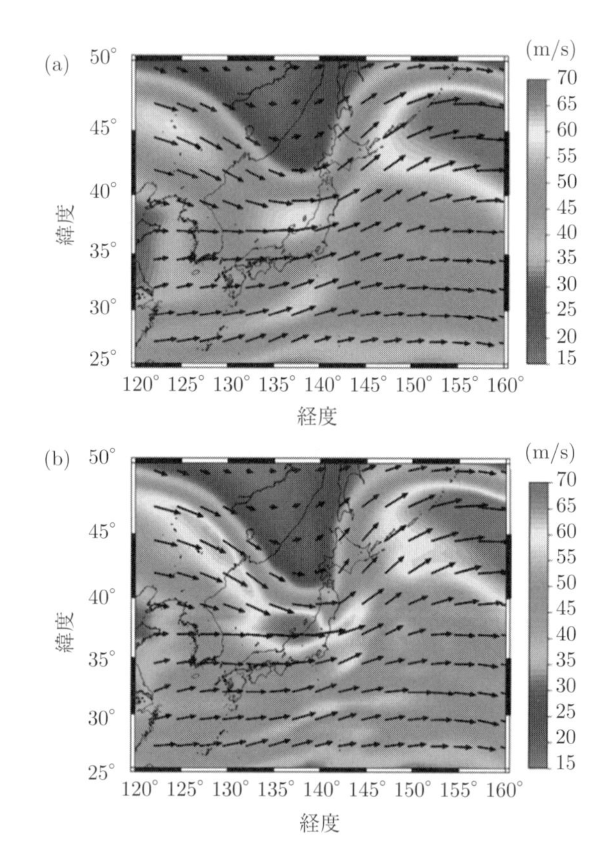

図 9.6　評価時刻における上空の風速予測結果, (a) DEA, (b) SIS

時間 90 分から 300 分までの領域で SIS が最もよい予測性能を示している．

SIS と ES の予測性能の違いについて考察する．各アンサンブルメンバーの重みの時間履歴を図 9.8 に示した．横軸がアンサンブルメンバーを識別する番号，縦軸が予測開始からの経過時間，そして，重みの大きさを濃淡で示している．また図中の丸印はその時刻において ES が選択した最も RMSE が小さいアンサンブルメンバーであり，20 分間隔で示している．予測初期段階では重みは比較的一様であったが時間発展とともに分布が変化していくのがわかる．120 分頃までは数十のアンサンブルの重みが相対的に大きくなっているが，120 分頃から

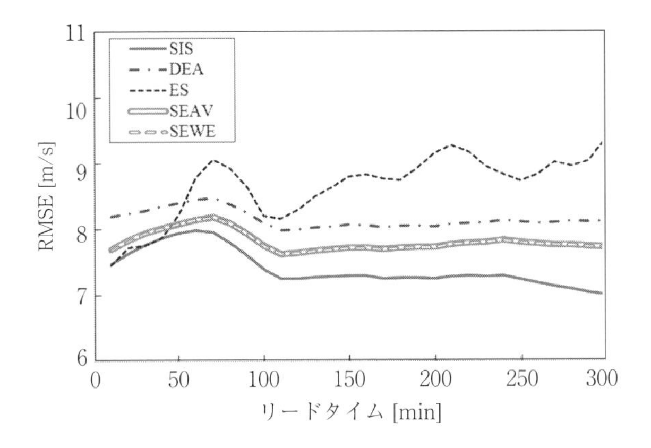

図 **9.7** 各重み決定方法における予測精度の時間履歴

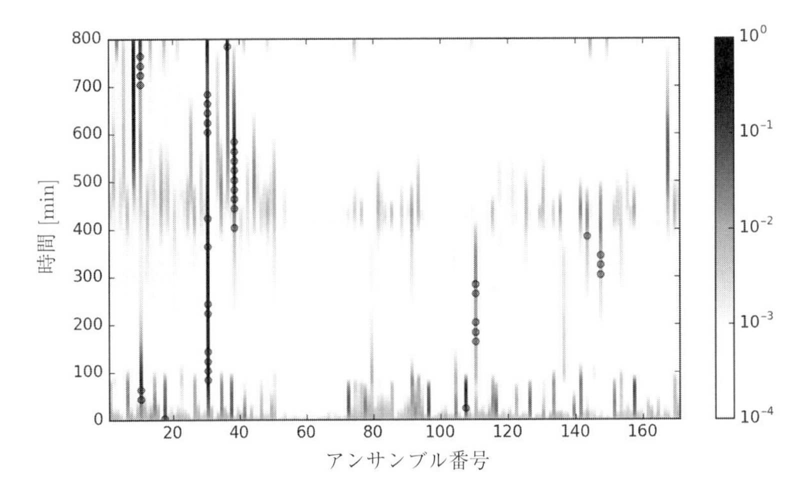

図 **9.8** 重みの時間履歴と ES によって選ばれたアンサンブルメンバーの変化

30 番目のアンサンブルの重みが大きくなっている．その後，110 番目のアンサンブルは約 550 分程度から寄与が小さくなり，8 番目のアンサンブルは 500 分程度から大きくなるなど，重みが相対的に大きかったアンサンブルの重みが小さく，逆に重みが小さかったアンサンブルの重みが大きくなるなど分布の変化が見られる．そのような変化の中で，30 番目のアンサンブルが予測期間全体を通して寄与が大きい状態が続いている．この30番目のアンサンブルメンバーはアンサンブル全体の中で最も小さなRMSEを持つものである．つまり，本手法においては予測開始120分の段階で，予測対象の全区間における最良のアンサンブルメンバーの重みを大きくすることができたため，SISの予測が改善されたことがわかる．また，SISによって予測期間途中から重みが小さくなった110番目のアンサンブルメンバーはRMSEの小さい方から108番目に位置しており，予測期間の途中で重みが大きくなった8番目のアンサンブルメンバーはRMSEの小さい方から5番目である．このようにSISによる予測では，予測精度が低いアンサンブルメンバーの重みが小さくなり，予測精度が高いアンサンブルメンバーの重みが大きくなっていることが確認できた．

その際のESの予測から，最良のアンサンブルメンバーが時々刻々と変化している様子がわかる．SISと同様に30番目のアンサンブルが最良となる時刻もあるが，110番目や147番目のアンサンブルメンバーを最良としている時刻も多く見られる．これらはそれぞれRMSEの小さい方から108番目および100番目のアンサンブルメンバーに相当する．したがって，ESによって選択されたアンサンブルメンバーには予測期間全体の予測精度が平均以下のアンサンブルメンバーが多く含まれることがわかる．すなわち，ある時刻における最良のアンサンブルメンバーを都度選択するESでは，予測期間全体の精度が必ずしも高くならないということである．これにより，SISのように確率分布を考慮して重みを更新する方法の方が安定的に精度の高い推定ができるということが確かめられた．

9.7　おわりに

航空機運航の安全性および効率性の向上を目的としたアンサンブル気象予報を用いた気象場のナウキャスティングシステムの概要と評価結果を紹介した．本手法では事前に計算負荷の大きなアンサンブル気象予測を行っておき，飛行中にはアンサンブル予測結果とリアルタイムのフライトデータを用いて逐次的にデータ同化を行っていく．データ同化の前段階としてアンサンブル予報の精度を評価し，各予報センターのアンサンブルの予測精度が異なり，予測に使用するアンサンブルメンバーを適切に選択することで予測性能を改善できることを確認した．

その後，ここで提案した粒子フィルタ (SIS) を用いる手法に対して，DEA，ES，SEAV，SEWE の 4 つの重み決定方法を使用して予測を行い，予測性能の違いを評価した．ケーススタディにおいて，2012 年 2 月 23 日 6 時 (UTC) の時点までのフライトデータを使用して，6 時間後である 12 時 (UTC) を予測した際の評価を実施した．SIS による予測では，DEA に比べて航空機経路上の風速を大きく予測しており，よりフライトデータに近い風速を予測することができた．上空の風速場の結果を見ると，SIS では風速を全体的に大きめに予測していることも確認でき，より現実に近い風速場となった．また全体的な予測性能についても 6 時間先までの統計的な予測性能が改善していることを確認した．以上より，事前に行ったアンサンブル予報結果と飛行中に得られるフライトデータを使用して，ナウキャスティングのように小さな計算コストおよび更新間隔で風速場の推定精度を改善することができた．

数値予報モデルなどの大自由度の数値シミュレーションモデルと観測値を組み合わせたデータ同化をモニタリングや監視といったリアルタイムの情報提供に用いる際には計算コストが課題となる．ここでは航空機運航における飛行中の気象情報更新をリアルタイムデータ同化によって実現する方法を紹介した．

付録

データ同化のプログラム

A.1 プログラム実行環境の整備

第 4 章および第 5 章で使用したデータ同化コードは GitHub リポジトリからダウンロードできるようになっている．コードの実行には Linux 環境が便利である．Linux 系の OS はもちろんであるが，Microsoft Windows の Windows Subsystem for Linux や Apple macOS のターミナルを利用することで，コードのコンパイルから実行，そして，後処理までを Linux 上で行う環境を整備することができる．本書で使用したコードは Fortran を使って書かれている．Fortran は 1950 年代に開発され，現在まで 60 年以上利用されているプログラミング言語である．機械学習でよく用いられる Python などと比較すると若干古めかしさを感じないわけではないが，スーパーコンピュータで実行するようなプログラムの開発では今日でも現役である．本書では，Fortran を使って配列の要素に対する操作を明示的に書くことでコードの中身がよりよく理解できると考え，Fortran を採用した．

Linux の使用環境が整備されているという前提で，オープンソースの Fortran コンパイラである GNU Fortran (https://gcc.gnu.org/fortran/) をインストールする．例えば，Linux ディストリビューションの一つである Ubuntu を使用する場合には，GNU Fortran のインストールは以下のようにすればよい．

```
$ sudo apt install gfortran
```

コードの編集は vim などのテキストエディタを使用することができる．オープンソースのコードエディタである Microsoft Visual Studio Code (https://code.visualstudio.com/) なども利用できる．また，流体シミュレーションやデータ同化の結果は，プログラムから出力されるログデータに加えて，可視化ソフトウェアを用いて確認することができる．Paraview (https://www.paraview.org/) は大規模データに対応することのできるオープンソースの可視化ソフトウェアである．

A.2　アンサンブルカルマンフィルタのプログラム

GitHub リポジトリからコード一式をダウンロードする．例えば，以下のような手続きでアンサンブルカルマンフィルタのプログラム実行環境を用意することができる．

```
$ git clone  https://github.com/DAE-Code/NS2D_EnKF
$ cd ./NS2D_EnKF/src
$ make
```

上記の第 1 行目でコードやインプットファイルをダウンロードする．第 3 行目の `make` でコードのコンパイルを行う．ここでは gfortran を利用することを前提としているが，他の Fortran コンパイラを使用する際には `src` 下にある `makefile` の内容を修正する．`src` ディレクトリ内の実行ファイル `enkf` はインプットファイル `EnKF.inp` に記載の内容に従って動作する．インプットファイル `EnKF.inp` では扱う問題の選択（第 4 章で扱ったカルマン渦の位相ずれ修正または移流渦の推定）や，各種計算条件を設定することができる．使用方法やコードの詳細は GitHub リポジトリ (https://github.com/DAE-Code/) を参照いただきたい．

A.3　4 次元変分法のプログラム

GitHub リポジトリからコード一式をダウンロードする．前節と同様に，以下のような手続きでプログラムの実行環境を用意することができる．

```
$ git clone  https://github.com/DAE-Code/NS2D_4DVar
$ cd ./NS2D_4DVar/src
$ make
```

使用方法に関しても前節と同様であり，使用方法の詳細に関しては GitHub リポジトリを参照いただきたい．4 次元変分法で用いられるアジョイントコードに加えて，アジョイントコードの生成に利用した線形コードも提供されている．

あとがき

本書は理工系の学生や研究者に向けて準備されたデータ同化の流体工学分野での応用に焦点を絞った教科書である．統計数理やデータ同化の理論的な説明は不十分なところもあると考えられるが，より深く学びたい点が出てきた場合には参考文献でも挙げた国内外の良書を参考にしていただきたい．筆者らの専門が流体力学もしくは数値流体力学であるため，本書では統計理論に関わる部分を最小限にし，データ同化アルゴリズムを数値流体力学コードにおいて実装する際の手順を詳しく説明するようにした．特にアンサンブルカルマンフィルタにおけるアンサンブルの推定結果への影響や 4 次元変分法におけるアジョイントコードの具体的な構築方法など，通常，専門書や論文には十分に記述されないノウハウ的な内容も可能な限り解説した．本書で使用したデータ同化のコードは GitHub リポジトリから自由に入手できるので，本書の内容と合わせて利用いただくことでデータ同化に対する理解がさらに深まると考えられる．初めてデータ同化に取り組む研究者に加えて，すでにデータ同化を利用している研究者にとっても有用なものとなっていれば幸甚である．

機械学習や深層学習の応用分野の広がりによってベイズ推定の有用性が改めて認識されている．そのような中で，数値シミュレーションと計測データを使ってベイズ推定を実現するデータ同化は，数値シミュレーションや実験計測に取り組む研究者や技術者にとって問題解決のための新たなアプローチとなりうると期待される．

参考文献

[1] Ide, K., Courtier, P., Ghil, M. and Lorenc, A. C.: Unified notation for data assimilation: operational, sequential and variational, *Journal of the Meteorological Society of Japan*, **75**(1B), 181–189 (1997)

[2] 露木義・川端拓矢：気象学におけるデータ同化，気象研究ノート第 217 号，日本気象学会 (2008)

[3] 淡路敏之・蒲地政文・池田元美・石川洋一：データ同化—観測・実験とモデルを融合するイノベーション，京都大学学術出版会 (2009)，284p

[4] 樋口知之・上野玄太・中野慎也・中村和幸・吉田亮：データ同化入門 —次世代のシミュレーション技術—，朝倉書店 (2011)，240p

[5] 三坂孝志・加藤博司・小笠原健・大林茂・山田泉・奥野善則：4 次元変分法による後方乱気流の計測融合シミュレーション，応用数理，**19**(3)，14–26 (2009)

[6] Kikuchi, R., Misaka, T., and Obayashi, S.: Real-time prediction of unsteady flow based on POD reduced-order model and particle filter, *International Journal of Computational Fluid Dynamics*, **30**(4), 285–306 (2016)

[7] Kato, H., Ishiko, K., and Yoshizawa, A.: Optimization of parameter values in the turbulence model aided by data assimilation, *AIAA Journal*, **54**(5), 1512–1523 (2016)

[8] 三坂孝志・淺海典男・出田武臣・大林茂：フィルム冷却効率予測のためのベイジアンモデル較正，日本ガスタービン学会誌，**47**(2)，113–121 (2019)

[9] 三坂孝志：データ同化における計測の最適化，ながれ，**38**，14–20 (2019)

[10] 渡辺重哉・口石茂：EFD/CFD 融合技術の現状と可能性，日本航空宇宙学会誌，**62**(4), 113–120 (2014)

[11] Watanabe, S., Kuchiishi, S., Murakami, K., Hashimoto, A., Kato, H., Yamashita, T., Yasue, K., Imagawa, K., Saiki, H., and Ogino, J.: Towards EFD/CFD integration: development of DAHWIN-digital/analog-hybrid wind tunnel, *AIAA Paper*, 2014–0982 (2014)

[12] 口石茂・渡辺重哉：デジタル/アナログ・ハイブリッド風洞（DAHWIN）の航空・宇宙機研究開発への適用とその展望，日本航空宇宙学会誌，**62**(5)，160–165 (2014)

[13] Nisugi, K., Hayase, T., and Shirai, A.: Fundamental study of hybrid wind tunnel integrating numerical simulation and experiment in analysis of flow field, *JSME International Journal, Series B: Fluids and Thermal Engineering*, **47**(3), 593–604 (2004)

[14] Hayase, T.: A review of measurement-integrated simulation of complex real flows, *Journal of Flow Control, Measurement & Visualization*, **03**(02), 51–66 (2015)

[15] Suzuki, T.: Reduced-order Kalman-filtered hybrid simulation combining particle tracking velocimetry and direct numerical simulation, *Journal of Fluid Mechanics*, **709**, 249–288 (2012)

[16] Misaka, T., Obayashi, S., and Endo, E.: Measurement-integrated simulation of clear air turbulence using a four-dimensional variational method, *Journal of Aircraft*, **45**(4), 1217–1229 (2008)

[17] Bishop, C. M.: *Pattern Recognition and Machine Learning*, Springer (2006), 738p

[18] 片山徹：応用カルマンフィルタ，朝倉書店 (2000)，255p

[19] 持橋大地・大羽成征：ガウス過程と機械学習，講談社 (2019)，233p

[20] Evensen, G.: Sequential data assimilation with a nonlinear quasi-geostrophic model using Monte Carlo methods to forecast error statistics, *Journal of Geophysical Research*, **99**(C5), 10143–10162 (1994)

[21] Nakano, S., Ueno, G., and Higuchi, T.: Merging particle filter for sequential data assimilation, *Nonlinear Processesin Geophysics*, **14**, 395–408 (2007)

[22] 伊庭幸人・種村正美：計算統計 2 マルコフ連鎖モンテカルロ法とその周辺

（統計科学のフロンティア 12），岩波書店 (2005)，358p

[23] 久保司郎：逆問題，培風館 (1992)，246p

[24] 富岡亮太：スパース性に基づく機械学習（機械学習プロフェッショナルシリーズ），講談社 (2015)，179p

[25] Higuchi, T.: Monte carlo filter using the genetic algorithm operators, *Journal of Statistical Computation and Simulation*, **59**(1), 1–23 (1997)

[26] 小林敏雄・池川昌弘・亀本喬司・荒川忠一・加藤千幸・川原睦人：数値流体力学，丸善 (2003)，723p

[27] 麻生茂・川添博光・澤田恵介：圧縮性流体力学，丸善出版 (2015)，166p

[28] Okajima, A.: Strouhal number of rectangular cylinders, *Journal of Fluid Mechanics*, **123**, 379–398 (1982)

[29] Dee, D. P.: Bias and data assimilation, *Quarterly Journal of the Royal Meteorological Society*, **131**(613), 3323–3343 (2005)

[30] AIAA: Guide for the verification and validation of computational fluid dynamics simulations, G-077-1998, (1998)

[31] ASME: Standard for verification and validation in computational fluid dynamics and heat transfer, ASME V&V 20–2009 (2009)

[32] 白鳥正樹・越塚誠一・吉田有一郎・中村均・堀田亮年・高野直樹：工学シミュレーションの品質保証と V&V，丸善出版 (2013)，143p

[33] Evensen, G.: The ensemble Kalman filter: theoretical formulation and practical implementation, *Ocean Dynamics*, **53**(4), 343–367 (2003)

[34] Béchara, W., Bailly, C., Lafon, P. and Candel, S. M.: Stochastic approach to noise modeling for free turbulent flows, *AIAA Journal*, **32**(3), 455–463 (1994)

[35] Trémolet, Y.: Accounting for an imperfect model in 4D-Var, *Quarterly Journal of the Royal Meteorological Society*, **132**(621), 2483–2504 (2006)

[36] Griewank, A. and Walther, A.: Algorithm 799: revolve: an implementation of checkpointing for the reverse or adjoint mode of computational differentiation, *ACM Transactions on Mathematical Software*, **26**(1), 19–45 (2000)

[37] Veerse, F., Auroux, D. and Fisher, M.: Limited-memory BFGS diagonal pre-

conditioners for a data assimilation problem in meteorology, *Optimization and Engineering*, **1**, 323–339 (2000)

[38] Lawless, A. S., Nichols, N. K., Boess, C. and Bunse-Gerstner, A.: Using model reduction methods within incremental four-dimensional variational data assimilation, *Monthly Weather Review*, **136**(4), 1511–1522 (2008)

[39] Pires, C., Vautard, R. and Talagrand, O.: On extending the limits of variational assimilation in nonlinear chaotic systems, *Tellus A*, **48**(1), 96–121 (1996)

[40] Ekaterinaris, J. A.: High-order accurate, low numerical diffusion methods for aerodynamics, *Progress in Aerospace Sciences*, **41**(3-4), 192–300 (2005)

[41] Cacuci, D. G., Navon, I. M. and Ionescu-Bujor, M.: *Computational Methods for Data Evaluation and Assimilation*, Chapman and Hall/CRC (2014), 337p

[42] Lumley, J. L.: The structure of inhomogeneous turbulent flows, *Atmospheric Turbulence and Wave Propagation*, eds. Yaglom, A. M. and Tatarsky, V. I., Moscow, Nauka, 166–178 (1967)

[43] Schmid, P.: Dynamic mode decomposition of numerical and experimental data, *Journal of Fluid Mechanics*, **656**, 5-28 (2010)

[44] Sirovich, L.: Turbulence and the dynamics of coherent structures, part I : coherent structures, *Quarterly of Applied Mathematics*, **45**(3), 561–571 (1987)

[45] Couplet, M., Basdevant, C. and Sagaut, P.: Calibrated reduced-order POD-Galerkin system for fluid flow modelling, *Journal of Computational Physics*, **207**(1), 192–220 (2005)

[46] Forrester, A., Sobester, A. and Keane, A.: *Engineering Design via Surrogate Modelling: A Practical Guide*, Wiley (2008), 238p

[47] Misaka, T., Herwan, J., Kano, S., Sawada, H., and Furukawa, Y.: Deep neural network-based cost function for metal cutting data assimilation, *International Journal of Advanced Manufacturing Technology*, **107**(1-2), 385–398 (2020)

[48] Shapiro, M. A. and Thorpe, A. J.: THORPEX international science plan. version 3.2, *WMO/TD-No.1246, WWRP/ THORPEX*, (2), 51 (2004)

[49] Langland, R. H. and Baker, N. L.: Estimation of observation impact using the NRL atmospheric variational data assimilation adjoint system, *Tellus*, **56A**, 189–201 (2004)

[50] Kalnay, E., Ota, Y., Miyoshi, T., and Liu, J.: A simpler formulation of forecast sensitivity to observations: application to ensemble Kalman filter, *Tellus*, **64A**, 18462 (2012)

[51] Daescu, D. N.: On the sensitivity equations of four-dimensional vriational (4D-Var) data assimilation, *Monthly Weather Review*, **136**, 3050–3065 (2008)

[52] King, S., Kang, W. and Xu, L.: Observability for optimal sensor locations in data assimilation, *International Journal of Dynamics and Control*, **3**, 416–424 (2015)

[53] Diaconescu, E. P. and Laprise, R.: Singular vectors in atmospheric sciences: a review, *Earth-Science Reviews*, **113**, 161–175 (2012)

[54] Toth, Z. and Kalnay, E.: Ensemble forecasting at NMC: the generation of perturbations, *Bulletin of the American Meteorological Society*, **74**, 2317–2330 (1993)

[55] Kalnay, E.: *Atmospheric Modeling, Data Assimilation and Predictability*, Cambridge University Press (2003), 341p

[56] Misaka, T. and Obayashi, S.: Sensitivity analysis of unsteady flow fields and impact of measurement strategy, *Mathematical Problems in Engineering*, **2014**, 359606 (2014)

[57] Wang, Z., Navon, L. M., Le Dimet, F. X. and Zou., X.: The saecond order adjoint analysis: theory and applications, *Meteorology and Atmospheric Physics*, **50**, 3–20 (1992)

[58] Yoshimura, R., Yakeno, A., Misaka, T., and Obayashi, S.: Application of observability Gramian to targeted observation in WRF data assimilation, *Tellus, Series A: Dynamic Meteorology and Oceanography*, **72**(1), 1–11 (2020)

[59] 三坂孝志・鵜飼孝博・小西康郁・大林茂：データ同化に基づく計測位置の最適化，日本機械学会第 28 回計算力学講演会講演論文集，307 (2015)

[60] 加藤博司：乱流モデリングに対するデータ科学の応用，第 4 回風と流れのプラットフォーム・シンポジウム講演資料，(2019)

[61] Spalart, P. R.: A one-equation turbulence model for aerodynamic flows, *AIAA Paper*, 1992-439 (1992)

[62] Menter, F. R.: Two-equation eddy-viscosity turbulence models for engineering applications, *AIAA Journal*, **32**(8), 1598–1605 (1994)

[63] NASA Langley Research Center: Turbulence modeling resource, https://turbmodels.larc.nasa.gov/

[64] Wang, J. X., Wu, J. L. and Xiao, H.: Physics-informed machine learning approach for reconstructing Reynolds stress modeling discrepancies based on DNS data, *Physical Review Fluids*, **2**(3), 1–22 (2017)

[65] Menter, F. R., Kuntz, M. and Langtry, R.: Ten years of industrial experience with the SST turbulence model, *Turbulence, Heat and Mass Transfer*, 4, 625–632 (2003)

[66] Johnson, D. A. and King, L. S.: A mathematically simple turbulence closure model for attached and separated turbulent boundary layers, *AIAA Journal*, **23**(11), 1684–1692 (1985)

[67] Bishop, C. H., Etherton, B. J. and Majumdar, S. J.: Adaptive sampling with the ensemble transform Kalman filter, part I: theoretical aspects, *Monthly Weather Review*, **129**, 420–436 (2001)

[68] Driver, D. M. and Seegmiller, H. L.: Features of reattaching turbulent shear layer in divergent channel flow, *AIAA Journal*, **23**(2), 163–171 (1985)

[69] Hashimoto, A., Murakami, K., Aoyama, T., Ishiko, K., Hishida, M., Sakashita, M., and Lahur, P.: Toward the fastest unstructured CFD code ‘FaSTAR’, *AIAA Paper*, 2012-1075 (2012)

[70] Shima, E. and Kitamura, K.: On new simple low-dissipation scheme of AUSM-family for all speeds, *AIAA Paper*, 2009-0136 (2009)

[71] Yamamoto, S.: Preconditioning method for condensate fluid and solid cou-

pling problems in general curvilinear coordinates, *Journal of Computational Physics*, **207**(1), 240–260 (2005)

[72] Shima, E., Kitamura, K., and Fujimoto, K.: New gradient calculation method for MUSCL type CFD schemes in arbitrary polyhedra, *AIAA Paper*, 2010-1081 (2010)

[73] Nerger, L., Janjić, T., Schröter, J. and Hiller, W.: A unification of ensemble square root Kalman filters, *Monthly Weather Review*, **140**(7), 1134–1141 (2012)

[74] 三好建正：アンサンブル・カルマンフィルター—データ同化とアンサンブル予報の接点—，天気，**52**(2)，93–104 (2005)

[75] NPARC Alliance: National program for applications-oriented research in CFD, https://www.grc.nasa.gov/WWW/wind/valid/validation.html

[76] Obayashi, S. and Guruswamy, G. P.: Convergence acceleration of a Navier-Stokes solver for efficient static aeroelastic computation, *AIAA Journal*, **33**(6), 1134–1141 (1995)

[77] Sharov, D. and Nakahashi, K.: Reordering of hybrid unstructured grids for lower-upper symmetric Gauss-Seidel computations, *AIAA Journal*, **36**(3), 484–486 (1998)

[78] Cook, P. H., McDonald, M. A. and Firmin, M. C. P.: Aerofoil RAE 2822: pressure distributions, and boundary layer and wake measurements, *AGARD Report*, **AR 138** (1979)

[79] Saad, Y. and Schultz, M. H.: GMRES: A generalized minimal residual algorithm for solving nonsymmetric linear systems, *SIAM Journal on Scientific and Statistical Computing*, **7**(3), 856–869 (1986)

[80] Schmitt, V. and Charpin, F.: Pressure distributions on the ONERA-M6-wing at transonic Mach numbers, *AGARD Report*, **AR 138** (1979)

[81] Spalart, P. R.: Strategies for turbulence modelling and simulation, *International Journal of Heat and Fluid Flow*, **21**, 252–263 (2000)

[82] Boeing Commercial Airplanes: Statistical summary of commercial jet airplane accidents, http://www.boeing.com/commercial/safety/investigate.html,

(2019)

[83] 井之口浜木・古田匡・稲垣敏治：航空機搭載型ドップラーライダーの高高度飛行実証，日本航空宇宙学会論文集，**62**(6)，198–203 (2014)

[84] Kikuchi, R., Misaka, T., and Obayashi, S.: Real-time flow prediction of low-level atmospheric turbulence, *AIAA Paper*, 2015-1469 (2015)

[85] Misaka, T., Ogasawara, T., Obayashi, S., Yamada, I., and Okuno, Y.: Assimilation experiment of lidar measurements for wake turbulence, *Journal of Fluid Science and Technology*, **3**(4), 512–518 (2008)

[86] Ogasawara, T., Misaka, T., Ogawa, T., Obayashi, S., and Yamada, I.: Measurement of aircraft wake vortices using Doppler LIDAR, *Journal of Fluid Science and Technology*, **3**(4), 488–499 (2008)

[87] Otsuka, S., Tuerhong, G. Kikuchi, R., Kitano, Y., Taniguchi, Y., Ruiz, J. J., Satoh, S., Ushio, T., and Miyoshi, T.: Precipitation nowcasting with three-dimensional space-time extrapolation of dense and frequent phased-array weather radar observations, *Weather and Forecasting*, **31**(1), 329–340 (2016)

[88] Kikuchi, R., Misaka, T., Obayashi, S., Inokuchi, H., Oikawa, H., and Misumi, A.: Nowcasting algorithm for wind fields using ensemble forecasting and aircraft flight data, *Meteorological Applications*, **25**(3), 365–375 (2018)

[89] Qi, L., Yu, H. and Chen, P.: Selective ensemble-mean technique for tropical cyclone track forecast by using ensemble prediction systems, *Quarterly Journal of the Royal Meteorological Society*, **140**(680), 805–813 (2014)

索　引

[著者紹介]

大林　茂（おおばやし　しげる）

担当章　監修，第 3 章コラム

1987 年　東京大学大学院工学系研究科博士課程 修了

現　在　東北大学流体科学研究所　教授，東北大学リサーチプロフェッサー，
工学博士

専　門　航空宇宙流体工学（CFD，進化計算，多目的設計探査）

三坂 孝志（みさか　たかし）

担当章　第 1 章〜第 8 章

2008 年　東北大学大学院情報科学研究科システム情報科学専攻博士後期課程 修了

現　在　産業技術総合研究所インダストリアル CPS 研究センター　主任研究員，
博士（情報科学）

専　門　計算工学，データ同化

加藤 博司（かとう　ひろし）

担当章　第 8 章

2013 年　東北大学大学院工学研究科航空宇宙工学専攻博士後期課程 修了

現　在　統計数理研究所データ同化グループ　客員准教授，博士（工学）
（2019 年宇宙航空研究開発機構退職後，都内マーケティング会社に勤務）

専　門　航空宇宙流体工学，データ同化

菊地　亮太（きくち　りょうた）

担当章　第 9 章，第 2 章コラム

2017 年　東北大学大学院工学研究科航空宇宙工学専攻博士後期課程 修了

現　在　京都大学産官学連携本部　特定助教，博士（工学）

専　門　航空気象，データ同化

クロスセクショナル統計シリーズ 10

データ同化流体科学
流動現象のデジタルツイン

Series on Cross-disciplinary Statistics: Vol.10
Data-Assimilation Fluid Science: Digital Twin of Flow Phenomena

2021 年 1 月 15 日　初版 1 刷発行
2023 年 5 月 10 日　初版 3 刷発行

検印廃止
NDC 417, 423.8

ISBN 978–4–320–11126–4

著　者　大林　茂・三坂孝志　ⓒ 2021
　　　　加藤博司・菊地亮太

発行者　南條光章

発行所　**共立出版株式会社**

〒112–0006
東京都文京区小日向4丁目6番19号
電話（03）3947–2511（代表）
振替口座 00110–2–57035
URL www.kyoritsu-pub.co.jp

印　刷
製　本　藤原印刷

一般社団法人
自然科学書協会
会員

Printed in Japan